全国高等职业教育规划教材

数字电路

第2版

刘 勇　袁丽艳　编著

机械工业出版社

本书是根据高职高专电子信息类专业教学的实际需求，结合编者近年来实际教学经验进行编写的，在编写中充分考虑了高等职业教育的培养目标、教学现状和发展方向，突出了实用性。

本书主要内容包括：数字电路基础知识、逻辑门电路、组合逻辑电路、触发器、时序逻辑电路、脉冲信号的产生与变换、数-模转换与模-数转换、仿真软件——Proteus 和实训与综合实训等。在章节后面有一些实用性强的识图和实训演练，以培养技能应用型人才为教学目的。书后配有部分习题参考答案，列出了有关数字电路基础性实训题目与综合实训题目，供读者进行技能训练使用。考虑数字技术与模拟技术的连贯性，在附录中对半导体基础知识进行了概括性的介绍。

本书可作为高职高专电子信息类专业的教材，也可作为相关专业的教学用书或技术人员参考用书。

本书配套授课电子教案，需要的教师可登录 www.cmpedu.com 免费注册、审核通过后下载，或联系编辑索取（QQ：1239258369，电话：010-88379739）。

图书在版编目（CIP）数据

数字电路/刘勇，袁丽艳编著．—2 版．—北京：机械工业出版社，2013.6（2022.1 重印）
全国高等职业教育规划教材
ISBN 978-7-111-42055-2

Ⅰ．①数…　Ⅱ．①刘…　②袁…　Ⅲ．①数字电路–高等职业教育–教材　Ⅳ．①TN79

中国版本图书馆 CIP 数据核字（2013）第 068505 号

机械工业出版社（北京市百万庄大街 22 号　邮政编码 100037）
责任编辑：王　颖　责任印制：张　博
涿州市般润文化传播有限公司印刷
2022 年 1 月 • 第 2 版第 7 次印刷
184mm×260mm • 14.75 印张 • 362 千字
标准书号：ISBN 978-7-111-42055-2
定价：39.90 元

凡购本书，如有缺页、倒页、脱页，由本社发行部调换

电话服务	网络服务
社服务中心：（010）88361066	教材网：http://www.cmpedu.com
销售一部：（010）68326294	机工官网：http://www.cmpbook.com
销售二部：（010）88379649	机工官博：http://weibo.com/cmp1952
读者购书热线：（010）88379203	**封面无防伪标均为盗版**

全国高等职业教育规划教材
电子类专业编委会成员名单

出 版 说 明

根据《教育部关于以就业为导向深化高等职业教育改革的若干意见》中提出的高等职业院校必须把培养学生动手能力、实践能力和可持续发展能力放在突出的地位，促进学生技能的培养，以及教材内容要紧密结合生产实际，并注意及时跟踪先进技术的发展等指导精神，机械工业出版社组织全国近60所高等职业院校的骨干教师对在2001年出版的“面向21世纪高职高专系列教材”进行了全面的修订和增补，并更名为“全国高等职业教育规划教材”。

本系列教材是由高职高专计算机专业、电子技术专业和机电专业教材编委会分别会同各高职高专院校的一线骨干教师，针对相关专业的课程设置，融合教学中的实践经验，同时吸收高等职业教育改革的成果而编写完成的，具有“定位准确、注重能力、内容创新、结构合理和叙述通俗”的编写特色。在几年的教学实践中，本系列教材获得了较高的评价，并有多个品种被评为普通高等教育“十一五”国家级规划教材。在修订和增补过程中，除了保持原有特色外，针对课程的不同性质采取了不同的优化措施。其中，核心基础课的教材在保持扎实的理论基础的同时，增加实训和习题；实践性较强的课程强调理论与实训紧密结合；涉及实用技术的课程则在教材中引入了最新的知识、技术、工艺和方法。同时，根据实际教学的需要对部分课程进行了整合。

归纳起来，本系列教材具有以下特点：

1）围绕培养学生的职业技能这条主线来设计教材的结构、内容和形式。

2）合理安排基础知识和实践知识的比例。基础知识以“必需、够用”为度，强调专业技术应用能力的训练，适当增加实训环节。

3）符合高职学生的学习特点和认知规律。对基本理论和方法的论述要容易理解、清晰简洁，多用图表来表达信息；增加相关技术在生产中的应用实例，引导学生主动学习。

4）教材内容紧随技术和经济的发展而更新，及时将新知识、新技术、新工艺和新案例等引入教材。同时注重吸收最新的教学理念，并积极支持新专业的教材建设。

5）注重立体化教材建设。通过主教材、电子教案、配套素材光盘、实训指导和习题及解答等教学资源的有机结合，提高教学服务水平，为高素质技能型人才的培养创造良好的条件。

由于我国高等职业教育改革和发展的速度很快，加之我们的水平和经验有限，因此在教材的编写和出版过程中难免出现问题和错误。我们恳请使用这套教材的师生及时向我们反馈质量信息，以利于我们今后不断提高教材的出版质量，为广大师生提供更多、更适用的教材。

机械工业出版社

前　　言

本书是根据高职高专电子信息类专业教学的实际需要，结合编者近年来实际教学经验进行编写的。

电子技术可以分为模拟电子技术和数字电子技术两大类。与之对应的电子电路也可以分为模拟电路与数字电路两大类。模拟电路用来处理模拟信号，数字电路用来处理数字信号。模拟信号是指在时间上或数值上连续变化的物理量，数字信号是指在时间上或数值上离散变化的物理量。

随着科学技术的发展，数字电子技术已经被广泛地应用于各个领域，在日常生活中更是随处可见。

数字电路的特点主要有：

1）采用二进制数，电路中只有 0 和 1 两种对立的状态存在。电路结构简单，性能稳定，分析方便，抗干扰能力强。

2）在数字运算的基础上，可以进行逻辑运算与比较。随着电路中数字位数的增加，运算精度相应提高，可进行较高精度的运算。

3）以分析输入、输出信号的逻辑关系为主。

4）加入仿真软件——Proteus 的介绍。

通过对本书的学习，读者可以对数字电路的基础知识有较为全面的认识。在考虑实用性的同时，不失先进性。通过学习，读者应熟悉常用集成电路的使用方法，具备一定实践能力，能画出一般数字电路的时序图，能查阅数字集成电路手册并合理选用，为后续专业课程的学习打下基础。

本书参考学时为 90 学时。

本书由山东电子职业技术学院刘勇、袁丽艳编著。

由于编者水平有限，书中难免存在疏漏之处，敬请广大读者批评指正。

编　者

目　录

第1章　数字电路基础知识

【内容提要】

本章主要介绍模拟信号与数字信号、集成电路的分类和型号的命名、数制、码制及其相互转换；逻辑代数的基本概念、基本公式及法则；逻辑代数的各种表示方法及相互转换；逻辑函数的常用化简方法。

1.1　模拟信号与数字信号

从消息转换来的电信号可分为模拟信号和数字信号两大类。这两类信号的主要区别在于信号的某一参数取值是否为有限个。若信号的取值为无限，则属于模拟信号；若信号在时间上和幅度取值上都是离散的，则属于数字信号。数字信号有两种传输形式，即电平型和脉冲型。

对于非电信号，一般可以利用适当的换能器将其转换为电信号，例如，可以将声音通过传声器转换为电信号，可以将光信号通过光敏器件（如光敏二极管、光敏电阻器等）转换成电信号。电子电路（包括模拟电路和数字电路）就是对电信号（可以用电压、电流等电类物理量表示的信号）进行传输和处理的装置。常见的模拟信号和数字信号如表1-1所示。

表1-1　常见的模拟信号和数字信号

模拟信号	数字信号
语音、广播、图像传真、电视图像和许多物理量的遥测信号等	电报、计算机的输入/输出、数字化电视或图像、数字化语音和数据等

1.1.1　模拟量与模拟信号

在自然界中和人们的周围，有各式各样的物理量，但就其变化规律来说，这些物理量大都是模拟量，如气温的变化、气压的变化、河水流速的变化和体温的测量等。模拟量的瞬时值是随时间连续变化的物理量，在变化过程中，它一般是连续的、不间断的。例如，在用水银体温计测量体温时，水银柱的变化是连续的。水银体温计在测温过程中的值在时间上和瞬时取值都是连续的，且有无穷多个数值。

电子技术中的模拟信号是指时间和幅值都连续的电信号。“模拟”的含义是用连续变化的电压或电流来模拟实际系统中的变量。图1-1a所示的信号波形是模拟信号，是发话器输出的随时间连续变化的电流，它的变化规律模拟了人讲话时声波的变化规律。语音信号较为复杂，在信号分析中，可以把它看成是由多种频率成分的正弦交流分量叠加后形成的。显然，该信号在时间和瞬时取值上也都是连续的，并且也有无穷多个数值。

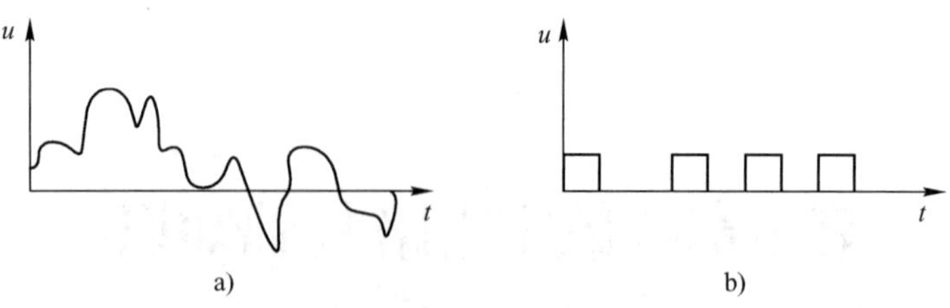

图 1-1　模拟信号与数字信号示意图

a) 模拟信号　b) 数字信号

有些信号，如工频交流电（50Hz, 220V）信号可用正弦函数式表示，即

$$u(t)=U_{\mathrm{m}}\sin(\omega t+\varphi)=U_{\mathrm{m}}\sin(2\pi ft+\varphi)$$

式中，U_{m}、ω（或 f）、φ 分别为正弦波的振幅、频率和初相，是表征正弦信号的三要素。

1.1.2　数字量与数字信号

数字量与上面讲的模拟量相比较，其变化是不连续的、离散的。数字量是指其瞬时值随时间的变化是离散的，并且其取值为有限个数值。表示数字量的电信号称做数字信号，其特点是在时间和幅值上都呈离散变化，如图 1-1b 所示。

1．数字信号的形式

数字信号与模拟信号的主要区别在于时间和幅度的取值都是离散的。这就是说，信号只在某些瞬时取值，且信号的幅值只有有限个电平值，而不能随意无穷多地取值。

通常，数字信号有两种形式：一种是逻辑电平（Logic Level ）型，即在一个时间节拍内或呈高电平（表示为 1）或呈低电平（表示为 0），如图 1-2a 所示；另一种是脉冲型，如图 1-2b 所示，它是以在一个时间节拍内有无脉冲来表示的，有脉冲表示为 1，无脉冲表示为 0。

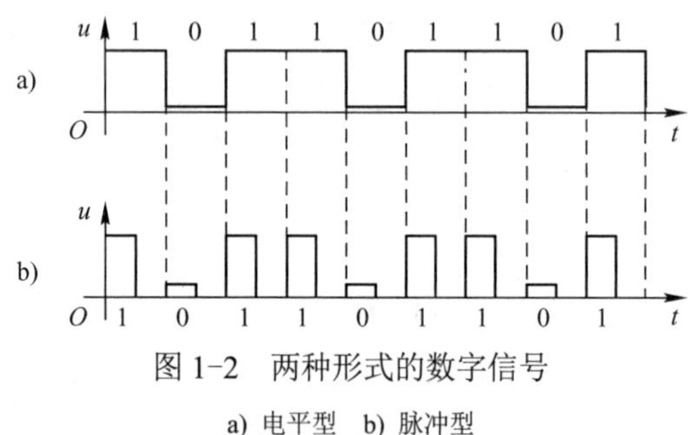

图 1-2　两种形式的数字信号

a) 电平型　b) 脉冲型

由图 1-2 可见，两种形式的数字信号有明显的不同，电平型信号在一个时间节拍内不归零，而脉冲型信号波形在一个时间节拍内是归零的。这两种信号在数字电路和数字技术中有不同的应用。

上述表示电平高低的“1”和“0”两个字符并不是表示数量的大小，而是代表两种不同的逻辑状态，如电位的高低、开关的通断或脉冲的有无等，因此把“1”和“0”称为逻辑常量。

2．脉冲信号与数字信号

脉冲信号波形有多种，如矩形波、尖脉冲、三角波、锯齿波和阶梯波等。图 1-3 画出了 3 种常见脉冲波形。

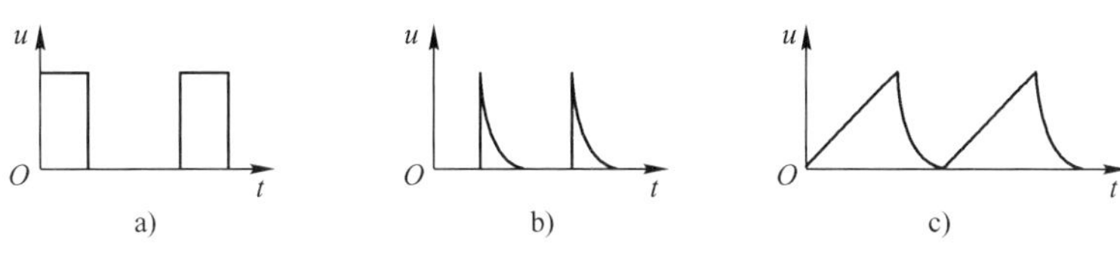

图 1-3 3 种常见脉冲波形

a) 矩形波 b) 尖脉冲 c) 锯齿波

在数字电路中，工作信号是二进制（只有 1 和 0 两种取值）的数字信号，输入数字电路的脉冲信号不一定是矩形脉冲，因此，都要经过整形电路形成一定规则的矩形脉冲后才能进行处理或运算。

1.1.3 数字电路的特点

通常，将处理数字信号的电子电路称为数字电路。数字电路主要研究输出与输入信号之间的对应逻辑关系。分析用的主要工具是逻辑代数。数字电路的工作信号是二进制的数字（1 和 0）信号，与模拟电路相比，它具有很多特点，不仅能进行数值运算，而且能进行逻辑判断和逻辑运算，且工作可靠性高，抗干扰能力强，易高度集成化和系列化。

1．数字电路与模拟电路的比较

如前所述，在数值上和时间上均连续变化的信号称为模拟信号。按照电子电路所采用的信号形式，将输入的模拟信号进行传送、变换或处理后，输出信号也为模拟信号的电路，称为模拟电路（Analog Circuit）。

在数值上和时间上均不连续且取值仅为有限值的离散信号，称为数字信号或脉冲信号。把传送、变换和处理这样的数字信号的电路称为数字电路（Digital Circuit），例如触发电路、组合逻辑电路和时序逻辑电路等。

由于数字电路中的数字信号大都采用二进制信息（也有采用多进制的），用高电平“1”和低电平“0”表示信号的有无或电路的逻辑状态，所以，数字电路比模拟电路对信号的辨别要容易得多，这就大大提高了电路的准确性和可靠性。对数字电路，可通过脉冲整形来除去叠加在传输信号上的噪声和干扰，还可使用差错控制技术（如奇偶监督、线性分组码、循环码和卷积码等）对传输信号进行纠错或检错。因此，数字电路与模拟电路相比，具有较高的可靠性和准确性，较强的抗干扰能力，且数字电路没有大的电感和电容，便于集成化，易于进行故障诊断和系统维护等。

2．数字电路的特点

数字电路具有如下特点。

1）数字电路中的工作信号是二进制的数字信号，即高电平“1”和低电平“0”两种取值，因此，数字电路在电路结构、工作状态、研究内容和分析方法等方面与模拟电路均不同。

2）数字电路中的电子器件一般都工作在开关状态（即要么饱和，要么截止），相当于开关工作时的开和关两种工作状态，用来表示“1”和“0”二值信息。

3）数字电路大都是由几种最基本的单元电路（如逻辑门电路、组合逻辑电路、触发器、时序逻辑电路、代码转换器以及存储器等）组成的。由于“1”和“0”只有状态的含义而没有数量的含义，电路在工作中只要能可靠地区别“1”和“0”两种状态即可，所以对基本单元电路的精度要求不高，其基本单元电路较简单，这对于电路实现集成化和系列化生产十分有利。

4）数字电路研究的主要问题是输入信号的状态（1或0）和输出信号的状态（1或0）之间的逻辑关系，以反映电路的逻辑功能。

5）数字电路不仅能进行数值运算，而且能进行逻辑判断和逻辑运算。所谓逻辑运算，就是按照逻辑规则进行逻辑推理和判断。

6）研究数字电路的工具是逻辑代数和以二进制为主的计数法。

由于数字电路不仅具有运算能力，而且具有逻辑推理和逻辑判断功能，因此，数字电子技术在电子计算机、通信、数控技术、智能仪表、智能机器人、交通运输、航空航天和国民经济的各个部门以及人们生活的方方面面都得到了广泛的应用。

1.2 集成电路的分类及型号的命名

集成电路可按不同的方式进行分类，如按功能分类、按导电类型分类和按集成度分类等。国产集成电路的型号是按照国家标准的规定命名的。

1.2.1 数字电路的有源器件及逻辑电平

数字电路按其组成及结构可分为由分立元器件组成的电路和以集成电路为主组成的电路这两种类型。分立元器件电路包括有源器件二极管、晶体管（包括双极型的半导体晶体管和单极型的场效应晶体管）、电阻器和电容器等无源电子元器件等。

以集成电路为主的数字电路主要采用 TTL（晶体管-晶体管逻辑电路）数字集成电路和 MOS（金属氧化物半导体）数字集成电路，其外围的阻容元件很少，电路结构紧凑，可靠性也高。

上述的两种数字电路中的二极管、晶体管均工作在开关状态。利用二极管的单向导电特性，当对其加正向电压时，其导向电阻很小，呈导通状态，相当于开关闭合；而当对其加反向电压时，其反向电阻很大，呈截止状态，相当于开关断开。晶体管在数字电路中也作为一个开关来使用，让其工作在饱和导通和截止两种状态下（在模拟电路中，晶体管主要工作在放大状态）。二极管和晶体管的实际开关特性与理想的开关特性虽然有差异，但在数字电路中信号只有“1”和“0”两种逻辑状态，电子器件只要能确切地区分出高、低电平两种状态就能满足要求，而不会影响数字电路的工作。

随着微电子技术和集成工艺的日臻完善，具有体积小、重量轻、功耗小、可靠性高和价格低廉等特点的集成电路，逐步代替了体积大、可靠性不高的分立元器件电路。因此，本书主要介绍各种数字集成电路的功能、性能指标和应用。

1.2.2 集成电路的分类及型号的命名方法

集成电路是利用半导体工艺和硅平面技术，把组成某一电路功能的电子元器件（如二极管、晶体管、小阻值电阻、小容量电容及连接电路的引线等）制作在同一小块的半导体硅片上，形成一个不可分割的芯片，并封装在一个壳体内。

1．集成电路的分类

集成电路是现代电子电路的重要组成部分，它具有体积小、耗电少和工作特性好等一系列优点。概括来说，集成电路按制造工艺可分为半导体集成电路、薄膜集成电路和由二者组合而成的混合集成电路；按功能可分为模拟集成电路和数字集成电路；按集成度可分为小规模集成电路（SSI，集成度<10 个门电路）、中规模集成电路（MSI，集成度为 10～100 个门电路）、大规模集成电路（LSI，集成度为 100～1 000 个门电路）以及超大规模集成电路（VLSI，集成度＞1000 个门电路）；按外形又可分为圆形（金属外壳晶体管封装型，适用于大功率）、扁平型（稳定性好、体积小）和双列直插型（有利于采用大规模生产技术进行焊接，因此获得广泛应用）。

目前，已经成熟的集成逻辑技术主要有 3 种，即 TTL 逻辑（晶体管-晶体管逻辑）、CMOS 逻辑（互补金属-氧化物-半导体逻辑）和 ECL 逻辑（发射极耦合逻辑）。

1）TTL 逻辑。TTL 逻辑于 1964 年由美国德克萨斯仪器公司生产，其发展速度快，系列产品多。有速度及功耗折中的标准型；有改进型、高速及低功耗的低功耗肖特基型。所有 TTL 电路的输出、输入电平均是兼容的。

2）CMOS 逻辑。CMOS 逻辑器件的特点是功耗低，工作电源电压范围较宽，速度快（可达 7MHz）。

3）ECL 逻辑。ECL 逻辑的最大特点是工作速度高。这是因为在 ECL 电路中数字逻辑电路的形式采用非饱和型，消除了晶体管的存储时间，大大加快了工作速度。MECLI 系列产品是由美国摩托罗拉公司于 1962 年生产的，后来又生产了改进型的 MECLⅡ、MECLⅢ型及 MECL10000 型。

2．集成电路外引线的识别

在使用集成电路前，必须认真查对和识别集成电路的引脚，确认电源、地、输入、输出及控制等相应的引脚号，以免因错接而损坏器件。引脚排列的一般规律如下所述。

1）圆形集成电路。识别时，面向引脚正视。从定位销顺时针方向依次为 1，2，3，4，…。圆形多用于模拟集成电路。

2）扁平型和双列直插型集成电路。识别时，将文字符合标记正放（在一般集成电路上有一缺口，将缺口或圆点置于左方），由顶部俯视，从左下脚起，按逆时针方向数，依次为 1，2，3，4，…。如图 1-4 所示分别为扁平型和双列直插型两种封装结构。扁平型多用于数字集成电路。双列直插型广泛应用于模拟和数字集成电路。

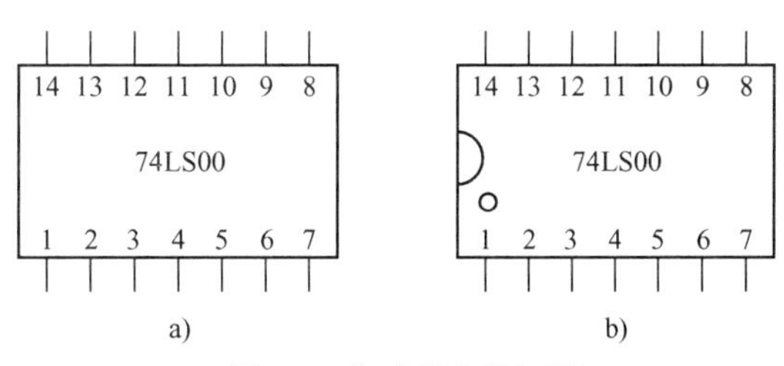

图 1.4　集成器件俯视图

a) 扁平型结构　b) 双列直插型结构

3．国产集成电路型号的命名方法

国产集成电路的型号是按照国家标准规定进行命名的，该标准 1982 年首次发布。1988 年修订并发布《半导体集成电路型号命名方法》（GB/T3430-1989）。国产集成电路型号的命名方法见表 1-2。

表 1-2　国产集成电路型号的命名方法表

第零部分		第一部分		第二部分	第三部分		第四部分	
用字母表示器件符合国家标准		用字母表示器件的类型		用阿拉伯数字和字母表示器件系列品种	用字母表示器件的工作温度范围		用字母表示器件的封装	
符号	意义	符号	意义		符号	意义	符号	意义
C	中国制造	T H E C M μ F W D B J AD DA SC SS SW SJ SF	TTL 电路 HTL 电路 ECL 电路 CMOS 电路 存储器 微型机电路 线性放大器 稳压器 音响电视电路 非线性电路 接口电路 A/D 转换器 D/A 转换器 通信专用电路 敏感电路 钟表电路 机电仪电路 复印机电路	TTL 分为 54/74xxx① 54/74Hxxx② 54/74Lxxx③ 54/74Sxxx 54/74LSxxx④ 54/74ASxxx 54/74ALSxxx 54/74xxx CMOS 为 4000 系列 54/74HCxxx 54/74 HCTxxx	C G L E R M	0～70℃ -25～70℃ -25～85℃ -40～85℃ -55～85℃ -55～125℃	F B H D J P S T K C E G SOI C PC	多层陶瓷扁平封装 塑料扁平封装 黑瓷扁平封装 多层陶瓷双列 直插封装 黑瓷双列直插封装 塑料双列直插封装 塑料单列直插封装 金属菱形封装 陶瓷芯片载体封装 塑料芯片载体封装 网格针栅陈列封装 小引线封装 塑料芯片载体封装 陶瓷芯片载体封装

① 74：国际通用 74 系列（民用），54：国际通用 54 系列（军用）；② H：高速；③ L：低速；④ LS：低功耗。

【例 1-1】

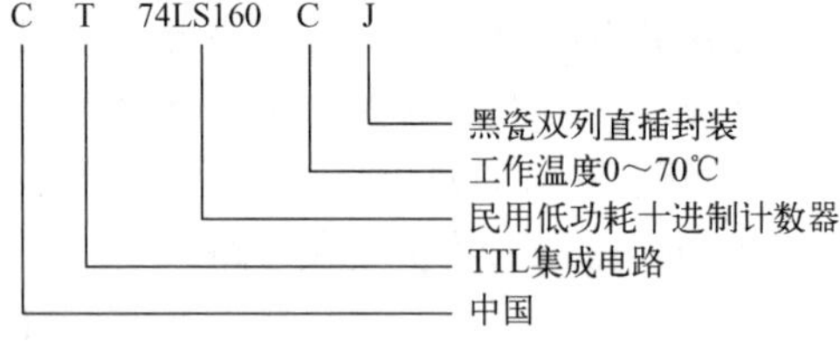

该器件为国产集成十进制同步加法计数器。

4．国外集成电路型号的命名方法

目前电子市场上的集成电路除国产的外，还有世界各大半导体器件公司生产的大量产品。集成电路的品种型号繁多，至今国际上对集成电路型号的命名尚无统一标准，各生产厂商都按自己所规定的方法对集成电路进行命名。一般情况下，国外许多集成电路制造公司将自己公司名称的缩写字母或者公司的产品代号放在型号的开头，然后是器件编号和封装形式。为方便读者查找和选用，表 1-3 列出了国外集成电路型号的前缀、生产厂商与型号举例，供参考。

表 1-3　国外集成电路型号的前缀、生产厂商与型号举例

型号前缀	生 产 厂 商	型号举例
A	INTECH（美国英特奇公司）	A100
A-	INTECH（美国英特奇公司）	A-99
AC	TEXAS INSTRUMENTS[T1]（美国德克萨斯仪器公司）	AC5944
AD	ANALOG DEVICES（美国模拟器件公司）	AD7118
AM	ADVANCED MICRO DEVICES（美国先进微电子器件公司）	AM626
AM	DATA-INTERSIL（美国戴特-英特锡尔公司）	AM4902A
AN	PANASONIC（日本松下电器公司）	AN5132
AY	GENGERAL INSTRUMENTS[G1]（美国通用仪器公司）	AY3-8118
BA	ROHM（日本东洋电具制作所）（日本罗姆公司）	BA328
BX	SONY（日本索尼公司）	BX1303
CA	RCA（美国无线电公司）	CA3123
CA	PHILIPS（荷兰菲利浦公司）	CA3046
CA	SIGNETICS（美国西格尼蒂克公司）	CA3089
CAW	RCA（美国无线电公司）	CAW8033
CD	FAIRCHILD（美国仙童公司）	CD74N00
CD	RCA（美国无线电公司）	CD4081BE
CS	CHERRY SEMICONDUCTOR（美国切瑞半导体器件公司）	CS263
CT	PLESSEY（英国普利西半导体公司）	CT1010
CX	SONY（日本索尼公司）	CX108
CXA	SONY（日本索尼公司）	CXA1034
CXD	SONY（日本索尼公司）	CXD1050A
CXK	SONY（日本索尼公司）	CXK1202S
DBL	DAEWOO（韩国大宇电子公司）	DBL1047
DN	PANASONIC（日本松下电器公司）	DN74LS73P
D…C	AECO（日本阿伊阔公司）	D4C
EA	GTE（美国通用电话电子公司微电路部）	EA3178
EEA	SIGNETICS（美国西格尼蒂克公司）	EEA5550
EGC	PHILIPS（荷兰菲利浦公司）	EGC1237
ESM	THOMSON-CSF（法国汤姆逊半导体公司）	ESM523
F	FAIRCHILD（美国仙童公司）	F4001
FCM	FAIRCHILD（美国仙童公司）	FCM7040
G	GTE（美国微电路公司）	G157
HA	HITACHI（日本日立公司）	HA1361
HD	HITACHI（日本日立公司）	HD74LS02

【例 1-2】

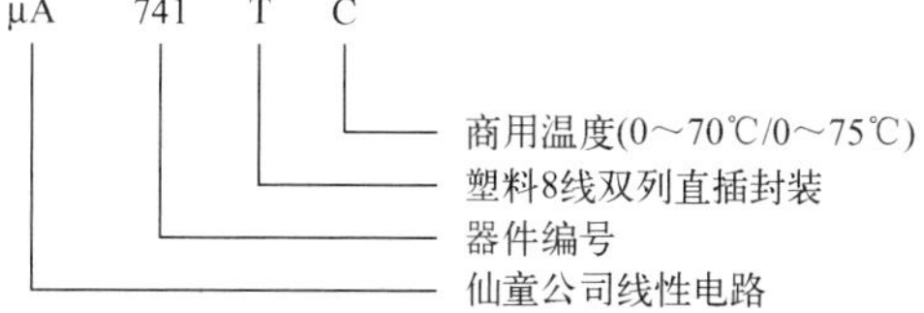

该器件为美国仙童公司（单运放）高增益运算放大器。

1.3 数制与码制

数制是指计数的方法，它是进位计数制的简称。常用的数制有十进制、二进制、八进制和十六进制。码制是指利用二进制代码表示数字或符号的编码方法。常用的码制有二—十进制（BCD）码、余3码和格雷码等。

在日常生活中，许多场合都需要用一些数字量表示物理量的大小或事件的多少，一般一位数是不够用的，因此需要使用进位计数的方法组成若干位数码。数制是进位计数制的简称，即构成若干位数码中某一位的方法和高低位之间的进（借）位规则。

数制有许多种，日常生活中人们接触最多的计数方法是十进制。在数字技术中，经常使用的是二进制和十六进制等。

1.3.1 十进制数（Decimal Number）

十进制是最常用的进位数制，它采用了 0、1、2、3、4、5、6、7、8、9 十个计数符号，这些计数符号称为数码，数码的个数叫做基数（base 或 radix）。进位计数制是将数码按一定规律排列起来，以表示数值。具体地说，在计数过程中，当某一位累计到基数时，便向高位进一，而本位又从零开始计数。十进制的基数为 10，它的计数原则是，逢十进一，借一当十。因此，在进位计数过程中，当数码处于不同位置时，所表示的数值大小是不同的。例如，十进制数 $N_D = 7325.6$ 可以展开为

$$N_D = 7325.6_D = 7\times 10^3 + 3\times 10^2 + 2\times 10^1 + 2\times 10^0 + 6\times 10^{-1}$$

上式称为十进制数的按权展开式。十进制数的权（weigh）按 10 的幂次变化，幂次以小数点的位置为基准，左边为正，按 0、1、2、…的顺序递加，右边为负，按-1、-2、…的顺序递减。

依此类推，任何一个十进制数 $N_D = a_{n-1}a_{n-2}\cdots a_2a_1a_0a_{-1}\cdots a_{-m}$，均可以按权展开写做：

$$N_D = a_{n-1}a_{n-2}\cdots a_2a_1a_0a_{-1}\cdots a_{-m} = a_{n-1}\times 10^{n-1} + a_{n-2}\times 10^{n-2} + \cdots + a_2\times 10^2 + a_1\times 10^1 + a_0\times 10^0 + a_{-1}\times 10^{-1} + \cdots + a_{-m}\times 10^{-m} = \sum_{-m}^{n-1} a_i \times 10^i$$

式中，a_i 为十进制数码中第 i 位的值，它可以是 0～9 中的任何一个；10^i 为第 i 位的权，也叫位权；10 为进位的基数，也就是基本计数符号的个数；n、m 均为正整数，分别是整数部分和小数部分的位数；下标 D 表示十进制数，也可以用数字 10 表示。

在数字系统中，除了以 10 为基数的十进制以外，还有以其他数字作为基数的计数制。例如，以 2 为基数的二进制，以 16 为基数的十六进制等。对于任一进制 J 的数均可以表示为

$$N_J = \sum_{-m}^{n-1} a_i \times J^i$$

式中，a_i 为 J 进制数码中第 i 位的值；J^i 为第 i 位的权；J 为基数；n、m 均为正整数，分别是整数部分和小数部分的位数。

1.3.2 二进制数（Binary Number）

若在数字电路中采用十进制，则在电路实现上必须要有 10 个状态与 10 个数码相对应。

在技术实现上有许多困难，而且很不经济。二进制在电路上容易实现，且为数字系统的分析与设计带来极大方便，故成为数字电路中最常用的进位计数制。

二进制数采用 0 和 1 两个数码，其基数是 2，其计数原则为逢二进一，借一当二。任何一个二进制数均可以表示为

$$N_B=\sum_{-m}^{n-1}a_i\times 2^i$$

式中，a_i 取 0 或 1；下标 B 表示二进制数，也可以用数字 2 表示。

1.3.3 八进制数和十六进制数（Octal Number and Hexadecimal Number）

二进制计数制对于计算机的数字系统来说，处理起来非常方便，但书写与记忆相对较慢。为此，还可以采用八进制计数制和十六进制计数制来表示二进制数。

八进制使用 0、1、2、3、4、5、6、7 共 8 个不同的数码，其基数是 8，计数规则为逢八进一，借一当八。任何一个八进制数均可以表示为

$$N_O=\sum_{-m}^{n-1}a_i\times 8^i$$

式中，a_i 为八进制数码中第 i 位的值，它可以是 0～7 中的任何一个；8^i 为第 i 位的权；n、m 均为正整数，分别是整数部分和小数部分的位数；下标 O 表示八进制数，也可以用数字 8 表示。

十六进制使用 0～9 和 A、B、C、D、E、F 共 16 个不同的数码、字母，其中 A～F 分别对应于十进制数的 10～15，基数为 16，计数规则为逢十六进一，借一当十六。任何一个十六进制数均可以表示为

$$N_H=\sum_{-m}^{n-1}a_i\times 16^i$$

式中，a_i 为十六进制数码中第 i 位的值，它可以是 0～9、A～F 中的任何一个；16^i 为第 i 位的权；n、m 均为正整数，分别是整数部分和小数部分的位数；下标 H 表示十六进制数，也可以用数字 16 表示。

【例 1-3】 将下列数码分别按权展开。

（1）478.512_D　　（2）101.1101_B　　（3）246.405_O　　（4）$56BA.CE_H$

解：（1）$478.512_D=4\times10^2+7\times10^1+8\times10^0+5\times10^{-1}+1\times10^{-2}+2\times10^{-3}$

（2）$101.1101_B=1\times2^2+0\times2^1+1\times2^0+1\times2^{-1}+1\times2^{-2}+0\times2^{-3}+1\times2^{-4}$

（3）$246.405_O=2\times8^2+4\times8^1+6\times8^0+4\times8^{-1}+0\times8^{-2}+5\times8^{-3}$

（4）$56BA.CE_H=5\times16^3+6\times16^2+B\times16^1+A\times16^0+C\times16^{-1}+E\times16^{-2}$

$=5\times16^3+6\times16^2+11\times16^1+10\times16^0+12\times16^{-1}+14\times16^{-2}$

1.3.4 进位计数制之间的转换

实际中，需要对各种不同进制的数进行转换。

1．任意非十进制数转换成十进制数

只需将任意非十进制数按权展开，并计算出结果即可。

【例 1-4】 将下列数码分别转换成十进制数。

（1）110.011_B　（2）345.68_O　（3）$10.BE_H$

解：（1）$110.011_B = 1\times2^2 + 1\times2^1 + 0\times2^0 + 0\times2^{-1} + 1\times2^{-2} + 1\times2^{-3} = 6.875_D$

（2）$345.68_O = 3\times8^2 + 4\times8^1 + 5\times8^0 + 6\times8^{-1} + 8\times8^{-2} = 225.875_D$

（3）$10.BE_H = 1\times16^1 + 0\times16^0 + B\times16^{-1} + E\times16^{-2}$

$= 1\times16^1 + 0\times16^0 + 11\times16^{-1} + 14\times16^{-2} = 17.7421875_D$

2．十进制数转换为二进制数

若将十进制数转换为二进制数，则需将十进制数的整数部分和小数部分分别进行转换，最后将转换结果相加得到完整的转换结果。

1）整数部分的转换。整数部分的转换采用除 2 取余法。具体方法是，将欲转换的十进制整数逐次除以 2，并依次记录每次相除所得的余数，直到商为 0 止。最后一次得到的余数为转换后二进制数的最高整数位，首次相除得到的余数为转换后二进制数的最低整数位。

【例 1-5】 将 146_D 和 41_D 分别转换为二进制数。

解：

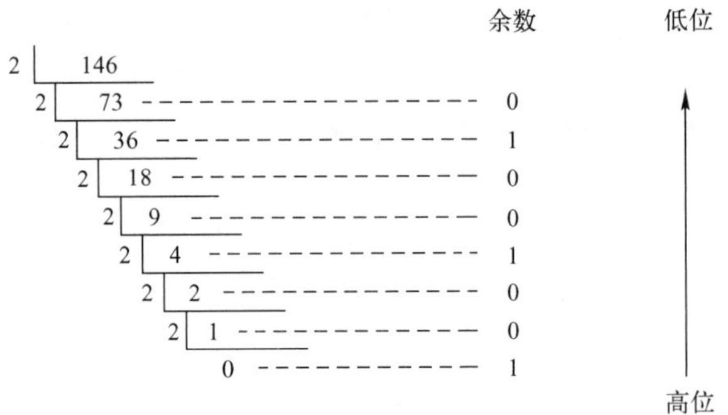

所以，$146_D = 10010010_B$

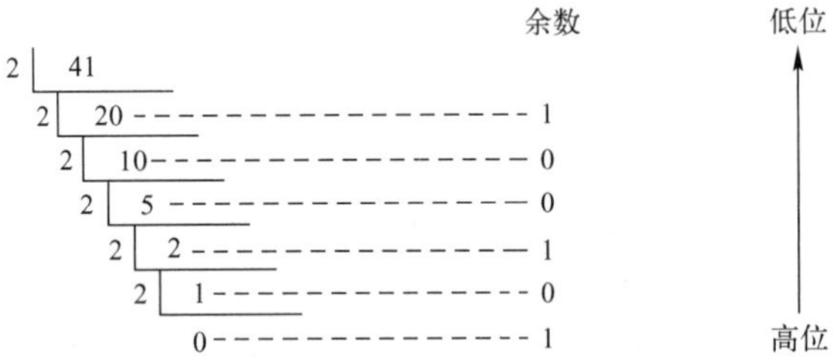

所以，$41_D = 101001_B$

2）小数部分的转换。小数部分的转换采用乘 2 取整法。具体方法是，将要转换的十进制小数部分逐次乘以 2，每次相乘，若所得积的整数部分为 1（或 0），则转换后相应位的二进制数为 1（或 0），依此类推，直到十进制小数部分为 0 或达到所要求的精度为止。首次乘积得到的整数部分为转换后二进制小数的最高位，最后一次乘积得到的整数部分为转换后二进制小数的最低位。

【例 1-6】 将 0.625_D 和 0.483_D 转换为相应的二进制数（若小数部分不能精确转换，则要求最多保留小数点后 4 位）。

解：

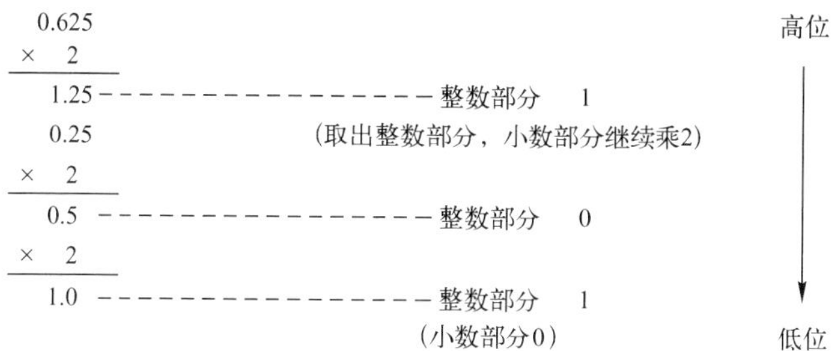

所以，$0.625_D = 0.101_B$

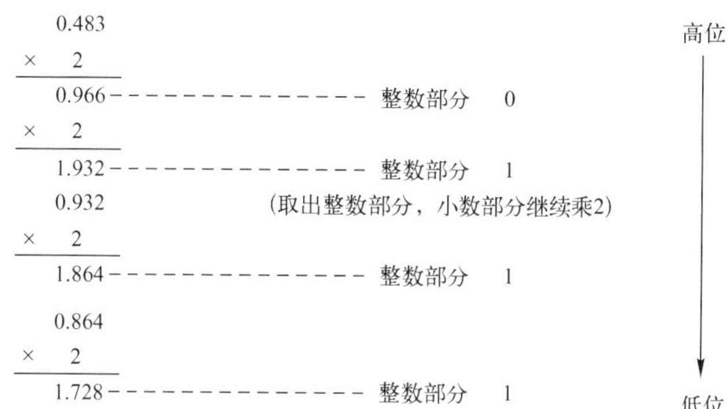

所以，$0.483_D \approx 0.0111_B$

【例 1-7】 将 168.625_D 和 35.372_D 转换为二进制数。要求同例 1-6。

解：以上两数都包含整数部分和小数部分。分别采用除 2 取余法和乘 2 取整法对整数和小数部分进行转换。根据例 1-5 和例 1-6 的转换结果，可以得到：

$$168.625_D = 168 + 0.625 = 10101000 + 0.101 = 10101000.101_B$$

$$35.372_D = 35 + 0.372 \approx 100011 + 0.0101 = 100011.0101_B$$

注意：当将二进制数转换为十进制数时，可以完整的进行转换；而当将十进制数转换为二进制数时，有时不能完全转换，只能达到一定的精度。

十进制数转换为其他任意进制数的方法与十进制数转换为二进制数的方法类似，整数部分的转换方法为除基（数）取余法，小数部分的转换方法为乘基（数）取整法，详细过程不再赘述。

3．二进制数与八、十六进制数之间的转换

由于二进制数和八、十六进制数的基数分别是 2、8、16，即 2^1、2^3、2^4，它们之间的相互转换较为简单。

1）二进制数和八进制数的转换。由于 3 位二进制数可以表示一位八进制数，所以当将二进制数转换为八进制数时，只需将欲转换二进制数的整数部分从右向左、每 3 位一组，最后不足 3 位时左面用零补齐；小数部分从左向右、每 3 位一组，最后不足 3 位时右面用零补齐；最后将一组 3 位二进制数对应的八进制数写出即可。

当将八进制数转换为二进制数时，只需将每位八进制数用对应的 3 位二进制数写出即可。

【例 1-8】 完成下面二进制数和八进制数之间的转换。

（1）$1011001.1000111_B = ?_O$

（2）$516.72_O = ?_B$

解:（1）按照转换方法，1011001.1000111_B 与对应的八进制数之间的关系为

001	011	001	.	100	011	100
↓	↓	↓		↓	↓	↓
1	3	1	.	4	3	4

所以，$1011001.1000111_B = 131.434_O$

（2）按照转换方法，516.72_O 与对应的二进制数之间的关系为

5	1	6	.	7	2
↓	↓	↓		↓	↓
101	001	110	.	111	010

所以，$516.72_O = 101001110.11101_B$

2）二进制数和十六进制数的转换。二者之间的转换与二进制数和八进制数之间的转换类似。

4 位二进制数可以表示一位十六进制数，当将二进制数转换为十六进制数时，将要转换的二进制数的整数部分从右向左、每 4 位一组，最后不足 4 位时左面用零补齐；小数部分从左向右、每 4 位一组，最后不足 4 位时右面用零补齐；最后将一组 4 位的二进制数所对应的十六进制数写出即可。

当将十六进制数转换为二进制数时，只需将每位十六进制数用对应的 4 位二进制数写出即可。

【例 1-9】 完成下面二进制数和十六进制数之间的转换。

（1）$10011000010.10101_B = ?_H$

（2）$A48.EB_H = ?_B$

解:（1）按照转换方法，10011000010.10101_B 与对应的十六进制数之间的关系为

0100	1100	0010	.	1010	1000
↓	↓	↓		↓	↓
4	C	2	.	A	8

所以，$10011000010.10101_B = 4C2.A8_H$

（2）按照转换方法，$A48.EB_H$ 与对应的二进制数之间的关系为

A	4	8	.	E	B
↓	↓	↓		↓	↓
1010	0100	1000	.	1110	1011

所以，$A48.EB_H = 101001001000.11101011_B$

至于十进制数转换成八进制数或十六进制数，可先将十进制数转换成二进制数，再将二进制数转换成八进制数或十六进制数。为便于对照，将各种常用进位计数制之间的对应关系列于表 1-4 中。

表 1-4 各种常用进位计数制之间的对应关系表

十进制数	二进制数	八进制数	十六进制数
0	0	0	0
1	1	1	1
2	10	2	2
3	11	3	3
4	100	4	4
5	101	5	5
6	110	6	6
7	111	7	7
8	1000	10	8
9	1001	11	9
10	1010	12	A
11	1011	13	B
12	1100	14	C
13	1101	15	D
14	1110	16	E
15	1111	17	F
16	10000	20	10

1.3.5 BCD 码与可靠性代码

数字电路所处理的全部信息必须用 0 和 1 表示。所以，在数字电路中，0 和 1 不仅可以代表二进制数的两个数码——将它们按二进制计数规律排列起来表示数值的大小，而且还可按照其他规律排列起来表示特定的信息。在这种情况下，0 和 1 不再带有数量的含义，而是不同事物的代号，称为代码（Code）。一定的代码有一定的规则，这些规则称为码制。

n 位二进制数共可以组合成 2^n 个代码，如果所需编码的信息有 n 个，那么需要的二进制数码位数 n 就应满足如下关系：

$$2^n \geqslant N$$

如果把十进制数的 10 个数码 0～9 用二进制代码来表示，就称为二—十进制编码，即 BCD（Binary Coded Decimal）编码。BCD 码由 4 位二进制代码组成，由于 4 位二进制数总共可以组成 2^4=16 个代码，而编码十进制数只需使用 10 个代码，还有 6 种状态没有用到，即对于 BCD 码来说，均有 6 种 4 位二进制的编码不出现，将其称为伪码。二—十进制编码的方案有很多种，例如常用的 8421 码、2421 码、5421 码、余 3 码等。前 3 种属于有权编码（代码的各位均有确定权值的编码方案），后一种属于无权编码（代码的各位没有确定权值的编码方案）。

在有权 BCD 码中，十进制数 N_D 与二—十进制编码$(a_3a_2a_1a_0)_{BCD}$的关系可以表示为

$$N_D = w_3a_3 + w_2a_2 + w_1a_1 + w_0a_0$$

w_3～w_0为二进制各位的权重。而无权码则不能用上式来表示其编码关系。

1．8421 码

8421 码是 BCD 码中使用最多的一种码，是一种有权码。其权值由高到低分别为 8(2^3)、4(2^2)、2(2^1)、1(2^0)。其表示的十进制数为

$$N_D = 8a_3 + 4a_2 + 2a_1 + 1a_0$$

需要注意的是，在 8421 码中不允许出现 1010～1111 这 6 种编码状态。

【例 1-10】 将 92_D 和 35.47_D 分别用 8421 码表示。

解： $92_D = 1001\ 0010_{8421BCD}$

$35.47_D = 0011\ 0101.0100\ 0111_{8421BCD}$

【例 1-11】 将 $10010010011_{8421BCD}$、$10010010.01110001_{8421BCD}$ 分别用十进制数表示。

解： $10010010011_{8421BCD} = 453_D$

$10010010.01110001_{8421BCD} = 92.71_D$

2．2421 码

2421 码也是一种有权码，其权值由高到低分别为 2、4、2、1，其表示的十进制数为

$$N_D = 2a_3 + 4a_2 + 2a_1 + 1a_0$$

2421 码的特点是具有对 9 的自补特性，是一种对 9 的自补代码。例如，十进制数 3 的 2421 码为 0011，3 对 9 的补数是 9－3＝6，而 6 的 2421 码为 1100。而 0011 和 1100 是本身对位取反的，二者互为反码。

有权码除了以上两种码以外，还有 5421 码、5211 码、7321 码和 631-1 码等。几种常见的有权 BCD 码见表 1-5。

表 1-5 几种常见的有权 BCD 码

十进制数	8421 码	2421 码	5421 码	7321 码	631-1 码	5211 码
	$8a_3+4a_2+2a_1+1a_0$	$2a_3+4a_2+2a_1+1a_0$	$5a_3+4a_2+2a_1+1a_0$	$7a_3+3a_2+2a_1+1a_0$	$6a_3+3a_2+1a_1-1a_0$	$5a_3+2a_2+1a_1+1a_0$
0	0000	0000	0000	0000	0011	0000
1	0001	0001	0001	0001	0010	0001
2	0010	0010	0010	0010	0101	0100
3	0011	0011	0011	0011	0111	0101
4	0100	0100	0100	0101	0110	0111
5	0101	1011	1000	0110	1001	1000
6	0110	1100	1001	0111	1000	1001
7	0111	1101	1010	1000	1010	1100
8	1000	1110	1011	1001	1101	1101
9	1001	1111	1100	1010	1100	1111
10	0001，0000	0001，0000	0001，0000	0001，0000	0010，0011	0001，0000

3．余 3 码

余 3 码也是利用 4 位二进制数表示一位十进制数。它是在相应的 8421 码基础上加 0011 得到的，因此叫做余 3 码。它也是一种对 9 的自补代码，但各位没有固定的权值，是一种无

权码。

4．余 3 循环码

余 3 循环码也是一种无权码，其特点是在两个相邻码之间只有一位不同。常见无权 BCD 码见表 1-6。

表 1-6 常见无权 BCD 码

十进制数	余 3 码	余 3 循环码	十进制数	余 3 码	余 3 循环码
0	0011	0010	5	1000	1100
1	0100	0110	6	1001	1101
2	0101	0111	7	1010	1111
3	0110	0101	8	1011	1110
4	0111	0100	9	1100	1010

BCD 码和二进制数在形式上有一定的相似之处，但它们是完全不同的两个概念。例如，当将十进制数 168 转换为等值的二进制数时，其结果为

$$168_D = 10101000_B$$

但当用 8421BCD 码表示时，其结果为

$$168_D = 000101101000_{8421BCD}$$

5．格雷（Gray）码与奇偶校验码

为减少数码在传输过程中可能发生的错误，并便于发现和纠正已经出现的错误，需要采用可靠性编码。常用的可靠性编码包括格雷码、奇偶校验码和海明码等。

格雷码是一种无权码，也称为循环码、反射循环码。其特点是，在两个相邻码之间只有一位不同。当按顺序对数码进行排列时，相邻数码只有一位发生变化，这样可以降低误码率，提高数码可靠性。格雷码有多种形式，常见格雷码的编码形式见表 1-7。

表 1-7 常见格雷码的编码形式

十 进 制 数	典型格雷码	步进格雷码	十 进 制 数	典型格雷码	步进格雷码
0	00000	00000	5	00111	11111
1	00001	00001	6	00101	11110
2	00011	00011	7	00100	11100
3	00010	00111	8	01100	11000
4	00110	01111	9	01101	10000

二进制数码信息在传输过程中，有时会将 1(0)错为 0(1)传输。奇偶校验码具有检查错码的能力。它由两部分组成：一部分是若干位信息码，即需传送的信息；另一部分是一位校验码。校验位的取值（0 或 1）将使包括信息码和校验码在内的整个代码所包含 1 的个数为奇数或偶数。1 的个数为奇数，称为奇校验码；1 的个数为偶数，称为偶校验码。表 1-8 给出了 8421 码的奇偶校验码。

表 1-8　8421 码的奇偶校验码

十进制数	8421 码的奇校验码		8421 码的偶校验码	
	校验位	8421 码	校验位	8421 码
0	1	0000	0	0000
1	0	0001	1	0001
2	0	0010	1	0010
3	1	0011	0	0011
4	0	0100	1	0100
5	1	0101	0	0101
6	1	0110	0	0110
7	0	0111	1	0111
8	0	1000	1	1000
9	1	1001	0	1001

奇偶校验码只能检验一位代码出错的情况，若代码在传输过程中发生了两位错码，则无法检验出来，但两位错码发生的概率非常小，所以奇偶校验码的应用仍然非常广泛。

知识链接

在数字设备中为什么采用二进制？

为了简化数字化设备，减小出现错误的概率，提高可靠性，在数字化设备中通常采用二进制。二进制数只有两个数码（即 1 和 0），而具有两个状态的器件或电路在工程上容易实现。例如，开关的通断、半导体管的导通与截止、脉冲的有无皆可表示成 1、0 两个数码。因此，在数字化设备和系统中二进制被广泛采用，以便于实现自动化。若采用十进制数，因十进制数有 0～9 十个数码，则必须用 10 种状态的器件表示十进制的 10 个数码，这会导致数字化设备结构复杂，难于直接用十进制数实现自动化，且错误概率增大，使工作可靠性变差。

1.4　逻辑代数（Logic Algebra）基础

逻辑代数又叫布尔（Boolean）代数或开关代数，是由英国数学家乔治·布尔（George Boole）于 1847 年首先创立的。逻辑代数与普通代数都是由字母来代替变量的，但逻辑代数与普通代数的概念不同，它不表示数量大小之间的关系，而是描述客观事物一般逻辑关系的一种数学方法，是分析与设计数字系统的数学基础。逻辑代数有 3 种基本的运算——与、或、非。

1.4.1　基本逻辑运算（Basic Logic Operations）

在逻辑代数中，逻辑变量（variable）的取值只有 1 和 0 两种，它们没有数量的大小，表示的是对立的逻辑状态，如开关的通与断、电位的高与低、灯的亮与灭等。

1．与逻辑运算（AND Logic Operations）

以图 1-5a 为例，电源、灯 F 与开关 A、B 构成回路，A 与 B 是串联的关系，只有在 A、B 全部接通的条件下，灯 F 才会亮；否则灯 F 不亮。开关 A、B 的状态与灯 F 的状态之间构成的因果关系，可以用图 1-5b 表示。

将开关 A、B 的状态作为因，将灯 F 的状态作为果，它们之间的关系就是逻辑与的关系，即只有当决定事件发生的所有条件均具备时，事件才发生；否则事件不会发生。如果用 1、0 分别表示开关的通、断和灯的亮、灭，用字母 A、B 及 F 表示开关（因）和灯（果）的状态，那么图 1-5b 就可表示为图 1-5c。用字母和符号 1、0 表示事件条件与结果全部可能情况的过程，称为状态赋值，状态赋值的具体形式并不惟一。这种由字母和符号 1 和 0 组成的、经过赋值的表格，称为真值表（Truth Table）。表示逻辑运算的图形符号称为逻辑运算图形符号，简称为逻辑符号，与逻辑的图形符号如图 1-5d 所示。

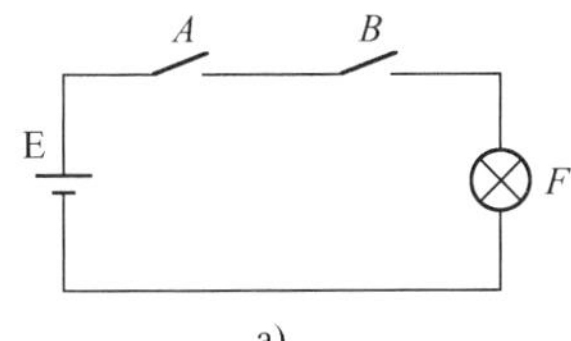

a)

开关A	开关B	灯F
断	断	灭
断	通	灭
通	断	灭
通	通	亮

b)

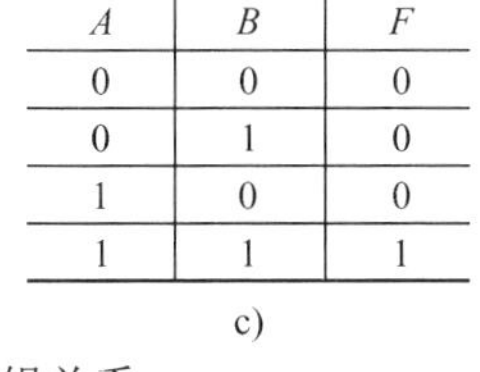

A	B	F
0	0	0
0	1	0
1	0	0
1	1	1

c)

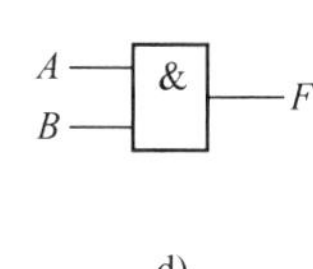

d)

图 1-5　与运算的逻辑关系

a) 电路图　b) 因果关系　c) 与逻辑真值表　d) 与逻辑的图形符号

为便于分析，用逻辑代数表示式表示一定的逻辑关系称为逻辑方程或逻辑函数表达式，有时简称为表达式。与逻辑表达式为

$$F = A \cdot B$$

式中，“·”是“与”的意思。一般情况下，上式也可以简写为 $F = AB$。根据运算的结果，它与普通代数乘法运算规则一致，逻辑与也称为逻辑乘。

对于图 1-5 描述的 F 与 A、B 之间与的关系，可表示为

$$F = AB = \begin{cases} 0 \cdot 0 = 0 \\ 0 \cdot 1 = 0 \\ 1 \cdot 0 - 0 \\ 1 \cdot 1 = 1 \end{cases}$$

与运算的运算规则可以归纳为有 0 出 0，全 1 为 1。

2．或逻辑运算（OR Logic Operations）

以图 1-6a 为例，开关 A、B 通与断和灯 F 亮与灭的因果关系如图 1-6b 所示。可知：只有当决定事件发生的条件具备一个或一个以上时，事件才发生；只有当决定事件发生的所有条件均不具备时，事件才不会发生。这种因果之间的关系就是逻辑或的关系。或逻辑的真值表如图 1-6c 所示，图形符号如图 1-6d 所示。

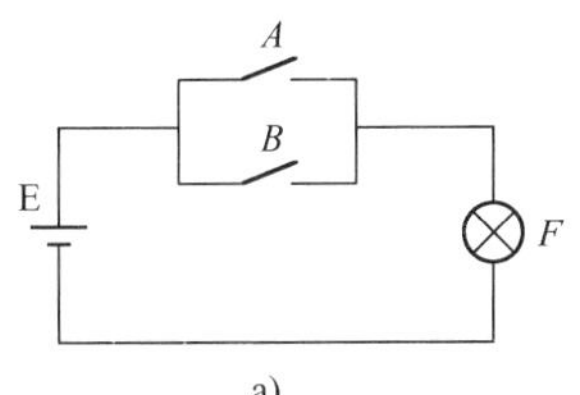

a)

开关A	开关B	灯F
断	断	灭
断	通	亮
通	断	亮
通	通	亮

b)

A	B	F
0	0	0
0	1	1
1	0	1
1	1	1

c)

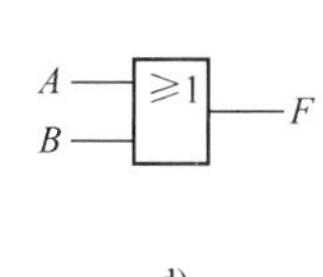

d)

图 1-6　或运算的逻辑关系

a) 电路图　b) 因果关系　c) 或逻辑真值表　d) 或逻辑的图形符号

或逻辑表达式为

$$F = A + B$$

式中，“+”是“或”的意思。逻辑或也称为逻辑加。但应注意的是，逻辑加与普通代数的加法运算规则不同。

对于图 1-2 描述的 F 与 A、B 之间或的关系，可表示为

$$F = A + B = \begin{cases} 0+0=0 \\ 0+1=1 \\ 1+0=1 \\ 1+1=1 \end{cases}$$

或运算的运算规则可以归纳为全 0 出 0，有 1 为 1。

3．非逻辑运算（NOT Logic Operations）

以图 1-7a 为例，开关 A 通与断和灯 F 亮与灭的关系如图 1-7b 所示。可知：当某条件具备时，事件不发生；当该条件不具备时，事件会发生。这种因果之间的关系就是非逻辑的关系。非逻辑的真值表如图 1-7c 所示，图形符号如图 1-7d 所示。

非逻辑表达式为

$$F = \overline{A}$$

式中，“¯”是“非”的意思。逻辑非也称为逻辑反。非运算也称为求反运算。

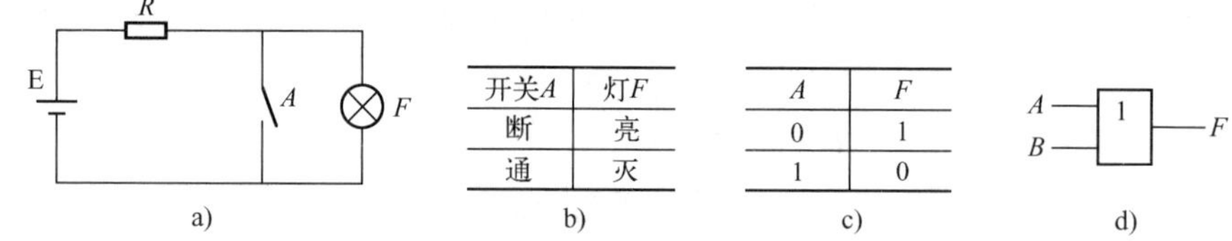

开关A	灯F
断	亮
通	灭

A	F
0	1
1	0

图 1-7　非运算的逻辑关系

a) 电路图　b) 因果关系　c) 非逻辑真值表　d) 非逻辑图形符号

对于图 1-7 描述的 F 与 A 之间非的关系，可表示为

$$F = \overline{A} = \begin{cases} \overline{0}=1 \\ \overline{1}=0 \end{cases}$$

非运算的运算规则可以归纳为有 0 出 1，是 1 为 0。

4．复合逻辑运算（Compound Logic Operations）

复合逻辑指由与、或、非这 3 种基本逻辑关系组合而成的逻辑关系。常见的复合逻辑运算主要包括与非、或非、与或非、异或、同或等。

1）与非逻辑（NAND Logic）。与非逻辑是由与、非两种基本逻辑关系按照“先与后非”的顺序复合而成的。以两输入与非逻辑为例，其逻辑表达式为

$$F = \overline{A \cdot B}$$

与非运算的运算规则可以归纳为有 0 出 1，全 1 为 0。

2）或非逻辑（NOR Logic）。或非逻辑是由或、非两种基本逻辑关系按照“先或后非”的顺序复合而成的。以两输入或非逻辑为例，其逻辑表达式为

$$F = \overline{A + B}$$

或非运算的运算规则可以归纳为全 0 出 1，有 1 为 0。

3）与或非逻辑。与或非逻辑是由与、或、非这 3 种基本逻辑关系按照“先与、后或、再非”的顺序复合而成的。有 4 个基本输入端的与或非逻辑表达式为

$$F = \overline{AB + CD}$$

以上 3 种复合逻辑运算的逻辑符号之一如图 1-8 所示。

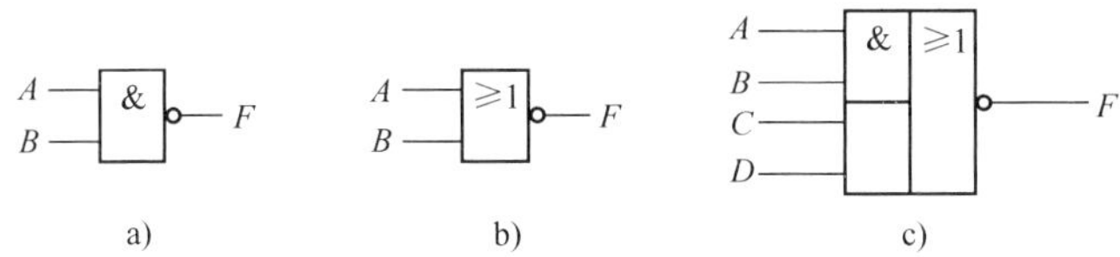

图 1-8　3 种复合逻辑运算的逻辑符号之一

a) 与非逻辑符号　b) 或非逻辑符号　c) 与或非逻辑符号

4）异或逻辑（XOR Logic）。以两输入异或运算为例，当两个输入不同时，输出为 1；当两个输入相同时，输出为 0。

异或逻辑表达式为

$$F = A \oplus B = A\overline{B} + \overline{A}B$$

式中，“⊕”是异或运算的运算符号，读做“异或”。

5）同或逻辑（XNOR Logic）。以两输入同或运算为例，当两个输入不同时，输出为 0；当两个输入相同时，输出为 1。

同或逻辑表达式为

$$F = A \odot B = AB + \overline{A}\,\overline{B}$$

式中，“⊙”是同或运算的运算符号，读做“同或”。

异或、同或逻辑的复合逻辑运算的逻辑符号之二如图 1-9 所示。

通过比较异或、同或逻辑的真值表可以发现，在相同的输入下，二者的值正好相反，即二者互为非逻辑关系，即

$$A \oplus B = \overline{A \odot B}\ ,\quad A \odot B = \overline{A \oplus B}$$

因此，同或也经常被称做异或非。

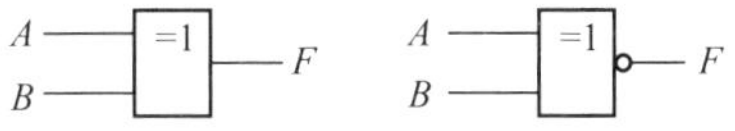

图 1-9　复合逻辑运算的逻辑符号之二

a) 异或逻辑符号　b) 同或逻辑符号

1.4.2　逻辑函数（Logic Function）概述

在数字电路中，用来实现各种逻辑运算的电子电路，称为逻辑门（Logic Gate）电路。例如用来实现与逻辑运算的门电路称为与门，实现或非逻辑运算的门电路称为或非门等。上面介绍的各种逻辑运算的图形符号，同时可作为相应门电路的图形符号。上述门电路符号除作为国标符号之外，还有一些常用符号，如图 1-10 所示。

数字电路主要由各种门电路构成，分别用 $A_1, A_2, \cdots, A_n$ 代表电路的输入信号，这些输入信号称为输入逻辑变量；F 代表电路的输出信号，称为输出逻辑变量。在输入逻辑变量 A_1，$A_2, \cdots, A_n$ 的值被确定以后，输出逻辑变量 F 的值就被唯一地确定下来，称输出逻辑变量 F

是输入逻辑变量 $A_1, A_2, \cdots, A_n$ 的逻辑函数，并表示为

$$F = f(A_1, A_2, \cdots, A_n)$$

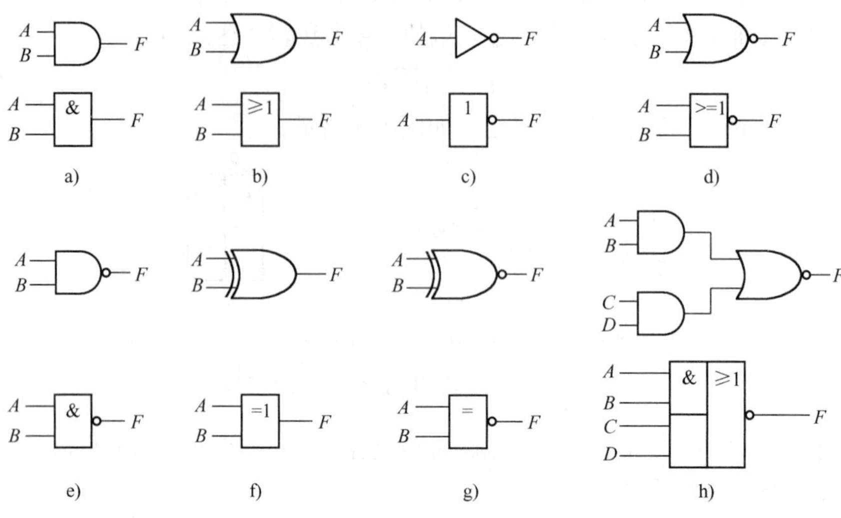

图 1-10　门电路常用符号

a) 与门　b) 或门　c) 非门　d) 或非门　e) 与非门　f) 异或门　g) 同或门　h) 与或非门

如果将变量 A 称为原变量，那么 $\overline{A}$ 就称为反变量；如果将函数 F 称为原函数，那么 $\overline{F}$ 就称为反函数。

逻辑函数常用的描述方法有 5 种，即逻辑函数表达式、逻辑函数真值表、逻辑图、卡诺图和波形图。

1）逻辑函数表达式是描述输入逻辑变量和输出逻辑变量之间逻辑函数关系的代数式。函数表达式常用的有两种形式：一种是与—或表达式，另一种是或—与表达式。

① 与—或表达式（SOP Form）。函数表达式包含若干个与项，与项中的变量分别以原变量或反变量的形式出现，各个与项以或的形式连接起来，构成函数的与—或表达式。如

$$F(A,B,C) = AB + BC + \overline{A}C$$

② 或—与表达式（POS Form）。函数表达式包含若干个或项，或项中的变量分别以原变量或反变量的形式出现，各个或项以与的形式连接起来，构成函数的或—与表达式。如

$$F(A,B,C) = (A+B)(B+C)(\overline{A}+C)$$

有些时候，函数也可以表示成其他的混合形式，如

$$F(A,B,C,D) = (A + BC + AC)\overline{C}D + \overline{A}(B + CD) + ACD$$

2）如前所述，由字母和符号 1、0 组成、经过赋值的、描述输入逻辑变量取值及相应输出逻辑变量取值的表格，称为真值表。逻辑函数的真值表具有唯一性。

3）实现逻辑函数的电原理图，称为逻辑图。它由逻辑门电路图形符号和连线构成。

其余两种逻辑函数的描述方法将在后面陆续进行介绍。

上面介绍的几种逻辑函数的描述方法可以进行相互转换，即已知其中任何一种描述形式，均可以推出其他的描述形式。

【例 1-12】 列出函数 $F = B + AC$ 的真值表，画出相应逻辑图。

解：函数 $F = B + AC$ 的真值表见表 1-9。其逻辑图如图 1-11 所示。

表 1-9 例 1-12 真值表

输入逻辑变量			输出逻辑变量	输入逻辑变量			输出逻辑变量
A	B	C	F	A	B	C	F
0	0	0	0	1	0	0	0
0	0	1	0	1	0	1	1
0	1	0	1	1	1	0	1
0	1	1	1	1	1	1	1

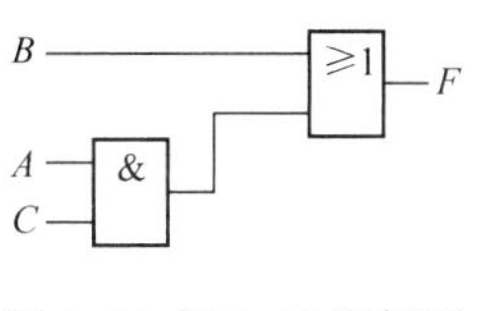

图 1-11 例 1-12 逻辑图

【例 1-13】 逻辑函数 F 的逻辑图如图 1-12 所示，写出 F 的表达式，并列出真值表。

解：可以根据电路图中门的连接方式和门的功能逐级由前向后或由后向前写出输出逻辑表达式，得相应的逻辑函数表达式为

$$F = \overline{B} + AC$$

真值表如表 1-10 所示。

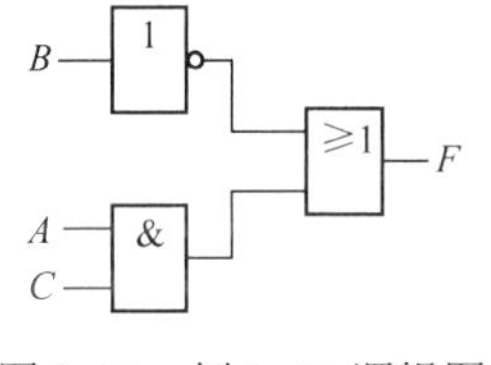

图 1-12 例 1-13 逻辑图

表 1-10 例 1-13 真值表

输入逻辑变量			输出逻辑变量	输入逻辑变量			输出逻辑变量
A	B	C	F	A	B	C	F
0	0	0	1	1	0	0	1
0	0	1	1	1	0	1	1
0	1	0	0	1	1	0	0
0	1	1	0	1	1	1	1

1.4.3 逻辑代数的基本定律与规则

根据前面介绍的与、或、非 3 种基本逻辑运算，可以推导出逻辑运算的基本定律及规则。在介绍逻辑代数的定律与规则之前，应首先明确逻辑函数“相等”的概念。

设逻辑函数 F，G 均为逻辑变量 $A_1, A_2, \cdots, A_n$ 的函数，若对于变量任一组取值的组合，F 和 G 的值均相等，则称 F 和 G 相等。它为利用真值表证明逻辑函数相等提供了方便。

1．逻辑代数的基本定律

逻辑代数的基本定律见表 1-11。

表 1-11 逻辑代数的基本定律表

定律名称	定律内容	
0—1 律	$A \cdot 0 = 0$	$A + 1 = 1$
自等律	$A \cdot 1 = A$	$A + 0 = A$
重叠律	$A \cdot A = A$	$A + A = A$
互补律	$A \cdot \overline{A} = 0$	$A + \overline{A} = 1$
交换律	$A \cdot B = B \cdot A$	$A + B = B + A$

（续）

定 律 名 称	定 律 内 容	
结合律	$A\cdot(B\cdot C)=(A\cdot B)\cdot C$	$A+(B+C)=(A+B)+C$
分配律	$A\cdot(B+C)=AB+AC$	$A+B\cdot C=(A+B)(A+C)$
吸收律	$A(A+B)=A$	$A+AB=A$
反演律	$\overline{AB}=\overline{A}+\overline{B}$	$\overline{A+B}=\overline{A}\,\overline{B}$
还原律	$\overline{\overline{A}}=A$	

其中，反演律也叫做摩根（Morgan）定律，是数字逻辑变换中经常要用到的定律。该定律还可以被推广为多变量的普遍形式，即

$$\overline{ABCD\cdots}=\overline{A}+\overline{B}+\overline{C}+\overline{D}+\cdots$$

$$\overline{A+B+C+D+\cdots}=\overline{A}\ \overline{B}\ \overline{C}\ \overline{D}\cdots$$

它说明了如何利用非运算实现与、或运算之间的变换，应熟练掌握。

对于以上各定律，可以采用列真值表的方法予以证明。

2．逻辑代数的常用公式

逻辑代数的常用公式如表 1-12 所示。

表 1-12　逻辑代数的常用公式表

公式 1	$AB+A\overline{B}=A$	$(A+B)(A+\overline{B})=A$
公式 2	$A+\overline{A}B=A+B$	$A(\overline{A}+B)=AB$
公式 3	$AB+\overline{A}C=(A+C)(\overline{A}+B)$	$(A+B)(\overline{A}+C)=AC+\overline{A}B$
公式 4	$AB+\overline{A}C+BC=AB+\overline{A}C$	$(A+B)(\overline{A}+C)(B+C)=(A+B)(\overline{A}+C)$
	$AB+\overline{A}C+BCDE=AB+\overline{A}C$	
公式 5	$\overline{A\overline{B}+\overline{A}B}=AB+\overline{A}\ \overline{B}$	
公式 6	$A\overline{AB}=A\overline{B}$	$\overline{A}\overline{AB}=\overline{A}$

将公式 4 中的与项 BC 、 $BCDE$ 、或项（ $B+C$ ）称为冗余项。

3．逻辑代数的 3 个法则

逻辑代数有 3 个重要的法则，即代入法则、反演法则、对偶法则。

1）代入法则。在任何一个逻辑等式中，若将等式两边所有出现某一变量的地方代之以一个逻辑函数，则此等式仍然成立。

【例 1-14】 已知等式 $\overline{A+B}=\overline{A}\ \overline{B}$，将函数 $F(C,D)=CD$ 代替原等式中的变量 B，证明等式仍然成立。

证明： 将 $F(C,D)=CD$ 代入原等式

因为　等式左边= $\overline{A+B}=\overline{A+CD}=\overline{A}\ \overline{CD}$

　　　等式右边= $\overline{A}\ \overline{B}=\overline{A}\ \overline{CD}$ =等式左边

所以　等式成立。

2）反演法则。根据原函数求反函数的过程叫做反演。

对于任一逻辑函数 F，在求其反函数 $\overline{F}$ 时，只需将 F 中所有的原变量变为反变量，反变量变为原变量；“·”变为“+”，“+”变为“·”；0 变为 1，1 变为 0，就得到 $\overline{F}$ 。

在求反函数的过程中应注意的是，一要保证原运算顺序，即运算的优先顺序为括号内的逻辑运算、逻辑与、逻辑或；二对非单个变量上的非号应保持不变。

【例 1-15】 利用反演法则，求逻辑函数 F 的反函数。

（1） $F=(A+B)(\overline{C}+D)+E$

（2） $F=\overline{\overline{A\overline{B}+D}+C}+\overline{C}$

解： 利用反演法可直接写出函数 F 的反函数，即

（1） $F=(A+B)(\overline{C}+D)+E$

$\overline{F}=(\overline{A}\overline{B}+C\overline{D})\overline{E}$

（2） $F=\overline{\overline{A\overline{B}+D}+C}+\overline{C}$

$\overline{F}=\overline{\overline{(\overline{A}+B)\overline{D}}\,\overline{C}}\,C$

3）对偶法则。对于任一逻辑函数 F，将 F 中的“·”变为“+”，“+”变为“·”；0 变为 1，1 变为 0；而变量保持不变，就会得到一个新的逻辑函数 F'，称为函数 F 的对偶函数或对偶式。也可以说，函数 F 和 F' 互为对偶式。

在求函数对偶式的过程中，同样应注意保持原函数的运算顺序不变，非单个变量上的非号应保持不变。

若两个逻辑函数相等，则它们各自的对偶函数也相等，这就是对偶法则。

【例 1-16】 利用对偶法则，求逻辑函数 F 的对偶函数。

（1） $F=(A+B)(\overline{C}+D)+E$

（2） $F=\overline{\overline{A\overline{B}+D}+C}+\overline{C}$

解：（1） $F=(A+B)(\overline{C}+D)+E$

$F'=(AB+\overline{C}D)E$

（2） $F=\overline{\overline{A\overline{B}+D}+C}+\overline{C}$

$F'=\overline{\overline{(A+\overline{B})D}\,C}\,\overline{C}$

有些时候，可以采用证明两个逻辑函数各自对偶式相等的方法，来证明两个逻辑函数的相等。表 1-12 右列的公式等号左右两边的式子分别是左列公式等号左右两边式子的对偶式，因而，只要能证明左列的公式成立，则其右侧的公式也就成立。

1.4.4 逻辑函数标准表达式

如前所述，逻辑函数表达式除了与或表达式和或与表达式外，常用的函数表示形式还有与非与非表达式、或非或非表达式、与或非表达式等。具体表示如下。

与非与非表达式，如 $F=\overline{\overline{AB}\cdot\overline{CD}}$

或非或非表达式，如 $F=\overline{\overline{A+B}+\overline{C+D}}$

与或非表达式，如 $F=\overline{AB+CD}$

在分析具体问题时，应根据题目要求，进行函数不同表示形式之间的转换。

【例 1-17】 将函数 $F=AB+\overline{A}C$ 用常用的表示形式分别进行描述。

解： $F=AB+\overline{A}C$ （与或表达式）

$=(\overline{A}+B)(A+C)$ （或与表达式）

$$= \overline{\overline{AB + \overline{A}C}} = \overline{\overline{AB} \cdot \overline{\overline{A}C}} \qquad \text{（与非与非表达式）}$$

$$= \overline{\overline{(\overline{A} + B)(A + C)}} = \overline{\overline{\overline{A} + B} + \overline{A + C}} \qquad \text{（或非或非表达式）}$$

$$= \overline{A\overline{B} + \overline{A}\,\overline{C}} \qquad \text{（与或非表达式）}$$

通过以上例题可以发现，一个函数可以有不同的表示形式，这给分析问题带来一定困难，而逻辑函数标准表达式的出现，则可以解决这一问题。

1．标准与或表达式——最小项之和表达式

所谓最小项（minterm）是指包含逻辑函数中所有变量的一个与项，其中每个变量仅以原变量或反变量的形式出现一次，也称做标准与项。

一个逻辑函数可以用最小项之和的形式表示，称为函数的最小项之和表达式，即标准与—或表达式。如$F(A,B,C) = ABC + \overline{A}BC + AB\overline{C}$是函数的最小项之和表达式，而$Y(A,B,C) = ABC + AC + \overline{A}B$不是函数的最小项之和表达式。对于$n$变量的逻辑函数来说，有$2^n$个最小项。下表列出了3变量逻辑函数$F(A,B,C)$的8个最小项。

在一个函数的标准表达式中，可能包含所有的最小项，也可能只包含部分最小项。为方便表示，一般用m_i表示第i个最小项：在确定输入变量顺序后，将某一最小项中的原变量记为1，反变量记为0，由此形成一个二进制数，此二进制数对应的十进制数即为i。

如在表 1-13 中，最小项$\overline{A}BC$对应的变量取值为 011，即十进制数 3，所以该最小项被记做m_3。按照以上规则，在知道最小项编号的情况下，可以方便地写出它的变量表达式。

表 1-13　3 变量最小项的编号

序号	输入变量 A B C	对应的最小项	最小项编号	序号	输入变量 A B C	对应的最小项	最小项编号
0	0 0 0	$\overline{A}\,\overline{B}\,\overline{C}$	m_0	4	1 0 0	$A\overline{B}\,\overline{C}$	m_4
1	0 0 1	$\overline{A}\,\overline{B}C$	m_1	5	1 0 1	$A\overline{B}C$	m_5
2	0 1 0	$\overline{A}B\overline{C}$	m_2	6	1 1 0	$AB\overline{C}$	m_6
3	0 1 1	$\overline{A}BC$	m_3	7	1 1 1	ABC	m_7

关于最小项，应注意以下问题。

1）逻辑函数的变量不同，最小项包含的变量数目也就不同，而这并不说明变量数目的最小项没有意义；如对于 3 变量函数而言，ABC的组合是一个最小项，而对于四变量的逻辑函数来说，ABC的组合就不是最小项。

2）在一个逻辑函数中，任何一个最小项只有一组变量取值使其为 1；不同的最小项，使其为 1 的变量取值不同。

3）一个函数任意两个最小项的与为零。

4）n个变量全部最小项（2^n）的或（和）为 1。

每个逻辑函数最小项之和表达式是唯一的，就像一个逻辑函数真值表是唯一的一样。任何逻辑函数的表达式都可以写成最小项之和表达式的形式。逻辑函数的真值表和最小项表达式之间可以直接相互转换。

【例 1-18】 3 变量逻辑函数$F(A,B,C)$的真值表如表 1-14 所示。试写出其最小项之和的标准形式。

表 1-14　例 1-18 真值表

输入逻辑变量			输出逻辑变量	输入逻辑变量			输出逻辑变量
A	B	C	F	A	B	C	F
0	0	0	0	1	0	0	1
0	0	1	0	1	0	1	0
0	1	0	1	1	1	0	1
0	1	1	0	1	1	1	1

解：构成函数最小项的变量取值组合，所对应的函数值为 1。由上表可知，当 ABC 分别取值为 010、100、110、111 时，F 为 1。所以，该函数最小项之和表达式为

$$F=\overline{A}B\overline{C}+A\overline{B}\overline{C}+AB\overline{C}+ABC=m_2+m_4+m_6+m_7$$

对于上述结果，可以进一步简化为

$$F=m_2+m_4+m_6+m_7=\sum m(2,4,6,7)$$

【例 1-19】 已知 3 变量逻辑函数 $F(A,B,C)$的最小项之和表达式如下所示。试画出其真值表。$F(A,B,C)=\sum m(0,1,3,5,7)$。

解：$F(A,B,C)=\sum m(0,1,3,5,7)=m_0+m_1+m_3+m_5+m_7$

$$=\overline{A}\overline{B}\overline{C}+\overline{A}\overline{B}C+\overline{A}BC+A\overline{B}C+ABC$$

以上各最小项对应的变量取值组合为 000，001，011，101，111；其真值表见表 1-15。

表 1-15　例 1-19 真值表

输入逻辑变量			输出逻辑变量	输入逻辑变量			输出逻辑变量
A	B	C	F	A	B	C	F
0	0	0	1	1	0	0	0
0	0	1	1	1	0	1	1
0	1	0	0	1	1	0	0
0	1	1	1	1	1	1	1

根据函数 F 的真值表，就可以推得 $\overline{F}$ 的最小项表达式。对于上例有

若 $F(A,B,C)=\sum m(0,1,3,5,7)$，则 $\overline{F}(A,B,C)=\sum m(2,4,6)$。

【例 1-20】 已知 3 变量逻辑函数 $F(A,B,C)=A\overline{B}+AC$。试写出其最小项之和的标准形式。

解：除使用列真值表的方法外，还可以使用下述方法求出函数最小项之和的标准形式。

$$F(A,B,C)=A\overline{B}+AC=A\overline{B}(C+\overline{C})+AC(B+\overline{B})=A\overline{B}C+A\overline{B}\overline{C}+ABC+A\overline{B}C$$

$$=A\overline{B}C+A\overline{B}\overline{C}+ABC=m_4+m_5+m_7=\sum m(4,5,7)$$

在求函数的最小项表达式时，应先将函数变换成与—或式，然后使用“配项法”（即若某一与项缺少一变量 x，则在该与项中添加（$x+\overline{x}$）项），再利用上述方法展开即可。

2．标准或与表达式——最大项之积表达式

所谓最大项是指包含逻辑函数中所有变量的一个或项，其中每个变量仅以原变量或反变量的形式出现一次，也称做标准或项。

一个逻辑函数可以用最大项之积的形式表示，称为函数的最大项之积表达式，即标准或—与表达式。如$F(A,B,C)=(A+B+C)(\overline{A}+B+C)(A+B+\overline{C})$是 3 变量函数的最大项之积表达式，而$Y(A,B,C)=(A+B+C)(A+C)(\overline{A}+B)$就不是函数的最大项之积表达式。对于 n 变量的逻辑函数来说，有2^n个最大项。

在函数的标准表达式中，可能包含所有的最大项，也可能只包含部分最大项。为方便表示，一般用M_i表示最大项：在确定输入变量顺序后，将某一最大项中的原变量记为 0，反变量记为 1，由此形成一个二进制数，此二进制数对应的十进制数即为 i。3 变量逻辑函数包含的最大项及其编号如表 1-16 所示。

表 1-16　3 变量逻辑函数包含的最大项及其编号

序　　号	输入变量 A　B　C	对应的最大项	最大项编号
0	0　0　0	$A+B+C$	M_0
1	0　0　1	$A+B+\overline{C}$	M_1
2	0　1　0	$A+\overline{B}+C$	M_2
3	0　1　1	$A+\overline{B}+\overline{C}$	M_3
4	1　0　0	$\overline{A}+B+C$	M_4
5	1　0　1	$\overline{A}+B+\overline{C}$	M_5
6	1　1　0	$\overline{A}+\overline{B}+C$	M_6
7	1　1　1	$\overline{A}+\overline{B}+\overline{C}$	M_7

由上表所示，最大项$\overline{A}+B+C$对应的变量取值为 100，即十进制数 4，所以该最大项记做M_4。按照以上规则，在知道最大项编号的情况下，就可以方便地写出它的变量表达式。

关于最大项，应注意以下问题。

1）逻辑函数变量不同，最大项包含变量的数目也就不同，而这并不说明变量数目的最大项没有意义。

2）在一个逻辑函数中，任何一个最大项只有一组变量取值使其为 0。

3）一个函数任意两个最大项的或为 1。

4）n 个变量全部最大项（2^n）的与（乘）为 0。

【例 1-21】 3 变量逻辑函数$F(A,B,C)$的真值表如表 1-13 所示。试写出其最大项之和的标准形式。

解：构成函数最大项的变量取值组合，所对应的函数值为 0。由表 1-13 知，当 ABC 取值分别为 010、100、110 时，F 为 0。所以，该函数最大项之积表达式为

$$F=(A+\overline{B}+C)(\overline{A}+B+C)(\overline{A}+\overline{B}+C)=M_2\cdot M_4\cdot M_6$$
$$=\prod M(2,4,6)$$

通过对例 1-19 和例 1-21 比较可以发现，一个逻辑函数同时存在两种标准表达式，这两种标准表达式是最小项之和表达式和最大项之积表达式。最小项给出函数值为 1 时的变量取值组合，最大项给出函数值为 0 时的变量取值组合。由于它们同时表示一个逻辑函数，所以这两种表达式是相等的。可以证明，对同一函数有$\overline{m_0}=M_0,\overline{m_1}=M_1,\cdots,\overline{m_i}=M_i$，即同一下标的最大项和最小项是互补的。由于函数值非 0 即 1，所以根据一种标准形式，很容易推得

另一种标准形式。如已知 $F(A,B,C)=m_0+m_1+m_3+m_5+m_7=\sum m(0,1,3,5,7)$，则可以直接写出 $F(A,B,C)=\sum m(0,1,3,5,7)=\prod M(2,4,6)$。

1.4.5 逻辑函数的化简

一个逻辑函数可以有多种表达形式，对应的实现电路也各不相同。完成同样的逻辑功能，电路越简单越好。简单的电路成本低，功耗小，电路可靠性高。而现有的函数表达式不一定是最简单的，这就需要对逻辑函数进行化简，以找出最简单的表达式。

所谓最简是指在保证电路正常工作的前提下，表达式中包含的项数最少；同时每项中包含的变量数最少。

逻辑函数的化简有多种方法，常用的有基于表达式变换的公式化简法、基于图形的卡诺图化简法和计算机辅助化简法。本书简单介绍公式化简法，重点介绍卡诺图化简法。对计算机辅助化简法感兴趣的读者请参阅相关文献。

1．公式化简法

公式化简法就是使用逻辑代数的基本定律和常用公式对函数进行化简。常用的方法包括以下几种。

1）并项法。应用 $A+\overline{A}=1$，将两项合并为一项，并消去相应变量。如

$$\begin{aligned}F&=ABC+A\overline{B}\overline{C}+AB\overline{C}+A\overline{B}C\\&=AB(C+\overline{C})+A\overline{B}(C+\overline{C})\\&=AB+A\overline{B}\\&=A(B+\overline{B})\\&=A\end{aligned}$$

2）配项法。应用 $(A+\overline{A})=1$，将 $(A+\overline{A})$ 与某乘积项相乘，而后展开、合并化简。如

$$\begin{aligned}F&=AB+\overline{A}\overline{C}+B\overline{C}\\&=AB+\overline{A}\overline{C}+B\overline{C}(A+\overline{A})\\&=AB+\overline{A}\overline{C}+AB\overline{C}+\overline{A}B\overline{C}\\&=AB(1+\overline{C})+\overline{A}\overline{C}(1+B)\\&=AB+\overline{A}\overline{C}\end{aligned}$$

有时，也可以利用添加冗余项化简。如

$$\begin{aligned}F&=AB+\overline{A}C+BCD\\&=AB+\overline{A}C+BC+BCD\\&=AB+\overline{A}C+BC\end{aligned}$$

3）加项法。应用 $A+A=A$，在逻辑式中加相同的项，而后合并化简。如

$$\begin{aligned}F&=ABC+\overline{A}BC+A\overline{B}C\\&=ABC+\overline{A}BC+A\overline{B}C+ABC\\&=BC(A+\overline{A})+AC(B+\overline{B})\\&=BC+AC\end{aligned}$$

4）吸收法。应用 $A+AB=A$，消去多余因子。如

$$F = \overline{B}C + A\overline{B}C(D+E)$$
$$= \overline{B}C$$

【例 1-22】 用公式法化简 $F = AD + A\overline{D} + AB + \overline{A}C + BD + ACEF + \overline{B}EF + DEFG$。

解： 由并项法，$AD + A\overline{D} = A$，简化得

$$F = A + AB + \overline{A}C + BD + ACEF + \overline{B}EF + DEFG$$

由吸收法，$A + AB = A$ 及 $A + ACEF = A$，得

$$F = A + \overline{A}C + BD + \overline{B}EF + DEFG$$

由吸收律，$A + \overline{A}C = A + C$，得

$$F = A + C + BD + \overline{B}EF + DEFG$$

式中，对后 3 项利用配项法（添加冗余项），

$$\begin{aligned} & BD + \overline{B}EF + DEFG \\ &= (BD + \overline{B}EF + DEF) + DEFG \\ &= BD + \overline{B}EF \end{aligned}$$

所以，化简后得

$$F = A + C + BD + \overline{B}EF$$

【例 1-23】 证明 $ABC\overline{D} + ABD + BC\overline{D} + ABC + BD + B\overline{C} = B$。

证明

$$\begin{aligned} & ABC\overline{D} + ABD + BC\overline{D} + ABC + BD + B\overline{C} \\ &= ABC(1+\overline{D}) + BD(1+A) + BC\overline{D} + B\overline{C} \\ &= ABC + BD + BC\overline{D} + B\overline{C} \\ &= B(AC + D + C\overline{D} + \overline{C}) \\ &= B(AC + D + \overline{C} + \overline{D}) \\ &= B(AC + \overline{C} + 1) \\ &= B \end{aligned}$$

对函数的或与式，除应用以上方法对函数进行变换化简外，还可以首先将函数的或与式转换成与或对偶式，对其进行化简后，再求一次对偶，得到化简后的原函数。

【例 1-24】 化简函数 $F = (\overline{A} + \overline{B})(\overline{A} + \overline{C} + D)(A + \overline{C})(B + \overline{C})$。

解： $\because \quad F = (\overline{A} + \overline{B})(\overline{A} + \overline{C} + D)(A + \overline{C})(B + \overline{C})$

$$\begin{aligned} \therefore \quad F' &= \overline{A}\,\overline{B} + \overline{A}\,\overline{C}D + A\overline{C} + B\overline{C} = \overline{A}\,\overline{B} + \overline{C}(\overline{A}D + A) + B\overline{C} \\ &= \overline{A}\,\overline{B} + \overline{C}(D + A) + B\overline{C} = \overline{A}\,\overline{B} + A\overline{C} + \overline{C}D + B\overline{C} \\ &= \overline{A}\,\overline{B} + B\overline{C} + \overline{A}\,\overline{C} + A\overline{C} + \overline{C}D = \overline{A}\,\overline{B} + B\overline{C} + \overline{C} + \overline{C}D \\ &= \overline{A}\,\overline{B} + \overline{C} \end{aligned}$$

$$\therefore \quad F = (F')' = (\overline{A} + \overline{B})\overline{C}$$

用公式法化简逻辑函数，必须熟悉逻辑代数的基本定律和常用公式。当表达式比较复杂时，求解困难，而且不易判断结果是否最简，因而公式法化简法只能作为逻辑函数化简的辅助手段。

2．卡诺图（Karnaugh Map）化简法

当逻辑函数的变量个数较少（不超过 5 个）时，卡诺图化简法是化简逻辑函数的有效工

具。卡诺图化简逻辑函数，就是利用具有相邻性的最小项（或最大项）可以合并这一特点，以消去一个或多个变量，从而达到化简的目的。卡诺图化简法简便直观，规律性强，能较快得到最简表达式，因而得到广泛使用。

（1）卡诺图

卡诺图是逻辑函数真值表的一种图形表示形式，它用方格图表示自变量取值和相应的函数值。其中，自变量的取值按循环码方式排列，使卡诺图中任意两个相邻方格对应的最小项（或最大项）只有一个变量不同。由于 n 变量逻辑函数有 2^n 个最小项，所以 n 变量逻辑函数的卡诺图有 2^n 个方格，每个方格代表一个相应的最小项（或最大项）。

2、3、4 变量的卡诺图结构如图 1-13 所示。

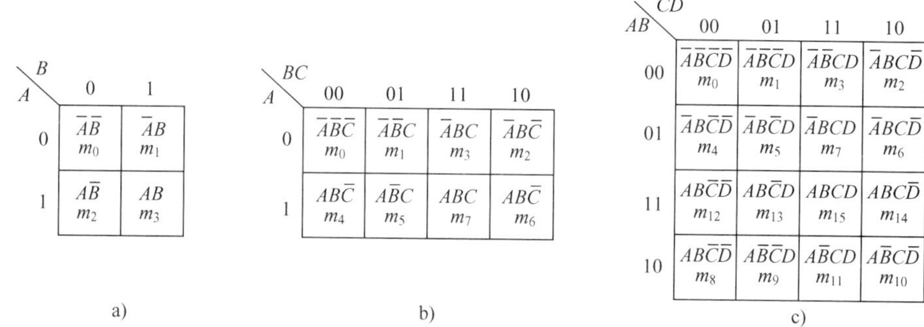

图 1-13　2、3、4 的变量卡诺图结构

a) 2 变量卡诺图　b) 3 变量卡诺图　c) 4 变量卡诺图

对应上图，当变量数为 2(3、4)时，A(A、AB、AB)为行变量，B(BC、CD)为列变量。

在画卡诺图时，应注意以下几点。

1）对应每一最小项（或最大项），相应的方格序号习惯上将行变量作为高位组，列变量作为低位组。

2）行、列变量的取值顺序按照循环码的编码顺序排列，即二变量按照 00、01、11、10 的顺序排列，3 变量按照 000、001、011、010、110、111、101、100 的顺序排列，以保证相邻（行或列）两个码仅有一个变量不同，这就是卡诺图方格的相邻性。

3）卡诺图方格的相邻性除几何相邻（位置相邻）外，逻辑相邻还包含了一种对称（镜像）相邻，即以方格矩阵的水平或垂直中心线为轴，彼此对称的方格也是相邻的。

（2）用卡诺图表示逻辑函数

分为以下步骤。

1）函数标准式的填入。由于函数的最小项的变量取值使函数值为 1，所以当将函数的最小项表达式填入卡诺图时，在构成函数最小项的相应方格中填 1，其余方格填 0。

对于函数的最大项表达式，由于函数值为 0 的那些最小项的下标与函数最大项下标相同，所以可按最大项下标在相应卡诺图方格中填 0，其余方格填 1。

2）函数非标准式的填入。对于与或式，将每个与项中的原变量对应卡诺图中该变量取值为 1，反变量对应取值为 0，找出卡诺图上交叉的方格，填 1；其余方格填 0。

对于或与式，首先利用反演法则求出其反函数的与或式，反函数值为 0(1)的方格在原函数中就为 1(0)。

用卡诺图表示逻辑函数如图 1-14 所示。

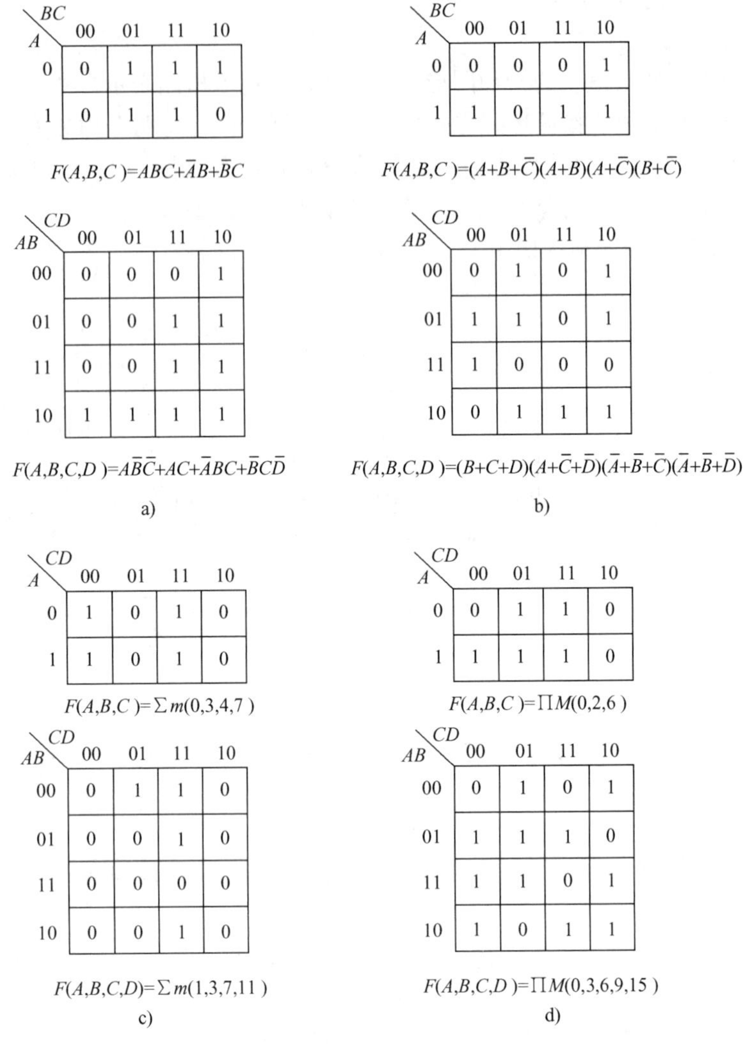

图 1-14 用卡诺图表示逻辑函数

a) 填入函数与或式 b) 填入函数或与式 c) 填入函数标准与或式 d) 填入函数标准或与式

（3）用卡诺图化简逻辑函数

卡诺图中任意两个相邻的最小项（或最大项）可以合并为一个“与”项（或一个“或”项），并消去其中取值不同的变量；卡诺图中 4 个相邻项可以合并为一项，并消去其中两个取值不同的变量；卡诺图中 8 个相邻项可以合并为一项，并消去其中 3 个取值不同的变量。由此推广为可以将卡诺图中 2^n 个相邻的最小项（或最大项）项合并为一项，并可以消去 n 个取值不同的变量，只剩下公共因子。

用卡诺图化简逻辑函数的步骤如下。

1）根据逻辑函数填充卡诺图。

2）找出可以合并的最小项（或最大项）——圈围卡诺圈。

3）写出最简与或（或者或与）表达式。

圈围卡诺圈应注意的问题如下所述。

1）“1”（或“0”）格允许被一个以上的圈包围。

2）“1”（或“0”）格不能漏圈。

3）圈的个数要尽量少。

4）圈的面积尽量大，但必须为 2^n 个方格。

5）每个圈至少包括一个未被圈围过的“1”（或“0”）格，否则这个圈是多余的。

卡诺图中圈“1”是进行最小项的合并，每个圈中的最小项合并为一个“与”项，所有卡诺圈对应的“与”项之“或”就是最简与或式。书写“与”项的规则是：当该圈所对应的某个自变量取值为“1”时，该自变量在“与”项中取原变量形式；当自变量取值为“0”时，该自变量在“与”项中取反变量形式。

卡诺图中圈“0”是进行最大项的合并，每个圈中的最大项合并为一个“或”项，所有卡诺圈对应的“或”项之“与”就是最简或与式。书写“或”项的规则是：当该圈所对应的某个自变量取值为“0”时，该自变量在“或”项中取原变量形式；当自变量取值为“1”时，该自变量在“或”项中取反变量形式。

【例 1-25】 用卡诺图法化简逻辑函数 $F(A,B,C)=\overline{A}\overline{B}+A\overline{B}C+ABC$。

解： 做出 3 变量函数的卡诺图，并根据具体函数填入，如图 1-15 所示。

按照化简规则，对填“1”的方格进行圈圈，得到的化简结果为

$$F(A,B,C)=\overline{A}\overline{B}+AC$$

$F(F,B,C)=\overline{A}\overline{B}+AC$

A \ BC	00	01	11	10
0	1	1	0	0
1	0	1	1	0

图 1-15　例 1-25 卡诺图

【例 1-26】 化简函数 $F(A,B,C)=\sum m(1,2,3,4,5,6)$。

解： 逻辑函数 F 的卡诺图如图 1-16a 所示。

图中的卡诺圈有两种圈法，分别如图 1-16b 和图 1-16c 所示。

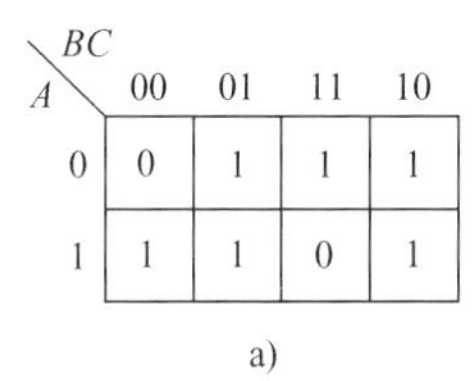

a)

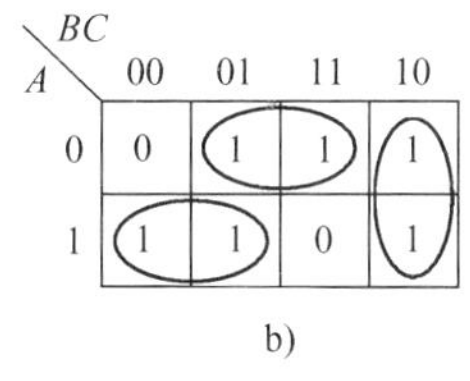

b)

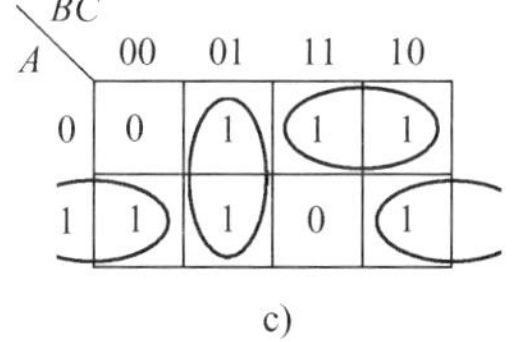

c)

图 1-16　例 1-26 卡诺图

a) 逻辑函数 F 的卡诺图　b) 卡诺图圈法 1　c) 卡诺图圈法 2

对两种圈法分别进行化简，可得

$$F=A\overline{B}+\overline{A}C+B\overline{C}$$

$$F=A\overline{C}+\overline{B}C+\overline{A}B$$

以上两个结果，均为函数的最简与或式。此例说明，对函数进行化简，圈围的卡诺圈不同，结果不同，即函数表达式形式不具备唯一性。

【例 1-27】 用卡诺图法化简逻辑函数 $F(A,B,C)=(\overline{A}+\overline{B}+\overline{C})(A+B)(A+\overline{C})(B+\overline{C})$。

解： 做出 3 变量函数的卡诺图，并根据具体函数填入，如图 1-17 所示。

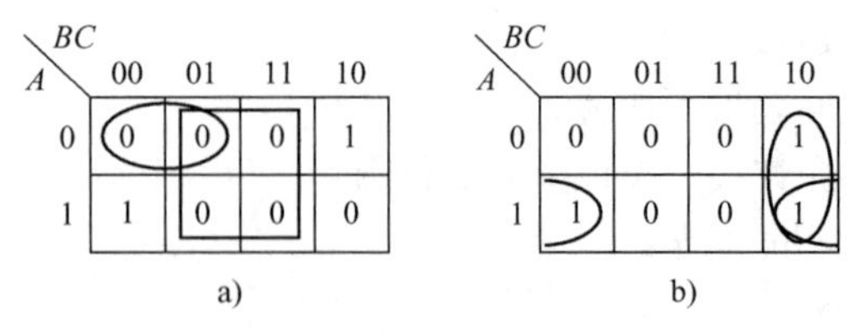

图 1-17 【例 1-27】卡诺图

对两种圈法分别进行化简，可得

$$F=\overline{A}\overline{B}+C$$

$$F=B\overline{C}+A\overline{C}$$

3．具有无关项的逻辑函数化简

在一些逻辑函数中，变量的取值组合不是任意的，需要加上一定的限制条件，称这些限制条件为约束，称这组变量为具有约束的变量。如对于 8421BCD 码，1010～1111 这 6 种变量的取值组合就不会出现。这种不会出现的变量取值组合所对应的最小项称为约束项。

当用约束条件描述约束时，通常用一个使函数所有约束项之和恒等于 0 的表达式来表示约束条件。

另外一种情况是，对于输入变量的某些取值，函数值为 1 或 0 均可，不影响电路的功能，将其对应的最小项称为任意项。

通常将约束项和任意项统称为逻辑函数的无关项。无关是指这些最小项对函数的最终结果无关紧要。无关项在真值表和卡诺图中用×（或 d、φ）表示。约束条件在表达式中可用 $\sum m_{\times}$（或 $\sum m_{\mathrm{d}}$、$\sum m_{\Phi}$）表示。由于无关项指的是不影响函数结果的变量取值对应的最小项，所以它们的输出为 0 或 1 对结果不产生影响。从化简结果更加简单的角度出发，将其在卡诺图中对应方格灵活的看做 1 或者 0，会给化简带来方便。

含无关项逻辑函数的常用表示方法如下所示。

（1）最小项表达式

$$F=\sum m(\quad)+\sum m_{\times}(\quad)$$

$$\text{或}\begin{cases}F=\sum m(\quad)\\ \sum m_{\times}(\quad)=0\end{cases}$$

（2）最大项表达式

$$F=\prod M(\quad)\cdot\prod M_{\times}(\quad)$$

$$\text{或}\begin{cases}F=\prod M(\quad)\\ \prod M_{\times}(\quad)=1\end{cases}$$

（3）其他约束条件形式

约束条件也可以用表达式的形式表示，如

$$\begin{cases}F=\sum m(0,3,4)\\ \text{约束条件 } AB+AC=0\end{cases}$$

【例 1-28】 利用卡诺图法化简函数 $F(A,B,C,D)=\sum m(5,6,7,8,9)+\sum m_{\times}(10,11,12,13,14,15)$。

解：由已知函数函数表达式填入卡诺图，如图 1-18a 所示。

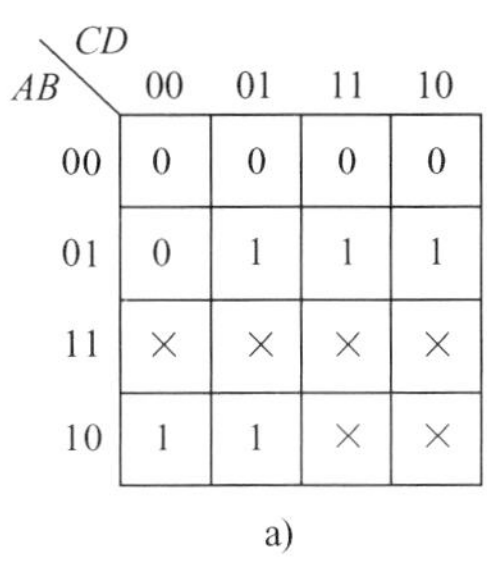

a)

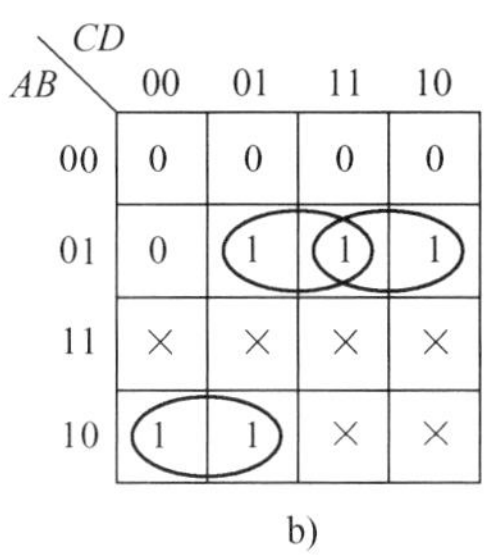

b)

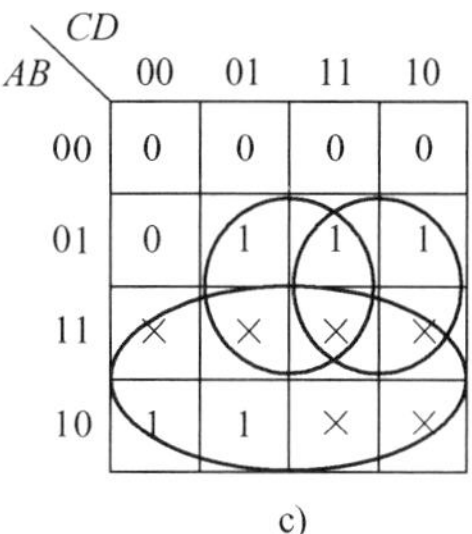

c)

图 1-18 例 1-28 卡诺图

不考虑无关项（即将其对应的最小项看做 0）时，卡诺图的圈围如图 1-18b 所示；若将无关项看做 1 参与化简，则化简结果更加简单，如图 1-18c 所示。两种情况下的化简结果分别为

$$F(A,B,C,D)=\overline{A}BD+\overline{A}BC+A\overline{B}\overline{C}$$

$$F(A,B,C,D)=A+BD+BC$$

很明显，当将无关项看做 1 时，将使化简结果更加简单。

利用无关项化简函数时应注意的是，填 1 的方格必须参与化简，而填×的方格则应根据使化简结果是否更加简单来决定该项是否参与化简。

1.5 本章小结

学习数字电路基础知识的基本要求如表 1-17 所示。

表 1-17 学习数字电路基础知识的基本要求

主要知识点		基本要求			重点难点
		熟练掌握	正确理解	一般了解	
数制			√		1．数制、码制之间的转换、逻辑函数表示方法及转换是基础 2．卡诺图法化简逻辑函数方便快捷，但不适用于变量个数大于 5 的逻辑函数
BCD 码与可靠性代码			√		
数制、码制之间的转换		√			
基本逻辑运算		√			
逻辑函数表示方法及转换		√			
逻辑代数基本定律与规则			√		
逻辑函数标准表达式			√		
逻辑函数的化简	公式法		√		
	卡诺图法	√			

1.6 习题

1．将下列不同进制的数分别按权展开。

（1）365_D　（2）12.456_D　（3）1011011_B　（4）10010.011_B

（5）26_O　（6）78.45_O　（7）$3B1_H$　（8）$5B.A3_H$

2．完成下列数制的转换。

（1）$63.1_O = (\qquad\qquad)_D$

（2）$56.32_D = (\qquad\qquad)_B$

（3）$101111.01_B = (\qquad\qquad)_H$

（4）$71.45_O = (\qquad\qquad)_H$

3．完成下列十进制数与 BCD 码之间的转换。

（1）82_D　（2）247.19_D　（3）469_D　（4）842_D

（5）$1010111111_{8421BCD}$　（6）$1000110.111101_{8421BCD}$

（7）$1000111.01_{8421BCD}$　（8）$1101110001101.110010111_{8421BCD}$

4．求出以下逻辑函数的对偶式。

$$F_1 = A\overline{B + \overline{\overline{D}}} + (AC + BD)E$$

$$F_2 = AB + AD + CD\overline{\overline{A}B}$$

$$F_3 = (A + B + C)\overline{A}\overline{B}\overline{C}$$

$$F_4 = \overline{\overline{\overline{\overline{A + B} + C} + D} + E}$$

5．求出以下逻辑函数的反演式。

$$F_1 = \overline{(A \oplus D)\overline{\overline{B} + C}}$$

$$F_2 = (A \oplus B)C + (B \oplus \overline{C})D$$

$$F_3 = AB + (\overline{A} + B)(C + D + E)$$

$$F_4 = \overline{\overline{\overline{\overline{AB}C}D}E}$$

6．证明以下逻辑等式成立。

$$A \oplus \overline{B} = \overline{A \oplus B} = A \oplus B \oplus 1$$

$$A(B \oplus C) = (AB) \oplus (AC)$$

7．若 $A+B=A+C$，则 $B=C$ 是否一定成立？若 $AB=AC$，则 $B=C$ 是否一定成立？

8．求出以下函数最小项之和的标准形式。

$$F = A + A\overline{B}$$

$$F = AB + AC + BC$$

$$F = A + B + CD$$

$$F = A\overline{B}\overline{C}D + BCD + A\overline{D}$$

$$F = AB + \overline{\overline{B}\overline{C}(\overline{C} + \overline{D})}$$

$$F = (A + C)(B + D)(B + \overline{C})$$

9．利用公式法化简以下函数。

$$F = \overline{A}\overline{B} + AC + \overline{B}C$$

$$F = A\overline{B}\overline{C} + \overline{A}B\overline{C} + AB\overline{C}$$

$$F = ABC + \overline{A}B + \overline{B}C$$

$$F = (AB + \overline{A}\,\overline{C}\,\overline{D} + \overline{B}CD)\overline{BC + \overline{C}D} + \overline{A}BCD$$

10．利用卡诺图法化简以下函数。

$$F = ABC + \overline{A}B + \overline{B}C$$

$$F = \overline{A}\,\overline{B} + A\overline{B}C + ABC$$

$$F = \overline{A}\,\overline{B}C + AD + B\overline{D} + C\overline{D} + A\overline{C} + \overline{A}\,\overline{D}$$

$$F = \overline{A}\,\overline{B}\,\overline{D} + A\overline{B}C + B\overline{C}D + \overline{A}CD + ABCD + \overline{B}\,\overline{C}\,\overline{D}$$

$$F = (A + B + \overline{C})(A + B)(A + \overline{C})(B + \overline{C})$$

$$F = (\overline{A} + \overline{B})(\overline{A} + \overline{C} + D)(B + C + \overline{D})(\overline{B} + \overline{C} + D)(C + D)$$

$$F = \sum m(0,2,4,5,6)$$

$$F = \sum m(0,1,2,3,4,5,8,10,11,12)$$

$$F = \prod M(1,2,3,7,10,11,14)$$

$$F = AB\overline{C} + \overline{A}BD \qquad \text{约束条件} \quad A\overline{B} + AC = 0$$

$$F = \sum m(1,2,4,12,14) + \sum m_{\times}(5,6,7,8,9,10)$$

第 2 章　逻辑门电路

【内容提要】

本章介绍数字电路的基本单元电路——逻辑门电路，学习评价门电路性能的常用参数；介绍典型 TTL 门电路的电气特性及常用 CMOS 门电路；掌握 TTL 门电路与 CMOS 门电路的使用注意事项和二者之间的接口电路。在数字逻辑电路中，信号的传输和变换都是由门电路完成的，了解门电路的分类以及各种门电路的基本特性（尤其是外特性），对合理地选择器件和正确使用门电路是很重要的。

2.1　概述

在数字电路中，用来实现各种逻辑运算的电子电路称做逻辑门电路，简称为门电路。它与第 1 章的各种逻辑关系相对应。

数字系统中常用高、低电平分别表示二值逻辑（只具有两种取值的逻辑关系）的 1 和 0。获得高、低电平的基本方法如图 2-1 所示。当断开开关 S 时，输出 u_O 为高电平；当闭合开关 S 时，输出 u_O 为低电平。二极管、晶体管的截止和导通状态可以等效成开关 S 的断开与闭合。

如果逻辑 1 用高电平表示，逻辑 0 用低电平表示，就称为用正逻辑方法描述；反之，就称为用负逻辑方法描述。一般未进行说明，均表示用正逻辑对逻辑关系进行描述。同时，用来描述 1 和 0 这两种逻辑状态的高、低电平均允许有一定的变化范围，在正常变化范围内的高、低电平均可以正确描述各自代表的逻辑状态，即正逻辑与负逻辑，如图 2-2 所示。

图 2-1　获得高、低电平的基本方法　　　图 2-2　正逻辑与负逻辑

按照电路的不同结构，门电路可以分为分立元器件门电路和集成门电路。分立元器件门电路抗干扰能力弱，带负载能力低，可靠性较差，目前已经很少使用。1961 年美国德克萨斯仪器公司（即德州仪器公司，简称为 TI）将数字电路的元器件及连线制在硅片上，成功制作了集成电路（Integrated Circuit，IC）。它具有体积小、重量轻、抗干扰能力和带负载能力强等优点，因而迅速取代了分立元件电路。集成电路得到了飞速发展，促进了电子整机的小型

化、高性能化、多功能化，大大提高了电路工作的可靠性。

时至今日，集成电路的类型和品种繁多，依据制造工艺和各种性能特点可进行如下分类。

1）按电路类型和工艺可分为TTL电路（晶体管—晶体管逻辑电路，Transistor-Transistor Logic）、MOS电路（金属—氧化物—半导体电路，Metal-Oxide-Semiconductor）、CMOS电路（互补型金属—氧化物—半导体电路，Complemental Metal-Oxide-Semiconductor）、ECL电路（发射极耦合逻辑电路，Emitter Coupled Logic）和HTL电路（高阈值逻辑电路，High Threshold Logic）等。其中TTL电路和CMOS电路用得较多。

2）按使用场合可分为通用电路和专用电路，如音响、电视电路、通信专用电路、钟表电路和接口电路等。

3）按器件工作速度可分为中速（也称为标准型，如TTL中的54/74型）、高速（如TTL中的54/74H型、CMOS中的CC54/74HC型）和超高速（如ECL，它由CE1600、CE10K、CE12K、CE8000C、E11C00和CE100K等系列组成）电路。

4）按功耗可分为一般电路（如标准TTL）和低功耗电路（如CMOS电路和TTL中的54/74LS型电路）。

5）按器件功能可分为门电路及其组合单元、触发器、代码转换器（码制变换器）、计数器、移位寄存器、存储器和其他电路（如加法器、乘法器和数值比较器等）。

集成逻辑门是最基本的数字集成电路。通常用一个芯片中包含逻辑门或晶体管数量的多少来衡量数字集成电路的规模。目前，数字芯片的集成度分为6大类，即小规模集成电路SSI（Small Scale Integration）、中规模集成电路MSI（Medium Scale Integration）、大规模集成电路LSI（Large Scale Integration）、超大规模集成电路VLSI（Very Large Scale Integration）、特大规模集成电路ULSI（Ultra Large Scale Integration）和巨大规模集成电路GSI（Gigantic Scale Integration）。数字集成电路的集成度分类标准如表2-1所示。

表2-1　数字集成电路的集成度分类标准表

类　别	SSI	MSI	LSI	VLSI	ULSI	GSI
芯片所含门电路数	<10	$10\sim10^2$	$10^2\sim10^4$	$10^4\sim10^6$	$10^6\sim10^8$	$>10^8$
芯片所含元器件个数	$<10^2$	$10^2\sim10^3$	$10^3\sim10^5$	$10^5\sim10^7$	$10^7\sim10^9$	$>10^9$

2.2　半导体器件的开关特性及分立元器件门电路

2.2.1　半导体器件的开关特性

1．理想开关

理想开关具有如下特性。

（1）静态特性

当断开时，无论电压如何，开关电阻 $R_{off}=\infty$、电流 $I_{off}=0$；当闭合时，无论电流如何，开关电阻 $R_{on}=0$、电压 $U_{on}=0$。

（2）动态特性

开通时间 $t_{on}=0$，关断时间 $t_{off}=0$。理想开关是不存在的。实际中的机械开关静态特性很接近理想开关特性，但动态特性很差，根本不能满足每秒钟开关很多次的需要。

当半导体器件（二极管、晶体管和场效应晶体管）充当开关时，静态特性虽不太好，但动态特性比较理想，特别适合于每秒钟开关很多次的场合。

2．二极管的开关特性

二极管两极之间相当于开关，其正向导通及反向截止状态相当于开关的闭合及断开，其开关特性如图 2-3 所示。

（1）静态特性

1）导通条件及导通特性。当二极管两端所加电压 U_D>0.7V 时，二极管道通，可近似看做具有 0.7V 压降的闭合开关（当加电压时，可近似认为压降为 0，即忽略二极管压降）。

2）截止条件及截止特性。当二极管两端所加电压 U_D<0.5V 时，二极管截止，可近似看做 I_D=0 的截止开关。

（2）动态特性

由于二极管结电容的存在，在开通及关断的过程中，伴随着电容的充放电，因此二极管开关要经过一定时间的延迟才能达到开通或关断。

二极管的动态特性如图 2-4 所示。其中，开通时间 $t_{on}=t_d+t_r$（导通延迟时间 t_d、上升时间 t_r），关断时间 $t_{off}=t_s+t_f$（存储时间 t_s、下降时间 t_f）。关断时间较小，只有几个纳秒，而开通时间比关断时间短得多，相比可忽略不计。

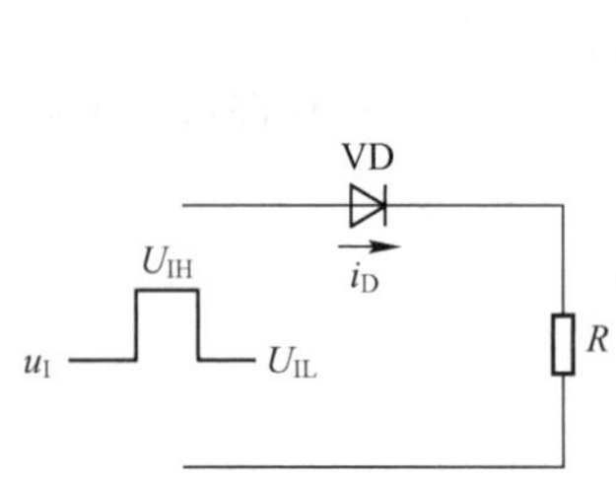

图 2-3　二极管的开关特性

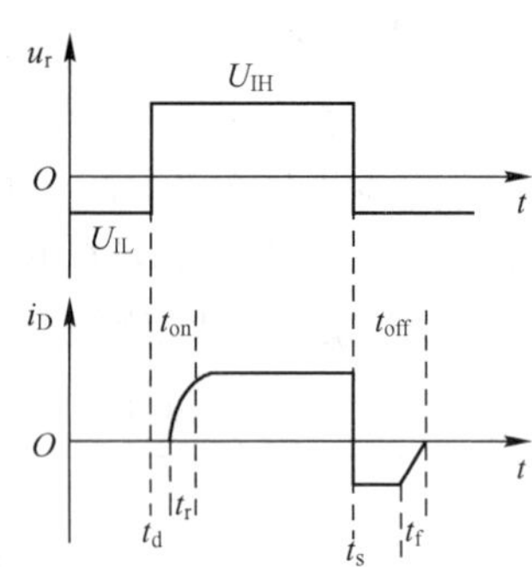

图 2-4　二极管的动态特性

3．晶体管的开关特性

以 NPN 管为例，晶体管 c、e 两极之间相当于开关，其饱和及截止状态相当于开关的闭合及断开。晶体管的开关特性如图 2-5 所示。

（1）静态特性

1）饱和条件及导通特性。当晶体管基极电流 I_B 大与临界饱和电流 I_{BS} 时，晶体管饱和，c、e 两极之间电流较大、压降较小（等于饱和压降 U_{CES}），可近似看做具有 U_{CES}（Si 管为 0.3V、Ge 管为 0.1V）压降的闭合开关。

2）截止条件及截止特性。当基极—射极间电压 $U_{BE}<U_O$（Si 管为 0.5V、Ge 管为 0.1V）时，晶体管截止，此时 I_B=0、I_C=0，相当于断开的开关。

（2）动态特性

晶体管结电容的存在，使得晶体管开关要经过一定时间的延迟才能达到开通或关断。其中，开通时间 $t_{on}= t_d+t_r$（导通延迟时间 t_d、上升时间 t_r），关断时间 $t_{off}=t_s+t_f$（存储时间 t_s、下降时间 t_f）。关断时间在几~几十个纳秒之间，而开通时间比关断时间要短。

4．MOS 管的开关特性

以 N 沟道管为例，MOS 管 D、S 两极之间相当于开关，其饱和及截止状态相当于开关的闭合及断开。MOS 管的开关特性如图 2-6 所示。

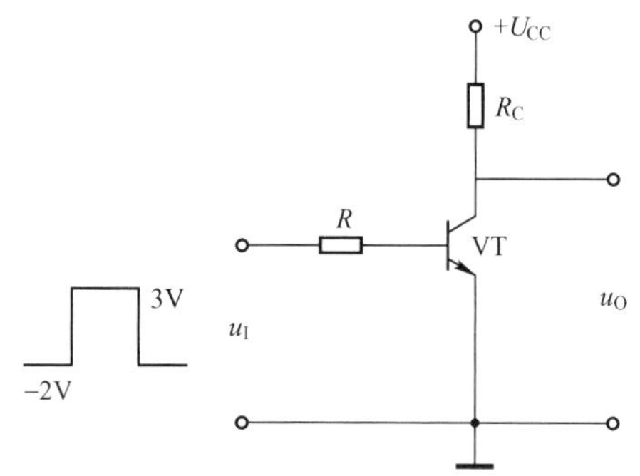

图 2-5　晶体管的开关特性

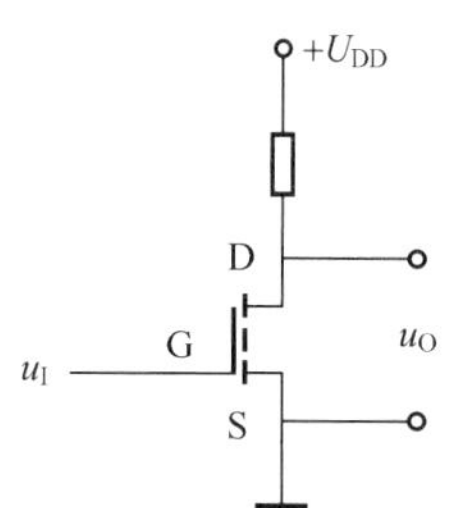

图 2-6　MOS 管的开关特性

2.2.2　分立元器件门电路

1．二极管与门

二极管与门电路如图 2-7a 所示，当输入 *A*、*B*、*C* 有一个为低电平 0（0V）时，低电平对应的二极管正偏导通，其余二极管反偏截止，使得输出 *Y* 为低电平 0（0.7V）；只有全部输入（即 *A*、*B*、*C*）均为高电平 1（3V）时，所有二极管才均正偏导通，使得输出 *Y* 为高电平 1（3.7V）。其图形符号如图 2-7b 所示。

二极管与门输入与输出关系如表 2-2 所示。

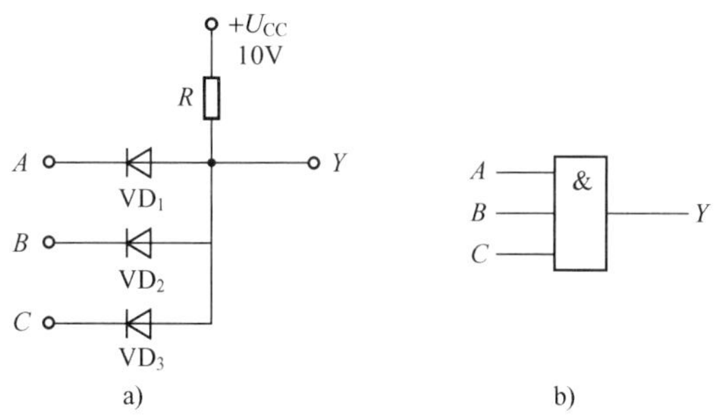

图 2-7　二极管与门电路与图形符号

a) 电路图　b) 图形符号

表 2-2　二极管与门输入与输出关系表

输入信号	输出信号
A　*B*　*C*	*Y*
0　0　0	0
0　0　1	0
0　1　0	0
0　1　1	0
1　0　0	0
1　0　1	0
1　1　0	0
1　1　1	1

2．二极管或门

二极管或门电路如图 2-8a 所示。当输入 *A*、*B*、*C* 有一个为高电平 1（3V）时，高电平对应的二极管正偏导通，其余二极管反偏截止，使得输出 *Y* 为高电平 1（2.3V）；只有当全部输入 *A*、*B*、*C* 均为低电平 0（0V）时，所有二极管才均正偏导通，使得输出 *Y* 为低电平 0（−0.7V）。其图形符号如图 2-8b 所示。

二极管或门输入与输出关系如表 2-3 所示。

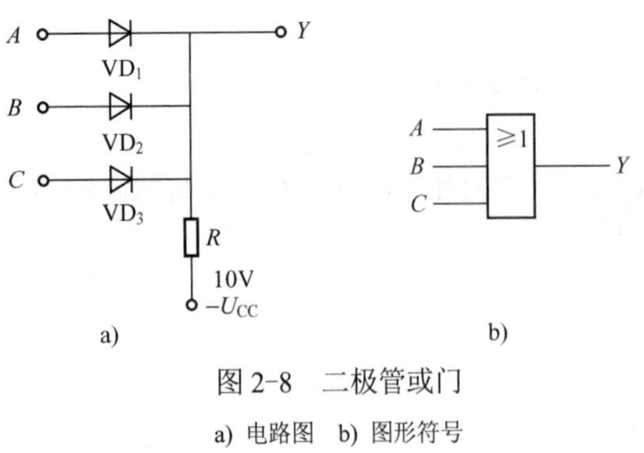

图 2-8　二极管或门

a) 电路图　b) 图形符号

表 2-3　二极管或门输入与输出关系表

输入信号 A B C	输出信号 Y
0 0 0	0
0 0 1	1
0 1 0	1
0 1 1	1
1 0 0	1
1 0 1	1
1 1 0	1
1 1 1	1

3. 晶体管非门

晶体管非门电路如图 2-9a 所示。当输入端 A 有一个为高电平 1（3V）时，晶体管导通，使得输出 Y 为低电平 0（0V）；当输入端 A 低电平 0（0V）时，输出 Y 为高电平 1（5V）。其图形符号如图 2-9b 所示。

晶体管非门输入与输出关系如表 2-4 所示。

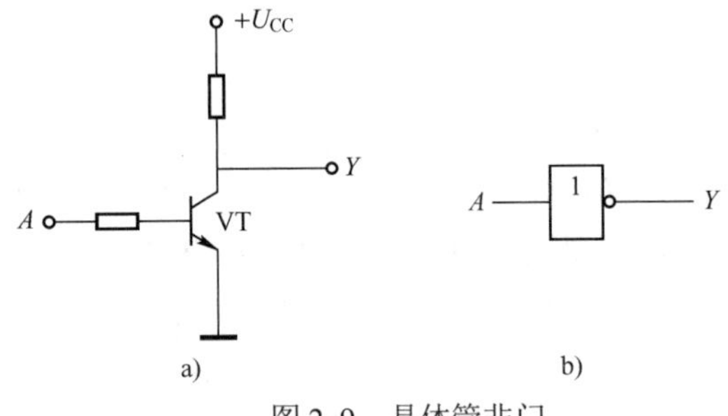

图 2-9　晶体管非门

a) 电路图　b) 图形符号

表 2-4　晶体管非门输入与输出关系表

输入 A	输出 Y
0	1
1	0

2.3　TTL 与非门电路（NAND Gate Circuit）

典型 TTL 与非门电路如图 2-10 所示。图 2-10a 为内部电路，图 2-10b 为逻辑符号。

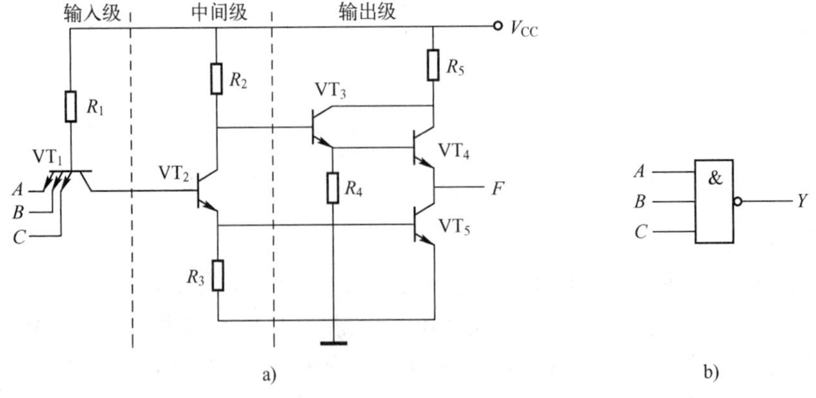

图 2-10　典型 TTL 与非门电路图和逻辑符号

a) 内部电路　b) 逻辑符号

电路由以下 3 部分组成。

1）输入级。由多发射极晶体管 VT_1 和电阻 R_1 组成。多发射极晶体管 VT_1 的等效电路如图 2-11 所示。它实现与逻辑关系。

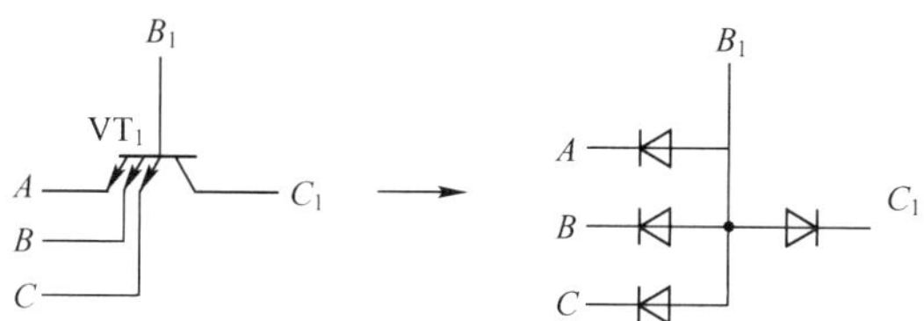

图 2-11 多发射极晶体管 VT_1 的等效电路图

2）中间级。由 VT_2 和 R_2、R_3 组成。分别在 VT_2 集电极和发射极获得两个相位相反的信号，驱动下一级电路。

3）输出级。由 VT_3、VT_4、VT_5 和 R_4、R_5 组成。VT_3、VT_4 组成射随器电路，同时与 VT_5 组成推挽电路，提高电路带负载能力。

当电路输入全部为高电平时，输出为低电平，也称电路处于开启状态；当输入中有一个或一个以上为低电平时，电路输出为高电平，也称电路处于关闭状态。它们之间的逻辑关系为

$$F = \overline{ABC}$$

在不同的情况下，典型 TTL 与非门电路各晶体管的工作状态见表 2-5。

表 2-5 典型 TTL 与非门电路各晶体管的工作状态表

输　入	输　出	VT_1	VT_2	VT_3	VT_4	VT_5
全为高电平	低电平	倒置运用	饱和	微通	截止	饱和
有一个或以上为低电平	高电平	深饱和	截止	微饱和	导通	截止

注：倒置运用状态是指晶体管发射结反偏、集电结正偏的状态。此时晶体管电流放大系数为 0.05 左右。

2.3.1 TTL 与非门电路的电气特性

电路的抗干扰能力、负载能力、工作速度和功耗是应用数字集成电路时所关心的重要参数。下面，对 TTL 与非门的电气特性以四 2 输入与非门 SN54/74LS00（该芯片内部具有 4 个与非门电路，每个与非门电路具有两个输入端）为例介绍如下。其外引线功能图和逻辑符号如图 2-12 所示。

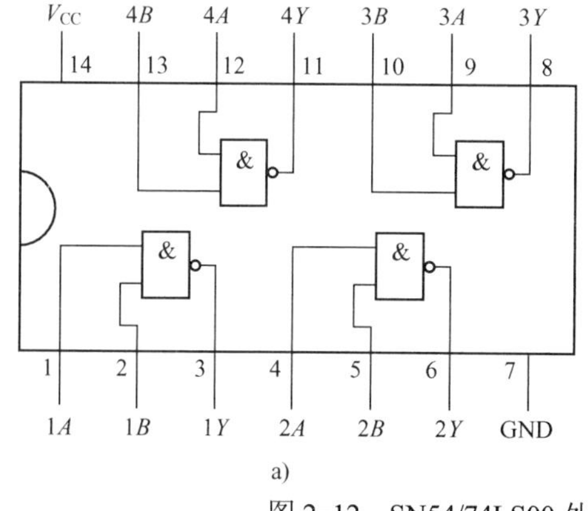

a)

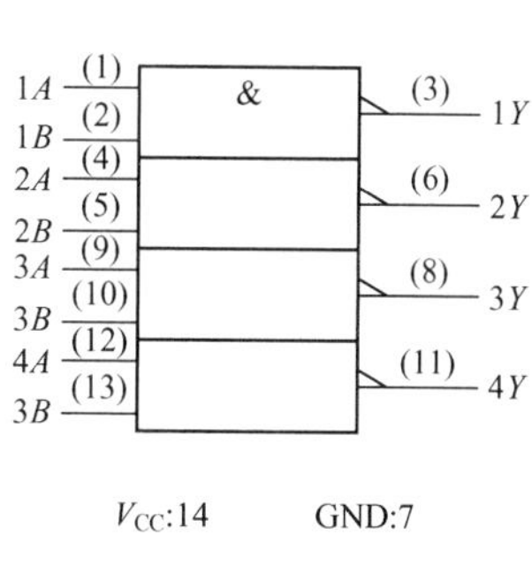

b)

图 2-12 SN54/74LS00 外引线功能图和逻辑符号

a) 外引线功能图 b) 逻辑符号

SN54/74LS00 额定工作范围、工作温度范围内的直流特性和开关特性分别如表 2-6、表 2-7 和表 2-8 所示。

表 2-6　SN54/74LS00 额定工作范围表

符　　号	参　　数		最 小 值	典 型 值	最 大 值
U_{CC}	电源电压/V	54，74	4.5，4.75	5.0，5.0	5.5，5.25
T_A	工作环境温度/℃	54，74	−55，0	25，25	125，70
I_{OH}	输出高电平电流/mA	54，74			−0.4
I_{OL}	输出低电平电流/mA	54，74			4.0，8.0

表 2-7　SN54/74LS00 工作温度范围内的直流特性表（除非另有说明）

符号	参　　数			极 限 值		测 试 条 件	
			最小	典型	最大		
U_{IH}	输入高电平电压/V		2.0			所有输入均为额定高电平	
U_{IL}	输入低电平电压/V	54			0.7	所有输入均为额定低电平	
		74			0.8		
U_{IK}	输入嵌位电压/V			−0.65	−1.5	U_{CC}=最小值，I_{IN}=−18mA	
U_{OH}	输出高电平电压/V	54	2.5	3.5		U_{CC}=最小值，I_{OH}=最大值，U_{IN}=U_{IH}或U_{IL}（真值表值）	
		74	2.7	3.5			
U_{OL}	输出低电平电压/V	54，74		0.25	0.4	I_{OL}=4.0mA	U_{CC}=最小值 U_{IN}= U_{IH}或U_{IL}（真值表值）
		74		0.35	0.5	I_{OL}=8.0 mA	
I_{IH}	输入高电平电流/μA				2.0	U_{CC}=最小值，U_{IN}=2.7V	
	输入高电平电流/mA				0.1	U_{CC}=最大值，U_{IN}=7.0V	
I_{IL}	输入低电平电流/mA				−0.4	U_{CC}=最大值，U_{IN}=0.4V	
I_{OS}	输出短路电流/mA		−20		−100	U_{CC}=最大值	
I_{CC}	电源电流	输出高电平/mA			1.6	U_{CC}=最大值	
		输出低电平/mA			4.4		

表 2-8　SN54/74LS00 的开关特性表（T_A=25℃）

符　　号	参　　数	极 限 值			单　　位	测 试 条 件
		最小	典型	最大		
T_{PLH}	截止延时，输入至输出		9.0	15	ns	U_{CC}=5.0V
T_{PHL}	导通延时，输入至输出		10	15	ns	U_L=15pF

1．抗干扰能力

TTL 与非门电路的输出电压 u_O 随输入电压 u_I 变化的关系曲线叫做电压传输特性。图 2-13 为 TTL 与非门的测量电路及获得的相应电压传输特性曲线。

电压传输特性曲线分为 *AB*、*BC*、*CD* 和 *DE* 共 4 段。

AB 段，称为传输特性曲线的截止区。此时，u_I≤0.6V，输出电压 u_O 保持高电平 U_{OH}，u_O 不随 u_I 变化。

BC 段，称为传输特性曲线的线性区。此时，0.6V≤u_I≤1.3V，u_O 随 u_I 增加而线性减小。

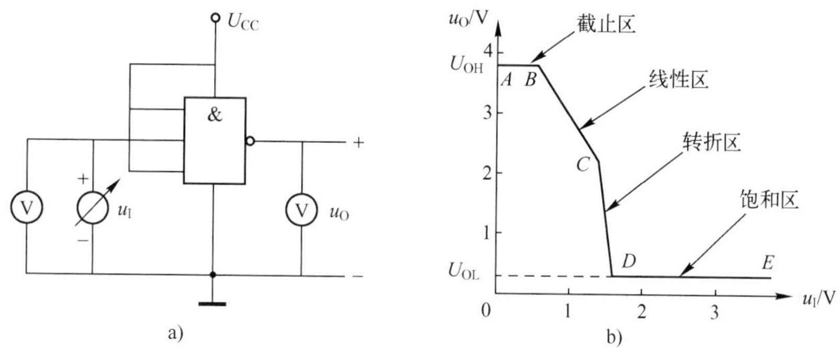

图 2-13　TTL 与非门的测量电路及获得的相应电压传输特性曲线

a) 测量电路　b) 电压传输特性曲线

CD 段，称为传输特性曲线的转折区。u_I 在 1.4V 左右变化，随 u_I 的微小增加，u_O 迅速下降至低电平 U_{OL}。

DE 段，称为传输特性曲线的饱和区。u_I>1.4V，u_O 保持低电平 U_{OL}，不随 u_I 变化。

与电压传输特性曲线相对应的常用参数如下所述。

1）输出高、低电平 U_{OH}、U_{OL}。分别指对应于电压传输特性曲线截止区与饱和区的输出电压值。

2）输入高、低电平 U_{IH}、U_{IL}。指对应于在电压传输特性曲线上当使输出电压为高、低电平时所对应的输入电压，即 U_{IH} 是与输入逻辑 1 对应的输入电平，其最小值（手册值 2.0V）常被称做开门电平 U_{ON}，为能保证电路处于导通状态的最小输入高电平；U_{IL} 是与输入逻辑 0 对应的输入电平，其最大值（手册值 0.8V）常被称做关门电平 U_{OFF}，为能保证电路处于截止状态的最大输入低电平。

3）输入信号噪声容限（如图 2-14 所示）。在保证电路能够正常工作的前提下，允许输入电平有一定的波动范围。输入信号噪声容限指输入信号的允许波动范围，包括输入信号高电平噪声容限 U_{NH} 和低电平噪声容限 U_{NL}。在门电路工作时，前一级门（称为驱动门）的输出往往作为后一级（称为负载门）的输入，根据图中高、低电平的示意，可以方便的求出噪声容限 U_{NH}、U_{NL}。

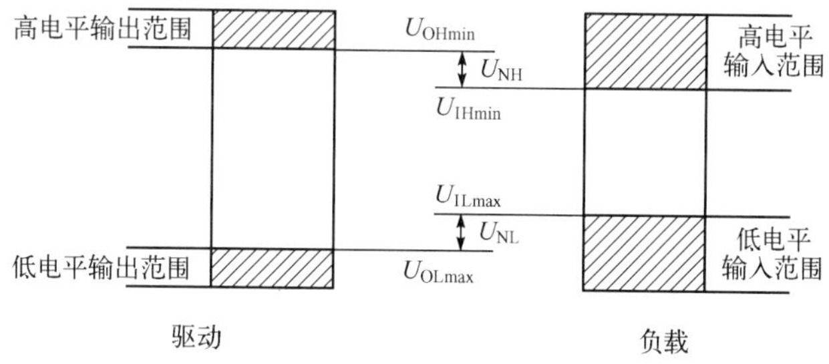

图 2-14　输入信号噪声容限示意图

74 系列门电路标准参数为 U_{OHmin}=2.7V，U_{OLmax}=0.4V，U_{IHmin}=2V，U_{ILmax}=0.8V。故其噪声容限为 $U_{NH}=U_{OHmin}-U_{IHmin}$=0.7V，$U_{NL}=U_{ILmax}-U_{OLmax}$=0.4V。

2．带负载能力

在数字系统中，门电路的输出端通常需要与其他逻辑电路的输入端相连，即带负载。逻辑电路的带负载能力通常用以下参数描述。

1）输入低电平电流 I_{IL}。I_{IL} 是输入低电平时流出输入端的电流。表中 I_{ILmax}=−0.4mA。其物理意义是，作为负载的门电路在输入低电平时，流入（灌入）前级门电路输出端的电流，如图 2−15 所示。

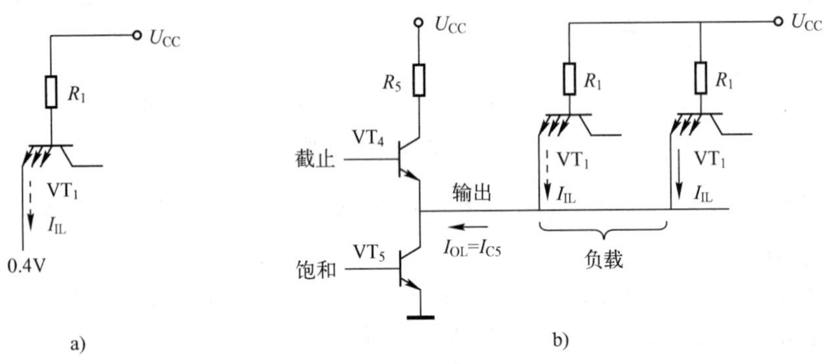

图 2−15　I_{IL} 与 I_{OL}

a) 输入低电平电流 I_{IL}　b) 输出低电平电流 I_{OL}

2）输入高电平电流 I_{IH}。I_{IH} 是输入高电平时流入输入端的电流。表中 I_{IHmax}=2.0μA。其物理意义是，作为负载的门电路在输入高电平时，流出（拉出）前级门电路输出端的电流，如图 2−16 所示。

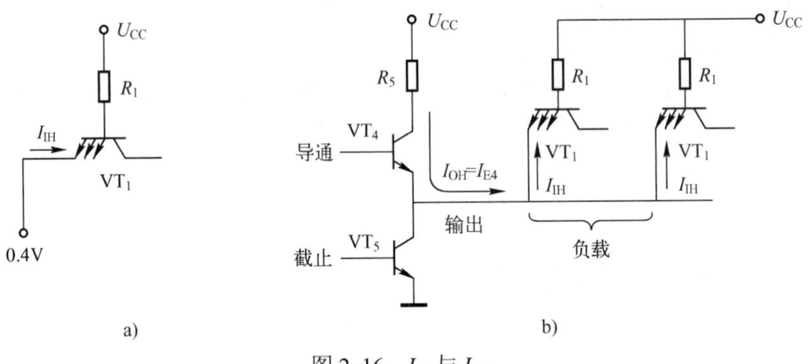

图 2−16　I_{IH} 与 I_{OH}

a) 输入高电平电流 I_{IH}　b) 输出高电平电流 I_{OH}

3）输出低电平电流 I_{OL}。I_{OL} 是输出低电平时流入输出端的电流，如图 2−15 所示。I_{OLmax} 是当门电路输出低电平时允许负载灌入输出端电流的上限值，称为门电路带灌电流负载的能力。

对 I_{OLmax} 的测试方法是，在电路输出端（如图 2−15 所示）接若干个同类 TTL 门作为负载，或在输出端与电源之间接一电阻 R_L 模拟灌电流负载，在输入全高时逐渐增大负载，记录 U_{OL} 上升到 U_{Olmax}（0.5V）时的 I_{OL} 值。

4）输出高电平电流 I_{OH}。I_{OH} 是输出高电平时流出输出端的电流，如图 2−16 所示。表中

I_{OHmax}=−0.4mA。I_{OHmax} 是当门电路输出高电平时允许负载拉出输出端电流的上限值，称为门电路带拉电流负载的能力。

对 I_{OHmax} 的测试方法是，在电路输出端（如图 2-16 所示）接若干个同类 TTL 门作为负载，或在输出端与地之间接一电阻 R_L 模拟拉电流负载，在输入有低电平时逐渐增大负载，记录 U_{OH} 下降到 U_{Ohmin}（2.7V）时的 I_{OH} 值。

比较上述两个参数数值 I_{OLmax}=8.0mA 和 I_{OHmax}=−0.4mA 可见，TTL 门电路的带灌电流负载的能力比带拉电流负载的能力大得多。

根据上述参数，可以计算一个门电路带同类门电路的个数，即扇出系数 N_O，如图 2-17 所示。

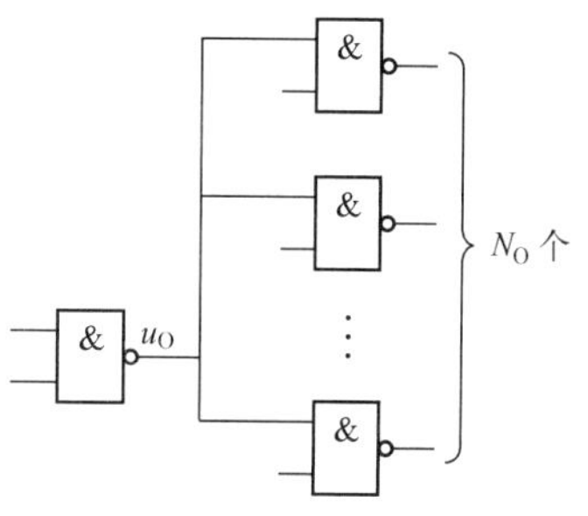

图 2-17 扇出系数 N_O

先计算带灌电流负载的能力，即在保证 U_{OL}<0.5V 时可带负载门数的最大值 N_L，此时的等效电路如图 2-15 所示，则

$$N_L=\frac{I_{OLmax}}{I_{IL}}=\frac{8.0\text{mA}}{0.4\text{mA}}=20$$

再计算带拉电流负载的能力，即在保证 U_{OH}（2.7V）时可带负载门数的最大值 N_H，此时的等效电路如图 2-16 所示，则

$$N_H=\frac{I_{OHmax}}{I_{IH}}=\frac{0.4\text{mA}}{40\mu\text{A}}=10$$

当 $N_L \neq N_H$ 时，从电路工作安全考虑，选择数值小的作为电路的扇出系数，即 $N_O=N_H=10$。

3．功耗

在电源电压 U_{CC} 为 5V 时，下面两个参数决定芯片的功耗 P_{CC}。

1）输出低电平电源电流 I_{CCL}。I_{CCL} 是门电路输出为低电平时的电源电流。表中，I_{CCL}=4.4mA，则输出低电平时的功耗为

$$P_{CCL}=U_{CC}\cdot I_{CCL}=(5\times4.4)\text{mW}=22\text{mW}$$

2）输出高电平电源电流 I_{CCH}。I_{CCH} 是门电路输出为高电平时的电源电流。表中，I_{CCH}=1.6mA，则输出低电平时的功耗为

$$P_{CCH}=U_{CC}I_{CCH}=(5\times1.6)\text{mW}=8\text{mW}$$

值得注意的是，I_{CCL} 和 I_{CCH} 都是静态工作条件下的参数。在动态工作条件下，实际电源电流 I_{CC} 比 I_{CCL} 和 I_{CCH} 大，而且频率越高，I_{CC} 越大。

另外，TTL 与非门在输出由低电平向高电平转换的过程中，会出现 VT_1～VT_5 同时导通的瞬间，电源电流出现很大瞬时尖峰电流（或称浪涌电流），幅度可达 4～5mA，如图 2-18 所示。它一方面使电源平均功耗增大；另一方面，会使电路形成噪声源。所以，电路在工作（特别是高频工作）时，不能忽略动态尖峰电流的影响。

4．平均传输延迟时间 t_{pd}

由于晶体管结构等方面的原因，其状态转换需要一定的时间，所以门电路输入端电压的变化需经过一定时间才能够在电路输出端表现出来，这种现象称为传输延迟，这段时间称为传输延迟时间。传输延迟时间用平均传输延迟时间 t_{pd} 表示，它定义为导通延迟时间 t_{PHL} 与

截止延迟时间 t_{PLH} 的平均值，即 $t_{pd}=\frac{1}{2}(t_{PHL}+t_{PLH})$，如图 2-19 所示。

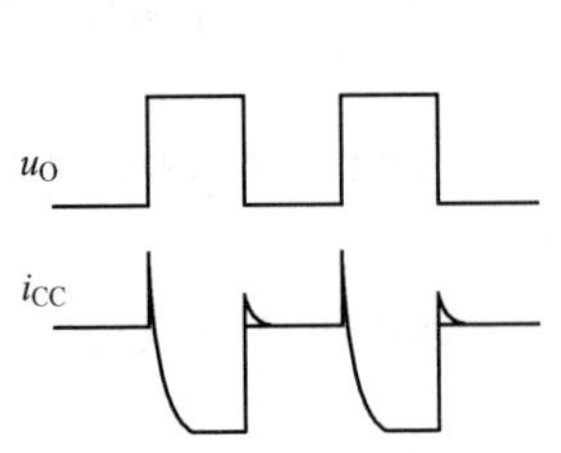

图 2-18　电源动态尖峰电流

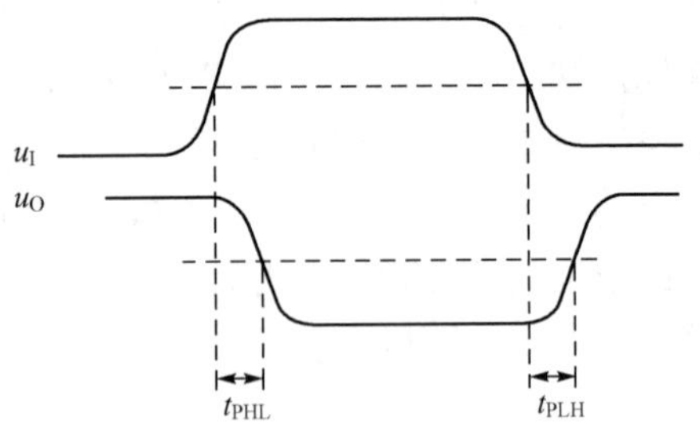

图 2-19　传输延迟时间

表中，t_{PLH}=9.0ns，t_{PHL}=10ns，t_{pd}=9.5ns。t_{PHL} 和 t_{PLH} 的最大值均为 15ns。

功耗 P_{CC} 与平均传输延迟时间 t_{pd} 是一对矛盾，减小 t_{pd} 会引起 P_{CC} 的增大。因此，仅用 t_{pd} 或 P_{CC} 来表征数字集成电路的性能都是片面的，常用“功耗延迟积”（即 $P_{CC}\cdot t_{pd}$）来衡量数字集成电路的性能。该乘积越小越好。$P_{CC}\cdot t_{pd}$ 也称为功耗速度积。

对于 74LS00 中的一个与非门，取

$$P_{CC}=\frac{1}{2}(P_{CCL}+P_{CCH})=\frac{1}{2}(22+8)\text{mW}=15\text{mW}$$

于是功耗延迟积为

$$P_{CC}\cdot t_{pd}=(15\times9.5)\text{pJ}=142.5\text{pJ}$$

2.3.2　可以线与的 TTL 门电路

一般来说，两个 TTL 门的输出端是不能并联使用的。图 2-20 所示为两个门输出端并联的情况。若门 A 为截止状态，则输出为高电平 3.6V；若门 B 为导通状态，则输出应为低电平 0.3V。在把门 A 和门 B 的输出端并联后，从电源 V_{CC} 经门 A 中导通管 VT_4、VT_3 与门 B 中导通管 VT_5 到地构成电流通路，会产生以下不良后果。

1）输出电平既非“1”（3.6V），也非“0”（0.3V），而是两者之间的某个值，导致逻辑混乱。

2）输出级电流远大于正常值，导致功耗剧增，可能使门电路烧毁。

将多个门电路的输出端并联起来得到的逻辑关系，称为线逻辑。线逻辑包括线与(Wired-AND)和线或（Wired-OR）逻辑。下面介绍两种 TTL 门，将它们的输出端并联在一起，就可以构成相应的线逻辑关系。

1．集电极开路门（OC 门）

集电极开路门（Open Collector，简称为 OC 门）是一种能够实现线逻辑的电路。

OC 与非门电路将原 TTL 与非门电路中的 VT_5 管集电极开路，并取消了集电极电阻。所以，在使用 OC 门时，为保证电路正常工作，必须外接一个电阻 R_L（称为上拉电阻）与电源 U_{CC} 相连，如图 2-20 所示。此时，OC 门实现与非逻辑功能，即

$$F=\overline{A\cdot B}$$

将两个 OC 门电路并联在一起，可以完成线与逻辑功能，如图 2-21 所示。

由图可知，输出 F 与输入 A、B、C、D 之间的逻辑关系为

$$F=\overline{AB}\cdot\overline{CD}=\overline{AB+CD}$$

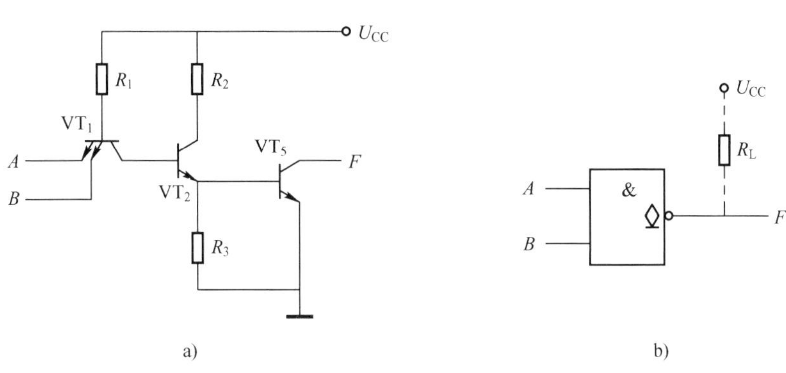

图 2-20　OC 门电路

a) 内部电路　b) 逻辑符号

因此，利用 OC 门电路，能够完成与或非的逻辑关系。为了保证 OC 门电路的正常工作，必须合理选择上拉电阻 R_L 的大小。

【例 2-1】 利用两 OC 与非门 G_1、G_2 并联驱动 3 输入与非门电路，如图 2-22 所示。为保证电路正常工作，求 R_L 的值。已知 OC 门截止时的漏电流 I_{OH}=200μA，导通时的灌电流为 I_{OL}=16mA，负载门 G_3、G_4、G_5 的 I_{IH}=40μA，I_{IS}=1mA，U_{IHmin}=2.7V，U_{ILmax}=0.5V。

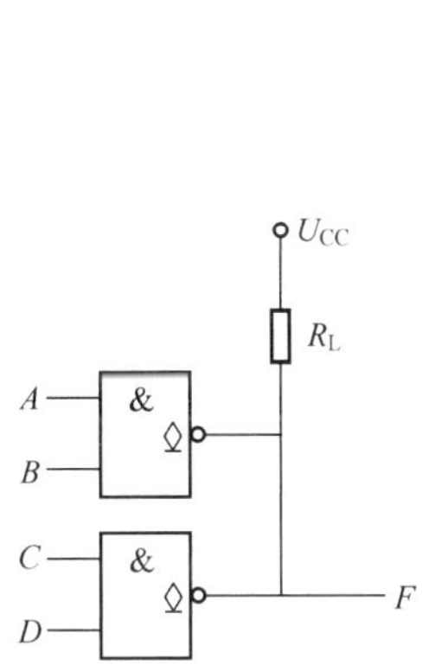

图 2-21　OC 门的线与逻辑功能

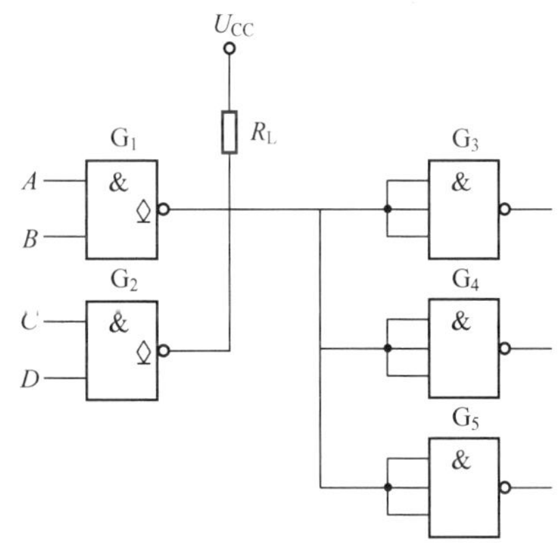

图 2-22　例 2-1 电路图

解： 当两个 OC 门均输出高电平时，电阻 R_L 上的压降最小，流过它的电流 I_L 也最小，为 OC 门漏电流与下一级门漏电流的和，如图 2-23a 所示。所以，

$$I_L=2I_{OH}+3\times3I_{IH}=(2\times0.2+3\times3\times0.04)\text{mA}=0.76\text{mA}$$

为满足 OC 门输出（即负载门输入）高电平 U_{IHmin}=2.7V，应使

$$I_L R_{Lmax}\leqslant U_{CC}-U_{IHmin}$$

所以，$R_{Lmax}\leqslant\dfrac{U_{CC}-U_{IH\min}}{I_L}=\dfrac{5-2.7}{0.76}\times10^3\,\text{k}\Omega=3.03\,\text{k}\Omega$

当 OC 门 G_1 输出低电平、OC 门 G_2 输出高电平时，每个负载门的 I_{IS} 都将灌入输出为低电平的 OC 门 G_1，如图 2-23b 所示。所以，

$$I_L=I_{OL}-3I_{IS}=(16-3\times1)\ \mathrm{mA}=13\mathrm{mA}$$

为满足 OC 门输出（即负载门输入）低电平 U_{ILmax}=0.5V，应使

$$I_L R_{Lmin} \geqslant U_{CC}-V_{ILmax}$$

所以，$R_{Lmin} \geqslant \dfrac{U_{CC}-U_{IL\max}}{I_L}=\dfrac{5-0.5}{13}\times10^3\ \Omega=346\ \Omega$

电阻 R_L 的取值应满足 $R_{Lmin} \leqslant R_L \leqslant R_{Lmax}$，即

$$346\Omega \leqslant R_L \leqslant 3.03\mathrm{k}\Omega$$

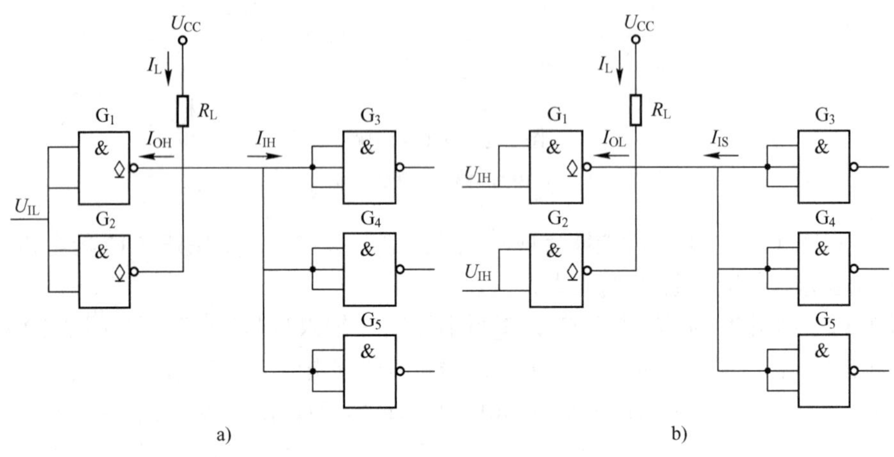

图 2-23　R_{Lmax} 与 R_{Lmin} 的计算

2．三态门（TSL 门）

三态（Three State，简称为 TS 或 3S）门也称为 TSL 门。它除了输出高电平、低电平两种状态外，还增加了第三种输出状态，即高阻状态，也称为禁止状态、开路状态。图 2-24 所示为三态门电路，其中图 2-24a 为内部电路，图 2-24b 为逻辑符号。

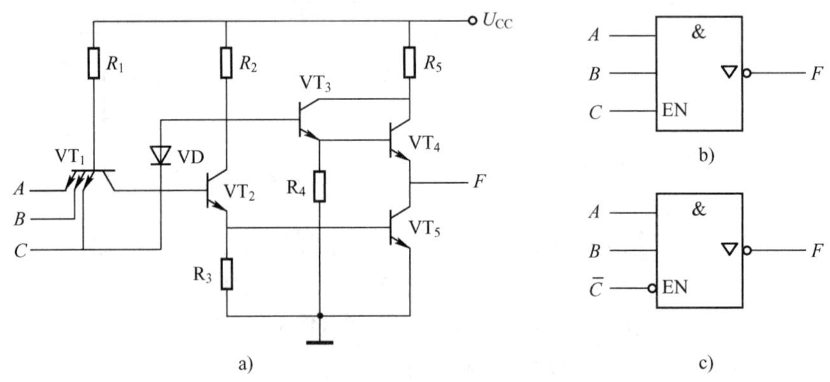

图 2-24　三态门电路

s) 内部电路　b) 逻辑符号　c) 当 $\overline{C}$=1 时的逻辑符号

图中，除了正常的输入端 A、B 和输出端 F 外，还增加了控制端口 C。当 C=1 时，电路完成正常与非功能，$F=\overline{AB}$；当 C=0 时，输出端对地呈现高阻状态。将 C 称为控制端或使能端。这是一种控制端为高电平有效的电路。另外一种电路，当控制端 $\overline{C}$=0 时，电路实现

与非功能，$F=\overline{AB}$；当$\overline{C}$=1 时，输出端对地呈现高阻状态，其逻辑符号如图 2-24c 所示。

三态门的基本用途是在数字系统中构成总线（Bus）。

1）单向总线。三态门电路可以实现在同一条传输线上分时传递几个门电路信号，从而构成单向总线，如图 2-25 所示。

当电路工作时，各门电路控制端仅有一个处于有效状态，各门电路控制端轮流有效，这样将各门电路的输出轮流送至传输线上，而它们之间不会互相干扰。

2）双向总线。利用三态门还可以实现信号双向传输，从而构成双向总线，如图 2-26 所示。

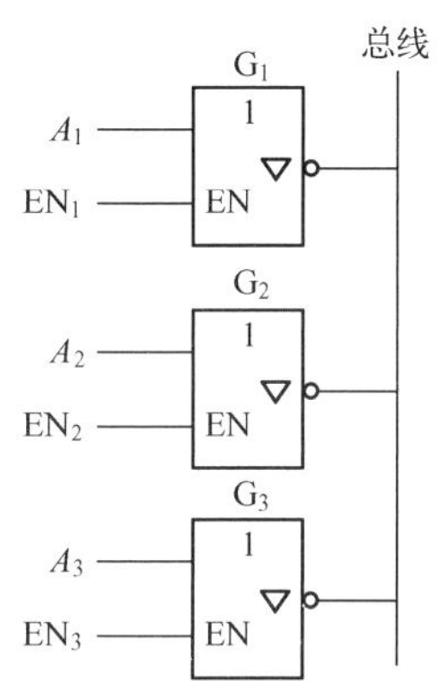

图 2-25　三态门构成单向总线

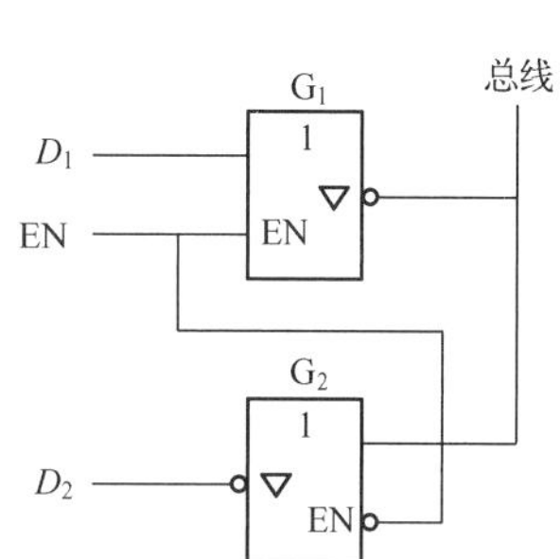

图 2-26　三态门构成双向总线

当 C=1 时，门 G_1 正常工作，门 G_2 处于高阻状态，信号经门 G_1 送至传输线上；当 C=0 时，门 G_2 正常工作，门 G_1 处于高阻状态，传输线上的信号经门 G_2 进行传递。

2.3.3　使用 TTL 门电路的注意事项

1．电源和地

TTL 电路对电源要求较高。电源电压上升，会导致门电路输出高电平 U_{OH} 升高，使负载加重、功耗增大；电源电压降低，会使 U_{OH} 减小，高电平噪声容限减小。一般对电源的变化范围应控制在 U_{CC}（5V）的 10%以内，即 5V ± 0.5V；对要求严格的电源，应控制在 U_{CC} 的 0.25%变化范围内。

要注意消除动态尖峰电流。尖峰电流会干扰门电路的正常工作，严重时造成逻辑错误。要降低尖峰电流，就注意布线时尽量减小分布电容，并降低电源内阻。常用的办法是，在电源与地之间接入 0.01～0.1μF 的高频滤波电容。一般情况下，对小规模集成电路，可在 5～10 块集成电路上外加一个滤波电容。同时，为了保证系统正常工作，必须保证电路接地的良好性。

2．电路外引线端的连接

1）正确辨别电路的电源端和接地端，不能接反，否则将烧毁电路。

2）各输入端不能直接与高于 5.5V 或低于-0.5V 的低内阻电源连接，否则会产生较大电流而烧毁电路。

3）输出端应通过电阻与低内阻电源连接。

4）当输出端接有较大容性负载时，应串入电阻，以防止电路在接通瞬间产生较大冲击电流损坏电路。

5）除具有 OC 结构和三态结构的电路之外，不允许电路输出端并联使用。

3．多余输入端的处理

门电路在工作时，经常要在电路输入端与地之间接入电阻，由于输入电流的存在，所以接入的电阻会影响输入电压。输入电压与接入电阻之间的关系称为输入负载特性。TTL 与非门输入负载特性曲线如图 2-27 所示。

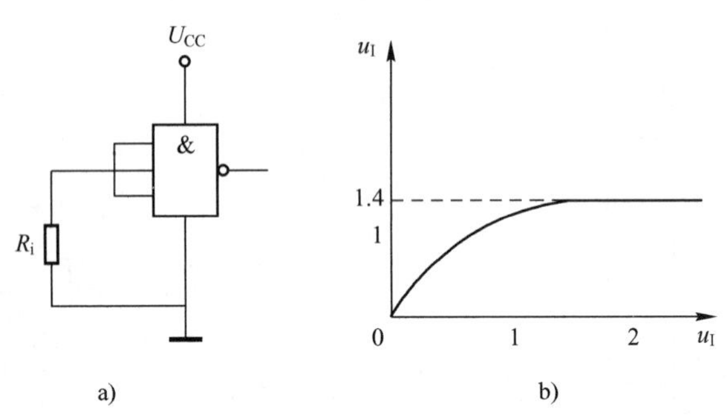

图 2-27　TTL 与非门输入负载特性曲线

a) 电路图　b) 输入负载特性曲线

由图可知，在与非门电路输入端接入较大电阻（此处 R_i>1.4kΩ），相当于在该输入端接入高电平。所以，TTL 门电路输入端对地悬空，相当于接高电平。

对 TTL 与门、与非门电路的多余输入端可以悬空处理，从理论上相当于接高电平输入，但这样容易使电路受到外界干扰而产生错误动作，故对这类电路的多余输入端往往采用接一个固定高电平（例如接电源 U_{CC}）的做法。

对或门、或非门 TTL 电路的多余输入端不能悬空，应采取直接接地的办法，以保证电路逻辑的正确性。

对以上各种门电路多余的输入端，也可以采取与其他输入端并联使用的办法，但这样对信号驱动电流的要求会相应增加。

若与或非门存在多余“与”组，则多余“与”组中至少有一个输入端接“0”。

对与非门、或非门、与或非门电路多余输入端的处理办法如图 2-28 所示。

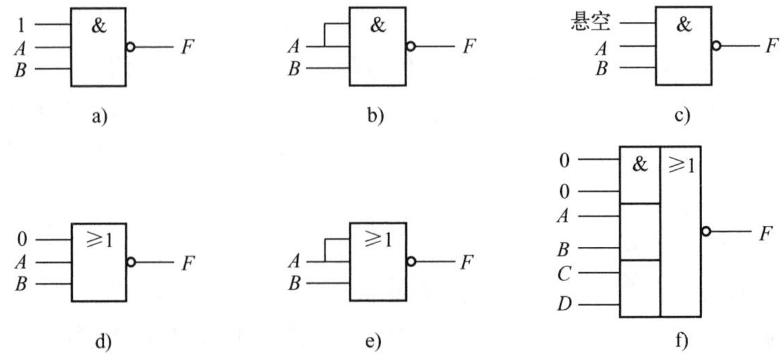

图 2-28　对与非门、或非门、与或非门电路多余输入端的处理办法

另外，在使用门电路时，还应注意功耗与散热的问题。在正常情况下，门电路功耗不能超过其最大功耗，否则将出现热失控而导致逻辑错误，甚至使集成电路损坏。

识图 1　TTL 集成电路引脚编号的判断方法

在数字集成电路中，一般的 TTL 产品大多采用双列直插式封装结构，有些软封装类集成器件（其引脚直接与印制电路板相结合）采用四列扁平式封装结构。

图 2-29a 所示的是双列直插式塑封结构的 TTL 集成电路。它有 14 个引脚。它的引脚编号的判断方法是，将集成电路的文字面朝上，将弧形凹槽的标志置于左端，从凹口开始（左下角）按逆时针数起，顺序读出 1，2，…，7，8，9，…，14。有的双列直插式器件除凹槽标志外，旁边还有一个小圆坑标记，其引脚排序仍按上述方法逆时针计数。

对于图 2-29b 所示的软封装集成电路，其引脚编号排序与图 2-29a 所示的方法一样，即从识别标记处开始，按逆时针顺序读出。识别标记可能是特形引脚与凹口，也可能是切口标示或短角（此脚不输出，没用）。

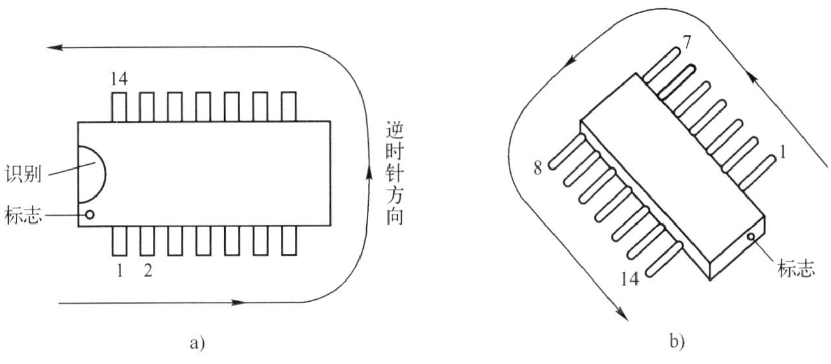

图 2-29　TTL 集成电路的引脚排列

a) 双列直插式塑封结构　b) 软封装集成电路

识图 2　TTL 器件的国际通用性及 CT54/CT74 系列

5400/7400 系列是国外最流行的通用器件。7400 系列器件为民用品，而 5400 系列器件为军用品。两者之间的差别仅在于温度范围，即 7400 系列工作温度范围为 0～70℃，5400 系列工作温度范围为 55～125℃。

TTL 集成器件分 6 大类，如表 2-9 所示。该表是 7400 系列的分类情况表。若将表中 74 字头换成 54 字头，则是 5400 系列的分类情况表。

表 2-9　7400 系列的分类情况表

种　类	字　头	举　例
标准型	74	7420，74193
肖特基	74S	74S20，74S193
低功耗肖特基	74LS	74LS20，74LS193
先进肖特基	74AS	74AS20
先进低功耗肖特基 快速	74ALS 74F	74ALS20 74F20，74F193

TTL 器件型号由 5 部分组成，其符号和意义如表 2-10 所示。

表 2-10　TTL 器件型号组成的符号和意义

第一部分		第二部分		第三部分		第四部分		第五部分	
型号前级		工作温度符号范围		器件系列		器件品种		封装形式	
符号	意义	符号	意义	符号	意义	符号	意义	符号	意义
CT	中国制造的TTL类	54	−55～+125℃	H S LS AS ALS FAS	标准 高速肖特基 低功能肖特基 先进肖特基 先进低功能肖特基 快捷肖特基	阿 拉 伯 数 字	器件功能	W B F D P J	陶瓷扁平 封装扁平 全密封扁平 陶瓷双列直播 塑料双列直播 黑陶瓷双列直播
SN	美国 TEXAS 公司	74	0～+70℃						

举例如下。

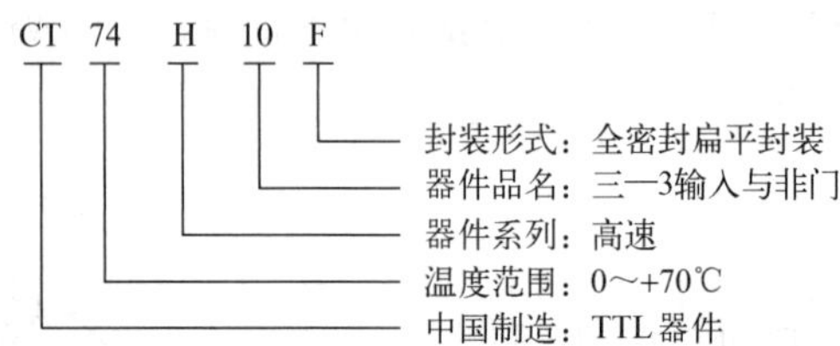

我国 TTL 集成电路目前有 CT54/74（普通）、CT54/74H（高速）、CT54/74S（肖特基）和 CT54/74LS（低功耗）等 4 个系列国家标准。它们的主要性能指标如表 2-11 所示。在 TTL 门电路中，无论是哪一种系列，只要器件品名相同，器件功能就都相同，只是性能不同而已。

表 2-11　TTL 各系列集成门电路的主要性能指标表

电路型号 / 参数名称	CT74 系列	CT74H 系列	CT74S 系列	CT74LS 系列
电源电压/V	5	5	5	5
U_{OHmin}/V	2.4	2.4	2.5	2.5
U_{OLmax}/V	0.4	0.4	0.5	0.5
逻辑摆幅/V	3.3	3.3	3.4	3.4
每门功耗/mW	10	22	19	2
每门传输延时/ns	10	6	3	9.5
最高工作频率/MHz	35	50	125	45
扇出系数	10	10	10	20
抗干扰能力	一般	一般	好	好

2.4　常见 CMOS 门电路

由单极型场效应晶体管为主组成的集成电路称做 MOS 集成电路。根据电路中选用 MOS 管的不同，可以分为以下 3 类。

1）PMOS 电路。由 P 沟道 MOS 管构成，制造工艺简单，但工作速度较低。

2）NMOS 电路。由 N 沟道 MOS 管构成，制造工艺较复杂，工作速度优于 PMOS 电路。

3）CMOS 电路。由 NMOS 管和 PMOS 管构成互补对称型 MOS 电路，优点是静态功耗低，抗干扰能力强，工作稳定性好，开关速度较高。虽然制造工艺相对复杂、成本偏高，但其优点突出，是目前发展最快、应用广泛的一种集成电路。

CMOS 门电路的输出电压 u_O 随输入电压 u_I 变化的关系曲线叫做电压传输特性。高速 CMOS 与非门 54/74HC00 的电压传输特性如图 2-30 所示。

由图 2-30 可知，它接近于理想的开关，可使电路获得更大的输入噪声容限。

图 2-30　高速 CMOS 与非门 54/74HC00 的电压传输特性

2.4.1　常见 CMOS 电路

高速 CMOS 集成电路 54/74HC 系列的逻辑功能、引出端排列与 54/74LS 一致，其工作速度与 54/74LS 相似，功耗与 CMOS4000 系列一致。54/74HC 系列的所有输入和输出均有内部保护线路，以减小由于静电感应而损坏电路的可能性，并且具有高抗噪声度和驱动负载的能力。主要参数如下所述。

1）宽的电源电压范围 2～6V。

2）低的输入电流 1μA。

3）高的负载能力 10 个 LSTTL 负载。

4）高的工作速度（典型值）t_{pd}=8ns（V_{CC}=5V，C_L=15pF）。

5）低的电源电流 20μA（74HC）。

本节以高速 CMOS 集成电路 54/74HC 系列为例介绍如下所述。

1．常见 CMOS 与非门

高速 CMOS 集成电路 54/74HC00 为四 2 输入与非门，其逻辑表达式为

$$F = \overline{AB}$$

其外引线功能图和逻辑符号如图 2-31 所示。其功能表如表 2-12 所示。

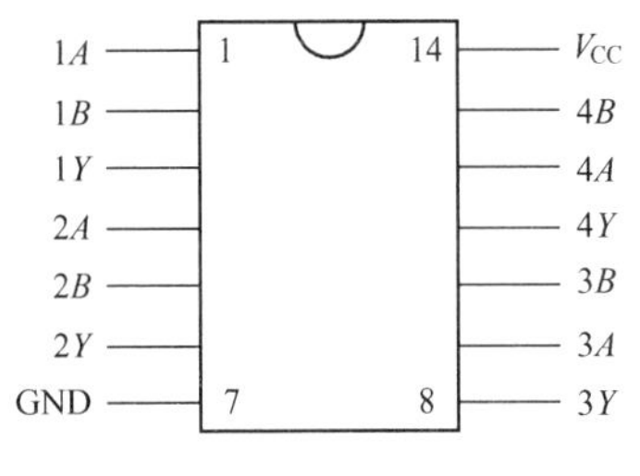

a)

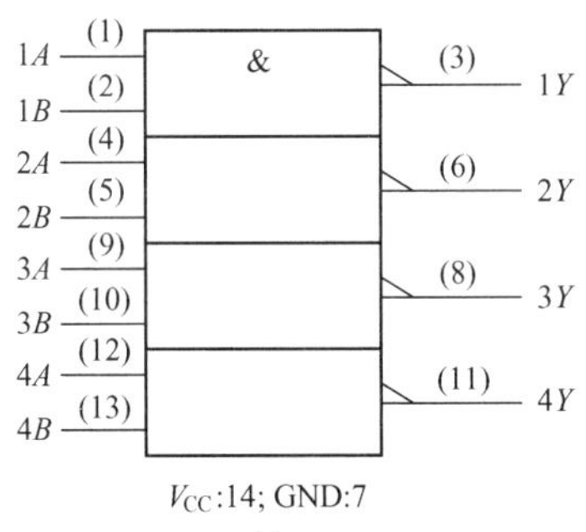

b)

图 2-31　54/74HC00 外引线功能图和逻辑符号

a) 外引线功能图　b) 逻辑符号

表 2-12　54/74HC00 功能表

输入变量		输出变量
A	B	F
1	1	0
0	×	1
×	0	1

2．常见 CMOS 或非门

高速 CMOS 集成电路 54/74HC02 为四 2 输入或非门，其逻辑表达式为

$$F = \overline{A+B}$$

其外引线功能和逻辑符号如图 2-32 所示。其功能表如表 2-13 所示。

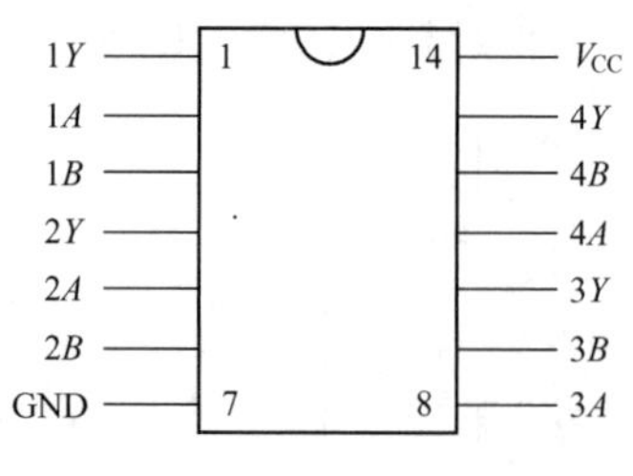

a)

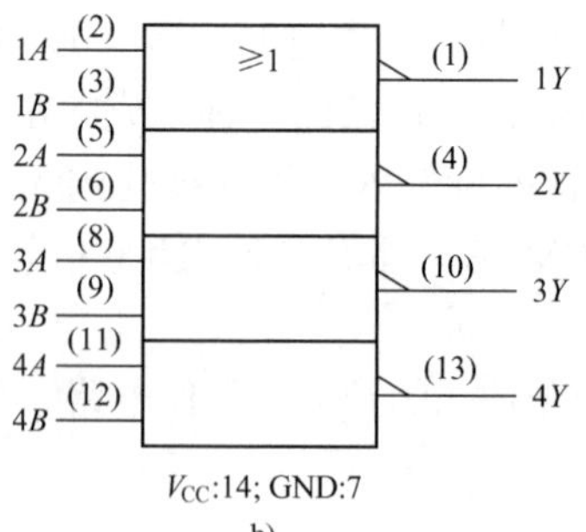

b)

图 2-32　54/74HC02 外引线功能图和逻辑符号

a) 外引线功能图　b) 逻辑符号

表 2-13　54/74HC02 功能表

输入变量		输出变量
A	*B*	*F*
0	0	1
1	×	0
×	1	0

3．常见 CMOS 反相器

高速 CMOS 集成电路 54/74HC04 为六反相器，其逻辑表达式为

$$F = \overline{A}$$

其外引线功能和逻辑符号如图 2-33 所示。其功能表如表 2-14 所示。

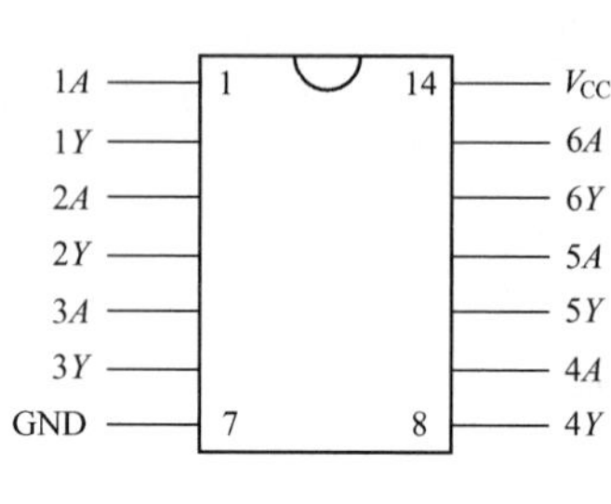

a)

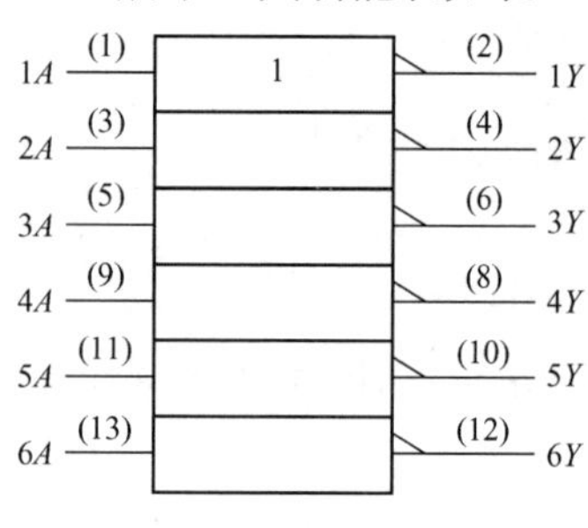

b)

图 2-33　54/74HC04 外引线功能图和逻辑符号

a) 外引线功能图 b) 逻辑符号

表 2-14　54/74HC04 功能表

输入变量	输出变量
A	*F*
0	1
1	0

4．常见 CMOS OD 门

高速 CMOS 集成电路 54/74HC03 为四 2 输入 OD(Open Drain Gate)与非门。与 TTLOC 与非门一样，也需要外接上拉电阻，可实现“线与”。其逻辑表达式为

$$F = \overline{AB}$$

其外引线功能图和逻辑符号如图 2-34 所示。其功能表如表 2-15 所示。

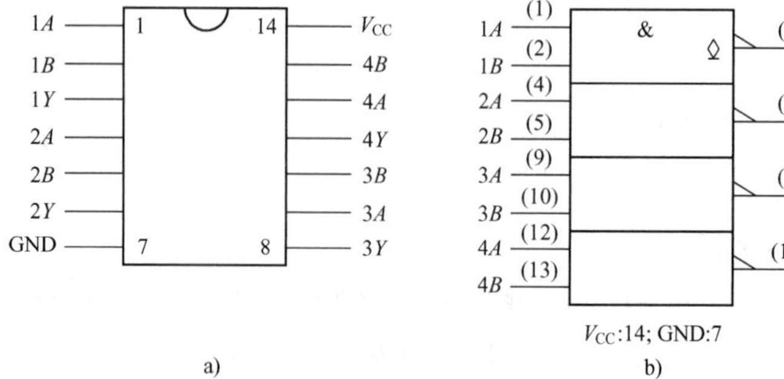

图 2-34　54/74HC03 外引线功能图和逻辑符号

a) 外引线功能图　b) 逻辑符号

OD 门典型应用实例如图 2-35 所示。

表 2-15　54/74HC03 功能表

输入变量		输出变量
A	B	F
1	1	0
0	×	1
×	0	1

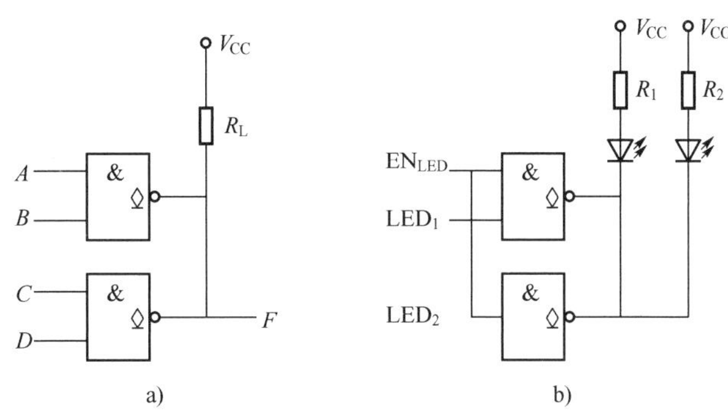

图 2-35　OD 门典型应用实例

a) 线与　b) LED 驱动器

其中，图 2-35a 所示的逻辑表达式为

$$
\begin{aligned}
F &= F_1 \cdot F_2 \cdots F_n \\
&= \overline{A_1B_1} \cdot \overline{A_2B_2} \cdots \overline{A_nB_n} \\
&= \overline{A_1B_1 + A_2B_2 + \cdots + A_nB_n}
\end{aligned}
$$

图 2-35b 所示的工作原理请读者自行分析。

5. 常见 CMOS 与门

高速 CMOS 集成电路 54/74HC08 为四 2 输入与门，其逻辑表达式为

$$F = AB$$

其外引线功能图和逻辑符号如图 2-36 所示。其功能表如表 2-16 所示。

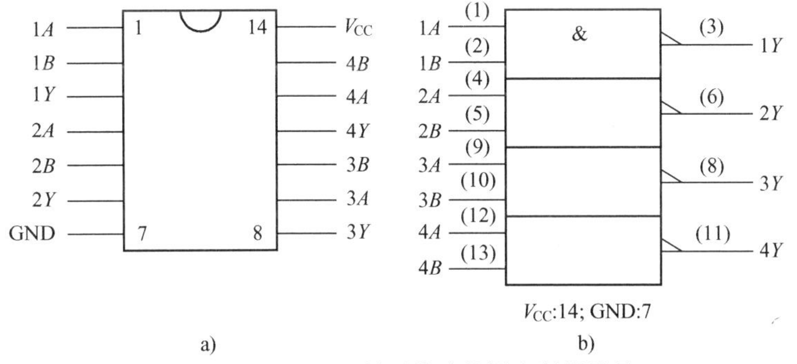

图 2-36　54/74HC08 外引线功能图和逻辑符号

a) 外引线功能图　b) 逻辑符号

表 2-16　54/74HC08 功能表

输入变量		输出变量
A	B	F
1	1	1
0	×	0
×	0	0

6. 常见 CMOS 或门

高速 CMOS 集成电路 54/74HC32 为四 2 输入或门，其逻辑表达式为

$$F = A + B$$

其外引线功能图和逻辑符号如图 2-37 所示。其功能表如表 2-17 所示。

7. CMOS 传输门

CMOS 传输门（Transmission Gate）是一种可控的双向模拟开关。其内部结构和逻辑符号如图 2-38 所示。

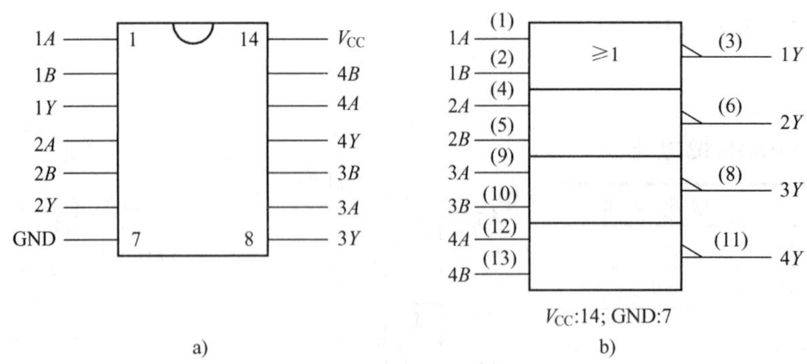

图 2-37　54/74HC32

a) 外引线功能图　b) 逻辑符号

表 2-17　54/74HC32 功能表

输入变量		输出变量
A	B	F
0	0	0
1	×	1
×	1	1

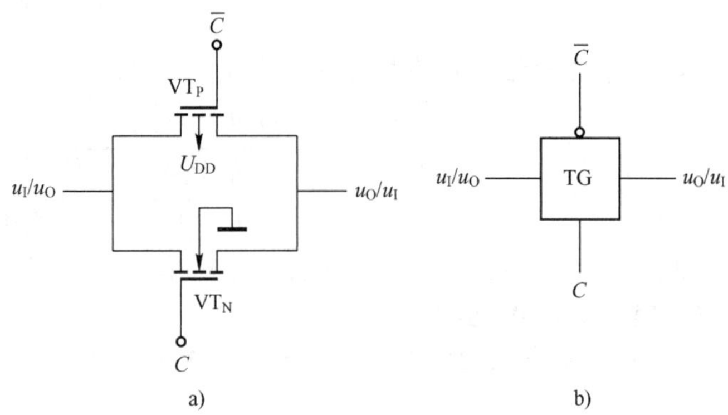

图 2-38　CMOS 传输门内部结构和逻辑符号

a) 内部结构　b) 逻辑符号

当控制端信号 C=1（$\overline{C}=0$）时，MOS 管导通，A 与 B 之间呈现低阻通道（在数百欧姆以内，对于特别设计的芯片，此导通电阻在几欧姆以内）。由于图中所示 MOS 管漏极、源极可以互换使用，所以信号可以双向传输。当控制端信号 C=0（$\overline{C}=1$）时，MOS 管截止，A 与 B 之间只有极低的漏电流（1μA 以内），相当于开关断开。

CMOS 传输门具有双向传输数字和模拟信号的特点，它在模拟电路和数字系统中都得到广泛的应用。

2.4.2　使用 CMOS 门电路的注意事项

1．操作规则

静电击穿是导致 CMOS 电路失效的原因之一。虽然 CMOS 输入端已经设置了保护电路，但它们承受静电电压的能力有限。因此，在实际使用时应注意遵守以下操作规则。

1）有关参数不能超过手册规定的极限值。

2）在防静电材料中存贮和运输。最好使用金属屏蔽层作为包装材料。

3）在需要矫直引线或手工焊接时，所使用的设备应良好接地。进行操作人员的服装应不产生静电。

4）对电路进行调试时，应先接通电路板电源，后接通信号源电源；断电时应进相反操作，即先断开信号源电源，再断开电路板电源。在电源接通期间，禁止将器件从测试座上拔出或插入。

5）不应将尼龙或其他产生静电的材料接触器件。

6）当采用自动操作时，应使用电离气体机和操作室加湿器，并且将可疑区域接地。

7）当采用波焊时，波焊设备、焊槽和传送系统必须接地。

2. 输入规则

1）当输入信号电压应控制在 U_{SS}～U_{DD} 之间。

2）当输入端接低内阻信号源时，应在输入端与信号源之间串接限流电阻。

3）当输入端接大电容时，为防止电容放电而形成较大的瞬时电流，也应在输入端与电容之间串接限流电阻。输入端接大电容时的保护电路实例如图 2-39 所示。

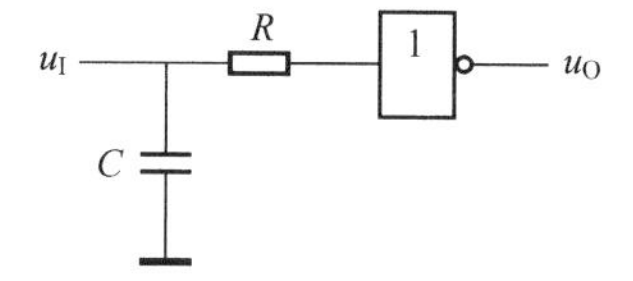

图 2-39　输入端接大电容时的保护电路实例

同样，当输入端连线较长时，为防止在电路输入端产生附加的振荡脉冲，也需在门电路输入端接入限流电阻。

4）与 TTL 门电路不同，CMOS 门电路多余输入端禁止悬空，而应对其采取如下措施。

① 将多余的与输入端接 U_{DD} 或高电平；将多余的或输入端接 U_{SS} 或低电平，也可通过电阻接地。

② 可将多余的输入端与其他输入端并联使用，但这样会影响信号的传输速度。

3. 输出规则

1）除具有 OD 结构和三态输出结构的门电路之外，禁止将输出端并联使用。

2）禁止输出端直接与 U_{DD} 或 U_{SS} 连接。

3）为增加 CMOS 电路的驱动能力，对在同一芯片上的 CMOS 门允许并联在一起使用；对不在同一芯片上的门电路不允许并联在一起使用。

4. 电源规则

1）不能将 CMOS 门电路的电源极性接反，否则将会造成集成电路的永久损坏。

2）电源电压应保持在最大极限电压范围之内。电源电压越高，电路抗干扰能力就越强，允许的工作频率越高，但功耗会相应增大。

5. 防止产生锁定效应

锁定（Latch-Up）效应，也称为晶闸管效应（Silicon Controlled Rectifer）。它是 CMOS 电路的一个特有问题，发生锁定效应会造成器件永久损坏。这是由于在对器件使用不当或受外界原因激发后，导致电源电压剧增从而损坏器件的。为防止发生锁定效应，应对输入、输出电压做适当要求，即

$$-U_D<u_I<U_{DD}+U_D$$

$$-U_D<u_O<U_{DD}+U_D$$

$$U_{DD}<U_{DDBR}$$

各式中，U_D 为电路中寄生晶体管发射结导通电压，U_{DDBR} 为 U_{DD} 的击穿电压。同时，还应采取如下措施，即

1）在电源输入端加去耦电路，以防止 U_{DD} 出现瞬时高压。

2）在 U_{DD} 与外电源之间加限流电阻，以保护器件。

3）注意在调试电路时接通与关闭电源的顺序。

识图 3　采用反相器 CC4069 的声光报警电路

利用一片 CMOS 集成六反相器，接 3 个电阻和一个电容（这里只用了该集成电路内 6 个反相器中的两个），并在输出端接两只发光二极管，就可以构成如图 2-40 所示的红绿灯交替闪烁灯电路，分别接到两个反相器的输出端（4 脚和 6 脚）。这个输出端的信号相位是互为相反的，两只发光二极管轮流发光。

如在图 2-40 所示的电路的末级输出 6 脚后面，再接上简单的晶体管功率放大电路，用来驱动蜂鸣器工作，就构成一个声光报警器。合上电源开关，红绿灯交替闪光和报警声便同时产生。

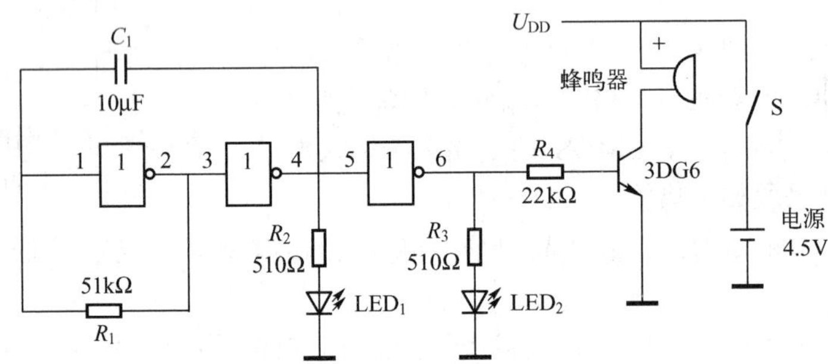

图 2-40　采用反相器 CC4069 的声光报警电路

当声光报警器电路输入为低电平时，晶体管截止，静态电流为零输入为高电平时晶体管导通，工作电流最大，但仍不超出极限值。对于晶体管没有特殊要求，凡是 NPN 型普通小功率晶体管都可以采用。当使用发声元器件蜂鸣器时，应注意极性标志。

以上电路的工作原理就是由门电路构成的多谐振荡器。电路的振荡周期为 $T\approx 1.4RC$。输出脉冲的占空比约为 50%，是很好的方波。

2.5　接口电路

在实际使用数字电路时，一般考虑用同一系列的集成电路。有时为了改善系统功能、缩小体积、降低成本，也可以在同一电路中混用不同类型的集成电路。由于它们之间的输入和输出电平以及负载能力等方面存在一定的差别，所以为使电路正常工作，就需使用接口电路。

接口电路是驱动门与负载门之间的连接电路。其作用是配合驱动门和负载门，使驱动门的输出能够满足负载门输入的要求，即达到负载门要求的驱动能力。在此，主要介绍 TTL 与 CMOS 之间的接口电路。

在 TTL 门电路驱动 CMOS 门电路或者 CMOS 驱动 TTL 时，在驱动门输出与负载门输入之间应满足如表 2-18 所示的关系。

表 2-18　驱动门输出与负载门输入之间应满足的关系表

驱　动　门		负　载　门
输出低电平的最大值 U_{OLmax}	小于	输入低电平的最大值 U_{ILmax}
输出高电平的最小值 U_{OHmin}	大于	输入高电平的最小值 U_{IHmin}
输出低电平时电流的最小值 I_{OLmin}	大于	$n\times$输入低电平时电流的最大值 I_{ILmax}
输出高电平时电流的最小值 I_{OHmin}	大于	$n\times$输入高电平时电流的最大值 I_{IHmax}

注：n 为负载门输入电流的个数。

几种常见 TTL 与 CMOS 门电路的输入、输出参数如表 2-19 所示。

表 2-19　几种常见 TTL 与 CMOS 门电路的输入、输出参数表

参数 \ 电路种类	TTL 74 系列	TTL 74LS 系列	CMOS 4000 系列	高速 CMOS 74HC 系列	高速 CMOS 74HCT 系列
U_{OHmin}/V	2.4	2.7	4.6	4.4	4.4
U_{OLmax}/V	0.4	0.5	0.05	0.1	0.1
U_{IHmin}/V	2	2	3.5	3.5	2
U_{ILmax}/V	0.8	0.8	1.5	1	0.8
I_{OHmax}/mA	-0.4	-0.4	-0.51	-4	-4
I_{OLmax}/mA	16	8	0.51	4	4
I_{IHmax}/μA	40	20	0.1	0.1	0.1
I_{ILmax}/mA	-1.6	-0.4	-0.1×10^{-3}	-0.1×10^{-3}	-0.1×10^{-3}

1．TTL 驱动 CMOS

TTL 门电路驱动 CMOS 门电路，应重点考虑如何提高 TTL 电路输出高电平的值，使之至少达到 3.5V 以上，以满足 CMOS 对 U_{IH} 的要求。可以采取以下措施。

1）在 TTL 与 CMOS 之间附加一个上拉电阻 R，只要 R 的阻值不是非常大，就将起到提升 TTL 输出高电平的作用，如图 2-41 所示。

2）CMOS 门电路的电源电压范围较宽，当其电压值较高时，CMOS 门电路对输入高电平的要求将超过 TTL 门电路输出能够达到的范围。此时，应使用 OC 门作为驱动门电路，如图 2-42 所示。

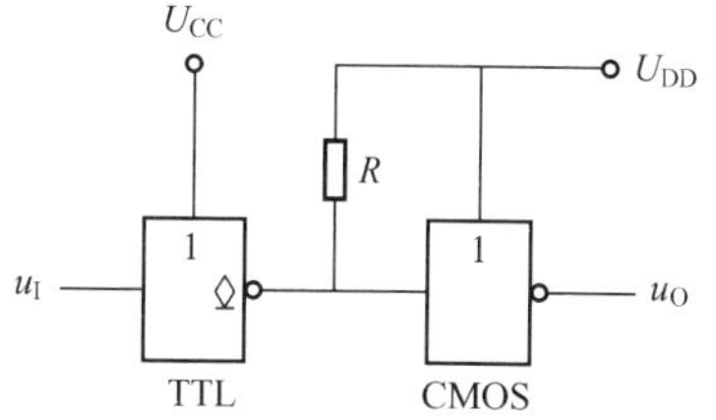

图 2-41　接入电阻 R 提升 TTL 输出高电平

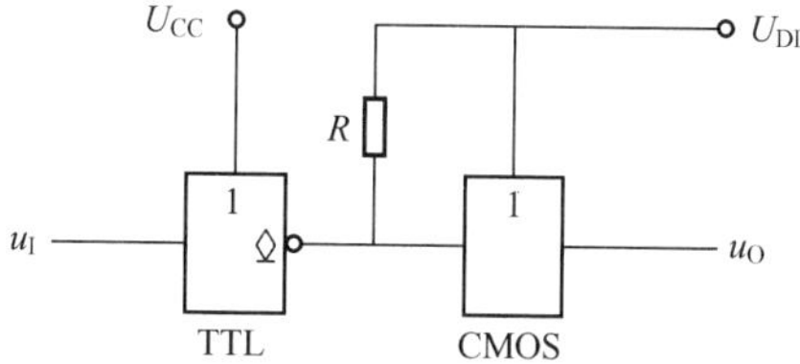

图 2-42　使用 OC 门作为驱动门电路

3）使用带电平偏移的 CMOS 接口电路，如 40109。它具有两个电源输入端，它的输出电平能够满足 CMOS 对输入电平的要求带电平偏移的 CMOS 接口如图 2-43 所示。

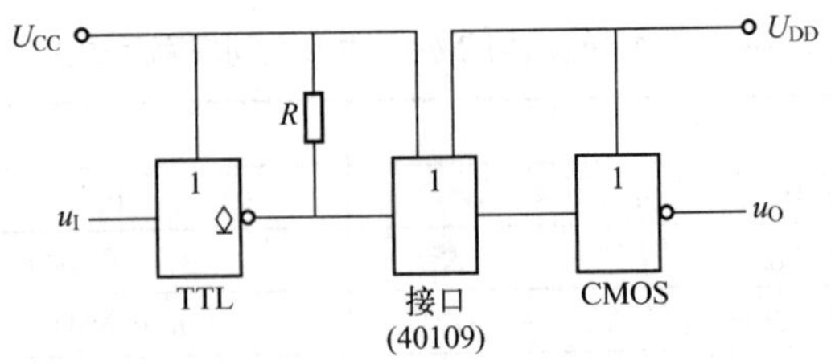

图 2-43　带电平偏移的 CMOS 接口

2. CMOS 驱动 TTL

由于 CMOS 门电路不能产生较大电流，也不允许大电流灌入，为了满足驱动门与负载门之间对电流的不同要求，当需增强 CMOS 门电路的输出低电平、提高带灌电流负载的能力时，通常采用以下措施。

1）将同一芯片上的 CMOS 门电路并联使用，以提高带负载的能力，如图 2-44 所示。

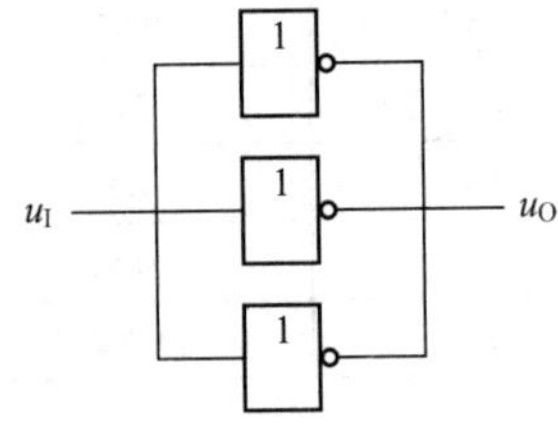

图 2-44　将 CMOS 门电路并联使用，以提高带负载能力

2）在 CMOS 门电路后增加一级驱动器电路，如同相输出驱动器 4010、OD 门 40107 等，以提高带负载能力，如图 2-45 所示。

3）采用分立元器件组成电流放大器，利用电流放大器驱动 TTL 电路，如图 2-46 所示。

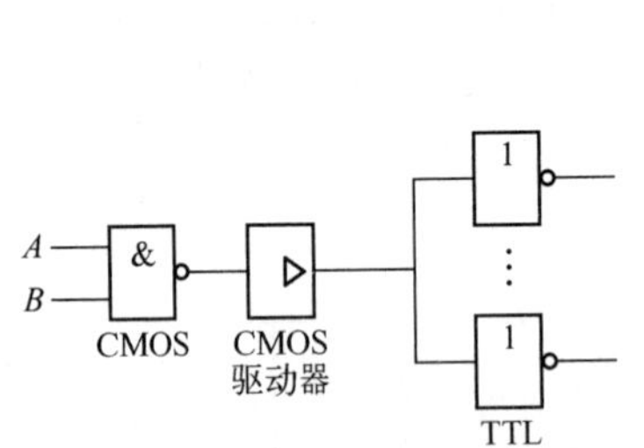

图 2-45　利用 CMOS 驱动器提高带负载能力

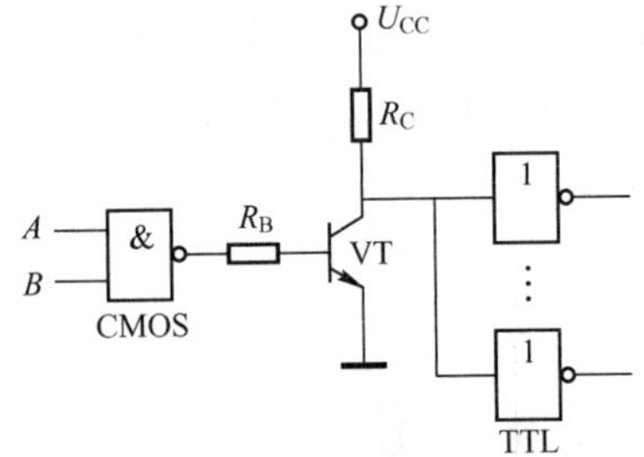

图 2-46　利用电流放大器驱动 TTL 电路

2.6　本章小结

学习逻辑门电路的基本要求如表 2-20 所示。

表 2-20　学习逻辑门电路的基本要求

<table>
<tr><th rowspan="2">主要知识点</th><th colspan="3">基 本 要 求</th><th rowspan="2">重 点 难 点</th></tr>
<tr><th>熟练掌握</th><th>正确理解</th><th>一般了解</th></tr>
<tr><td>门电路基本知识</td><td>√</td><td>√</td><td></td><td rowspan="4">1. 各种门电路的逻辑功能
2. 对各种门电路的外特性的理解、掌握和运用</td></tr>
<tr><td>TTL 门电路</td><td>√</td><td>√</td><td></td></tr>
<tr><td>CMOS 门电路</td><td>√</td><td>√</td><td></td></tr>
<tr><td>TTL 门电路与
CMOS 门电路的接口</td><td></td><td>√</td><td></td></tr>
</table>

2.7　习题

1. 衡量门电路性能的指标包括哪些？

2. 标准 TTL 与非门电路的传输特性曲线反映了哪些相关参数？

3. 在图 2-47 所示电路中，VD_1、VD_2 为硅二极管，导通压降为 0.7V。

（1）当将 B 端接地、A 端接 5V 时，U_O 等于多少伏？

（2）当将 B 端接 10V、A 端接 5V 时，U_O 为多少伏？

（3）当将 B 端悬空、A 端接 5V 时，测 B 端和 U_O 端电压，各应为多少伏？

（4）将 A 接 10kΩ电阻、B 悬空，测 B 端和 U_O 端电压，各应为多少伏？

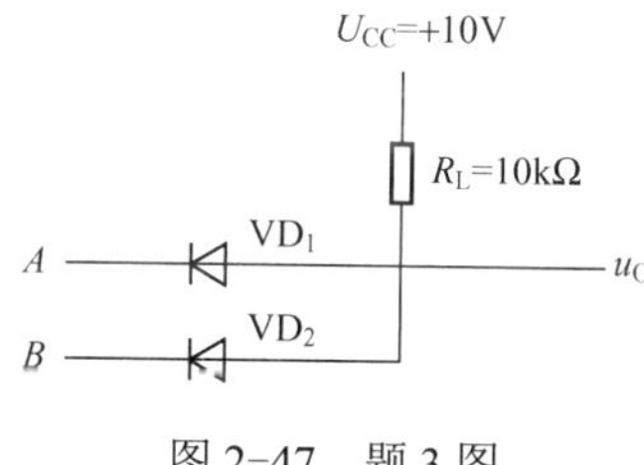

图 2-47　题 3 图

4. 在图 2-48 所示的电路中，除输入端 A 外均为多余输入端。试判断以下门电路多余输入端的处理方法是否正确？

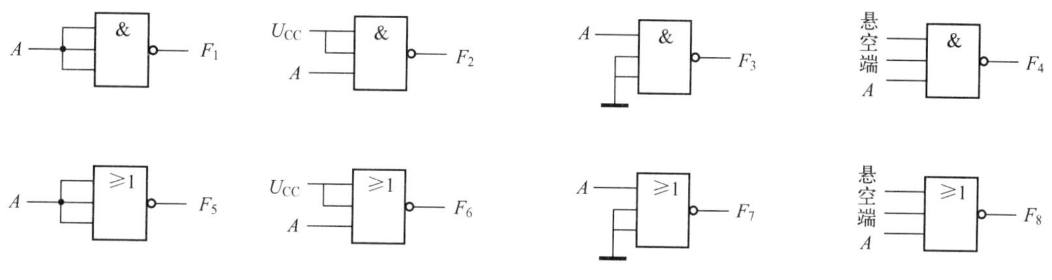

图 2-48　题 4 图

5. 根据图 2-49 所示的电路及输入波形，画出 F_1～F_4 输出波形。

6. 判断图 2-50 所示的电路能否完成所设定的逻辑功能。

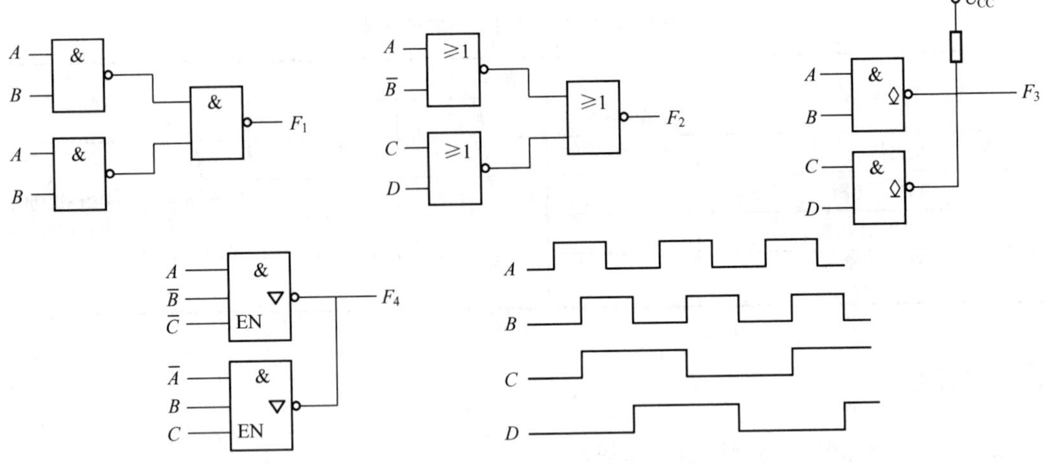

图 2-49　题 5 图

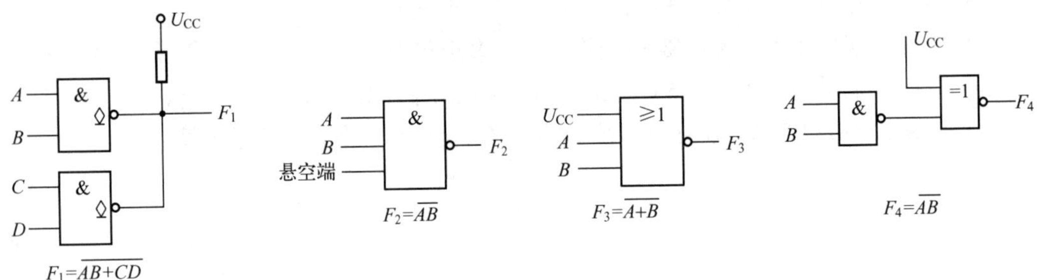

图 2- 50　题 6 图

7．与 TTL 门电路相比，CMOS 电路有什么优点？使用 CMOS 电路应注意哪些问题？

8．在下列各种电路中，哪些电路输出端可以并联使用？

（1）TTL 门电路。

（2）TTL OC 门电路。

（3）TTL 三态门电路。

（4）CMOS 门电路。

（5）CMOS OD 门。

（6）CMOS 三态门电路。

第3章　组合逻辑电路

【内容提要】

本章介绍常用的组合逻辑电路，如加法器、编码器、译码器、数据选择器与分配器等。详细介绍它们的组成、外部特性、该类电路的应用以及在组合逻辑电路中存在的竞争冒险现象和消除办法。

3.1　组合逻辑电路的分析与设计

数字电路可以分为两类，即组合逻辑电路（Combinational Logic Circuit）与时序逻辑电路。本章主要学习组合逻辑电路。所谓组合逻辑电路即电路的输出仅与同一时刻电路的输入有关系，而与此前电路的状态无关，如前面学习的与门、或门、非门等就是简单的组合逻辑电路。组合逻辑电路主要由逻辑门电路构成，在输出与输入之间没有反馈连接。组合逻辑电路的组成框图如图3-1所示。

图3-1　组合逻辑电路的组成框图

图中，x_i 为输入逻辑变量，y_i 为输出逻辑变量。y_i 与 x_i 之间的逻辑关系为

$$
\begin{gathered}
y_1 = f_1(x_1,\cdots,x_n) \\
y_2 = f_2(x_1,\cdots,x_n) \\
\vdots \\
y_m = f_m(x_1,\cdots,x_n)
\end{gathered}
$$

在工程和科学实践中，包含两个相反的对客观对象的认识过程，即分析与设计。同样，学习组合逻辑电路，主要包括组合逻辑电路的分析与设计这两个方面。

3.1.1　组合逻辑电路的分析

根据已知的组合逻辑电路（逻辑图），运用逻辑电路运算规律，确定其逻辑功能的过程，称为组合逻辑电路的分析。分析过程如下所述。

1）根据给定的逻辑电路（逻辑图），确定组合逻辑电路的输出逻辑表达式。推导输出逻辑表达式一般按照从输入到输出逐级写出的方法进行。

2）利用公式法或卡诺图法，对写出的输出逻辑表达式进行变换和化简，得到最简表达式。

3）列出输出逻辑变量的真值表。

4）分析真值表，确定、说明组合逻辑电路的功能。

可将以上分析步骤概括成图 3-2 所示的组合逻辑电路分析步骤流程图。

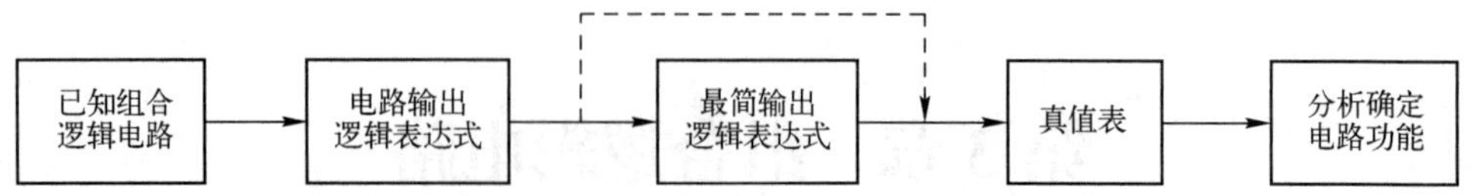

图 3-2　组合逻辑电路分析步骤流程图

【例 3-1】 分析图 3-3 所示的组合逻辑电路。

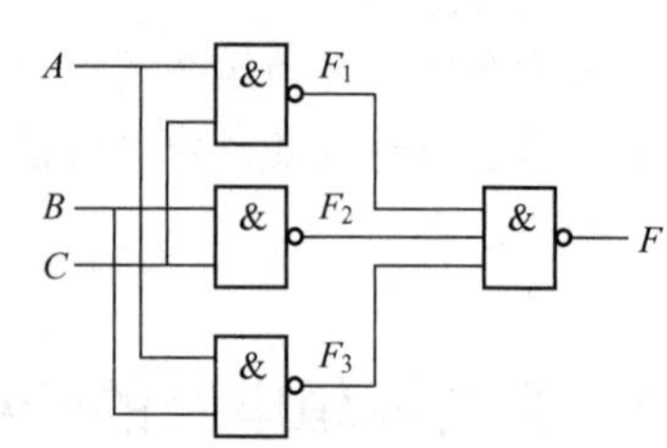

图 3-3　例 3-1 的组合逻辑电路图

解：按照组合逻辑电路的分析步骤，首先确定电路的输出逻辑表达式。

$$F_1=\overline{AC}，F_2=\overline{BC}，F_3=\overline{AB}$$

$$F=\overline{F_1F_2F_3}=\overline{\overline{AC}\ \overline{BC}\ \overline{AB}}=AC+BC+AB$$

然后，对获得的表达式变换化简，得到最简输出逻辑表达式。本例中得到的输出逻辑表达式已经是最简形式的了。

再根据表达式，列出相应的真值表，见表 3-1。

表 3-1　例 3-1 真值表

输 入 变 量			输 出 变 量
A	B	C	F
0	0	0	0
0	0	1	0
0	1	0	0
0	1	1	1
1	0	0	0
1	0	1	1
1	1	0	1
1	1	1	1

分析以上真值表，可以发现，当 3 个输入逻辑变量中存在两个或以上的高电平 1 时，输出为高电平 1；否则，输出为低电平 0。所以，这是一个 3 位的多数表决电路。当事件获得多数肯定时，事件被通过。

【例 3-2】 分析图 3-4 所示的组合逻辑电路。

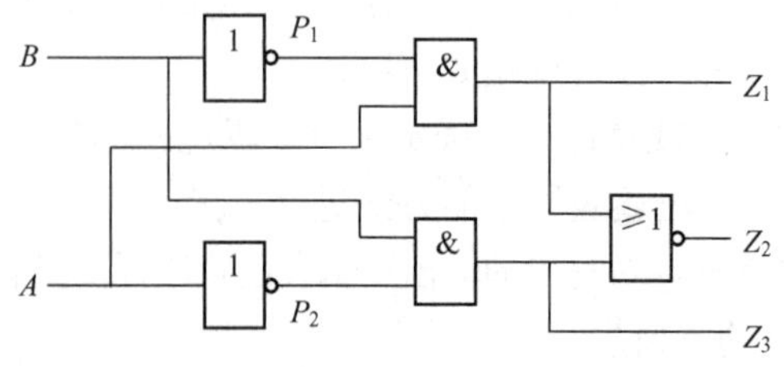

图 3-4　例 3-2 的组合逻辑电路图

解：按照分析步骤，首先由输入到输出确定电路的输出逻辑表达式。

$$P_1 = \overline{B},\ P_2 = \overline{A}$$

$$Z_1 = P_1A = \overline{B}A,\ Z_3 = P_2B = B\overline{A}$$

$$Z_2 = \overline{Z_1 + Z_3} = \overline{\overline{B}A + B\overline{A}} = \overline{A \oplus B}$$

可见，对组合逻辑电路而言，电路输出逻辑变量可能有多个。

在对输出逻辑表达式变换化简后，列出对应真值表，见表 3-2。

表 3-2　例 3-2 真值表

输 入 变 量		输 出 变 量		
A	B	Z_1	Z_2	Z_3
0	0	0	1	0
0	1	0	0	1
1	0	1	0	0
1	1	0	1	0

通过对真值表的分析，可以发现，当输入 $A>B$、$A=B$、$A<B$ 时，3 个输出 Z_1、Z_2、Z_3 分别输出高电平 1。所以，Z_1 表示 $A>B$，Z_2 表示 $A=B$，Z_3 表示 $A<B$。这是一个 1 位数值比较电路。

在以上例题中，均引入了中间变量，目的是帮助读者有顺序的分析组合逻辑电路。在熟悉分析步骤之后，就可以不再引入中间变量而直接进行分析了。

【例 3-3】 分析图 3-5 所示的组合逻辑电路。

解：按照分析步骤，可以写出该组合逻辑电路的最终输出逻辑表达式为

$$Z = \overline{A\overline{ABC} + B\overline{ABC} + C\overline{ABC}}$$

对上式进行化简、变换，得

$$\begin{aligned} Z &= \overline{A\overline{ABC} + B\overline{ABC} + C\overline{ABC}} \\ &= ABC + \overline{(A+B+C)} \\ &= ABC + \overline{A}\ \overline{B}\ \overline{C} \end{aligned}$$

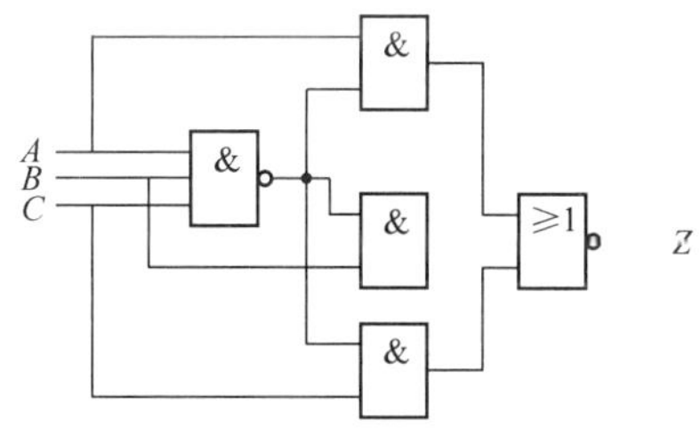

图 3-5　例 3-3 的组合逻辑电路图

列出真值表，见表 3-3。

表 3-3　例 3-3 真值表

输 入 变 量			输 出 变 量	输 入 变 量			输 出 变 量
A	B	C	Z	A	B	C	Z
0	0	0	1	1	0	0	0
0	0	1	0	1	0	1	0
0	1	0	0	1	1	0	0
0	1	1	0	1	1	1	1

通过分析真值表，可以确定该组合逻辑电路的逻辑功能是，当输入 A、B、C 一致时，电路输出为 1，否则为 0。

【例 3-4】 分析图 3-6 所示描述的输入和输出波形对应组合逻辑电路的功能。

解：波形图与逻辑图一样，也是描述电路的方法之一。根据给出的波形图，同样可以获得对应电路的真值表。

根据已知输入和输出波形图，可以获得电路真值表，如表 3-4 所示。

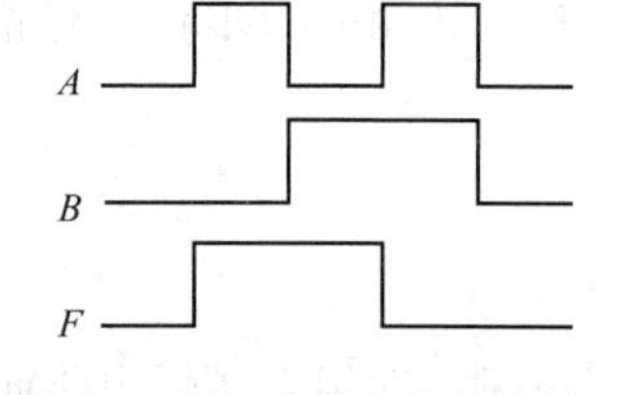

图 3-6 例 3-4 输入和输出波形

表 3-4 例 3-4 真值表

输入变量		输出变量
A	B	F
0	0	0
0	1	1
1	0	1
1	1	0

分析真值表可知，当输入 A、B 相同时，输出为 0；当输入 A、B 不同时，输出为 1。该电路反映输入和输出之间的“异或”逻辑关系。

通过对上述组合逻辑电路的分析，也可以看到，组合逻辑电路主要由门电路构成，不包含具有记忆功能的电路单元和反馈电路。

3.1.2 组合逻辑电路的设计

组合逻辑电路的设计是分析的逆过程，即根据实际电路的逻辑功能，从拟实现的电路逻辑功能出发，运用逻辑运算规律，经过逻辑抽象，列出相应真值表并进行化简和变换，求出实现目标逻辑功能的最佳逻辑电路。组合逻辑电路的设计步骤如下所述。

1）根据要实现的逻辑功能，建立该逻辑问题的真值表。通过对已知条件的分析，确定输入、输出各变量间的逻辑关系，列出真值表。

2）根据真值表，求出输出逻辑表达式，并进行变换和化简，得到需要的最简表达式。

3）根据表达式，画出逻辑图，用要求的门电路实现电路功能。

对于以上组合逻辑电路的设计步骤，如图 3-7 所示。

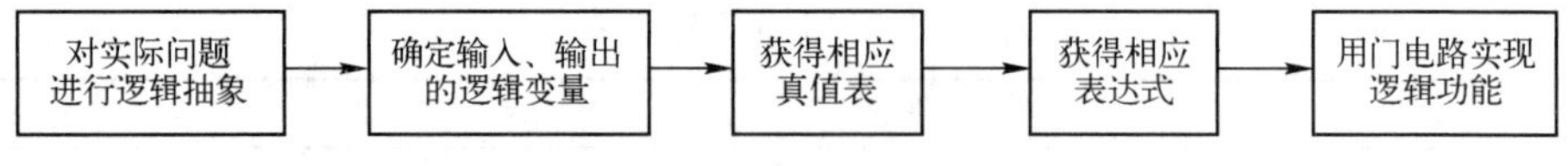

图 3-7 组合逻辑电路的设计步骤

【例 3-5】 设计一个 3 变量相异电路，用与非门实现。

解：3 变量相异电路，即当 3 个输入逻辑变量取值相同时，输出为 0；当 3 个输入逻辑变量取值不同时，输出为 1。

设 3 个输入逻辑变量分别为 A、B、C，输出逻辑变量为 F。根据题意，获得电路的真值表如表 3-5 所示。

表 3-5　例 3-5 真值表

输入变量			输出变量	输入变量			输出变量
A	B	C	F	A	B	C	F
0	0	0	0	1	0	0	1
0	0	1	1	1	0	1	1
0	1	0	1	1	1	0	1
0	1	1	1	1	1	1	0

根据真值表，利用卡诺图法（或公式法）获得逻辑函数 F 的最简表达式。例 3-5 卡诺图如图 3-8 所示。

$$F=\overline{A}C+B\overline{C}+A\overline{B}$$

若利用与非门电路实现，则应将上式进一步变换为

$$F=\overline{A}C+B\overline{C}+A\overline{B}=\overline{\overline{\overline{A}C+B\overline{C}+A\overline{B}}}=\overline{\overline{\overline{A}C}\cdot\overline{B\overline{C}}\cdot\overline{A\overline{B}}}$$

根据此表达式，可获得满足本题设计要求的逻辑电路，即用与非门实现了变量相异电路，如图 3-9 所示。

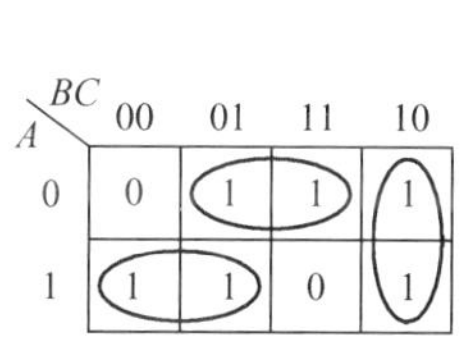

图 3-8　例 3-5 卡诺图

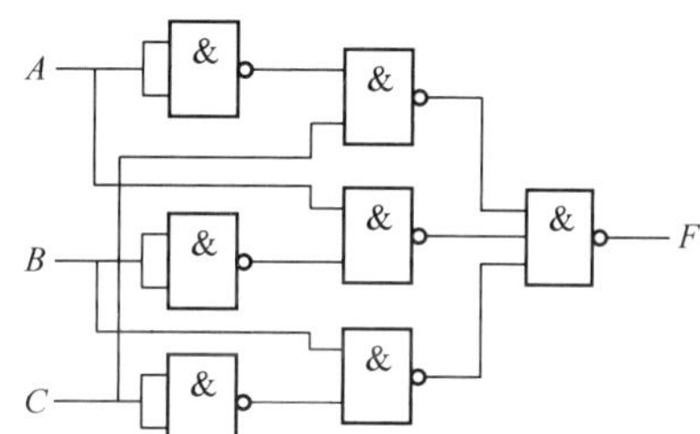

图 3-9　例 3-5 用与非门实现的 3 变量相异电路图

【例 3-6】 设计一个组合逻辑电路，正确显示设备故障情况。用两个灯显示 3 台设备故障情况：当一台设备出现故障时，黄灯亮；当两台设备出现故障时，红灯亮；当 3 台设备出现故障时，两灯同时亮。

解： 1）根据题意，设 A、B、C 代表 3 台设备故障情况，有故障为 1，无故障为 0；Y、R 分别代表黄灯和红灯的状态，灯亮为 1，显示出现的故障；灯灭为 0，表示运转正常。列出的真值表见表 3-6。

表 3-6　例 3-6 真值表

输入变量			输出变量		输入变量			输出变量	
A	B	C	Y	R	A	B	C	Y	R
0	0	0	0	0	1	0	0	1	0
0	0	1	1	0	1	0	1	0	1
0	1	0	1	0	1	1	0	0	1
0	1	1	0	1	1	1	1	1	1

2）根据真值表，利用卡诺图法获得输出 Y、R 的最简表达式，如图 3-10 所示。

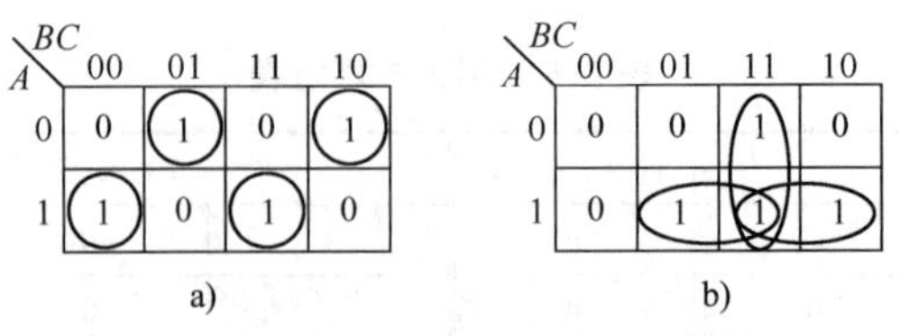

图 3-10　例 3-6 卡诺图

a) Y　b) R

可得

$$Y=\overline{A}\,\overline{B}C+\overline{A}B\overline{C}+A\overline{B}\,\overline{C}+ABC=\overline{A}(\overline{B}C+B\overline{C})+A(BC+\overline{B}\,\overline{C})=\overline{A}(B\oplus C)+A\overline{B\oplus C}$$

$$=A\oplus(B\oplus C)$$

$$R=AB+BC+AC$$

将上式适当变换，就得到用异或门、与非门组成的电路，如图 3-11 所示。

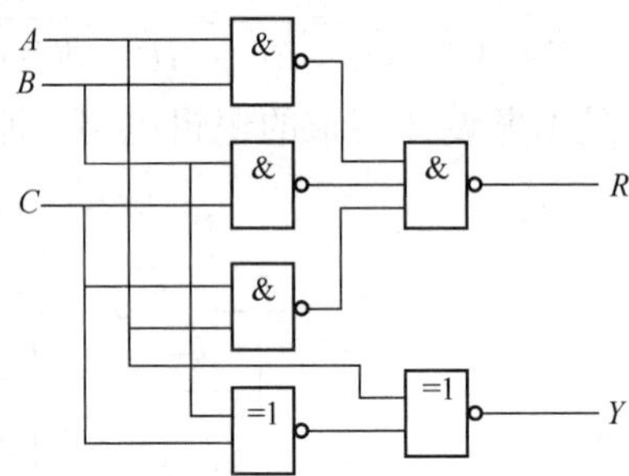

图 3-11　例 3-6 用异或门、与非门组成的电路图

实例演练　火车过站顺序

火车站有特快（A）、直快（B）和慢车（C）3 种列车进出，过站时的优先顺序为特快、直快、慢车。在经过车站时，同一时间内只给出一个开车信号，即只能有一个开车信号，只能有一趟列车开车。试用与门、非门设计一个指示列车等待进站的逻辑电路。

解：1）根据题意，按特快 A、直快 B 和慢车 C 的优先顺序列出 3 个变量开出的真值表，如表 3-7 所示。

表 3-7　逻辑真值表

输 入 变 量			输 出 变 量		
A	B	C	Z_A	Z_B	Z_C
0	0	0	0	0	0
0	0	1	0	0	1
0	1	0	0	1	0
0	1	1	0	1	0
1	0	0	1	0	0
1	0	1	1	0	0
1	1	0	1	0	0
1	1	1	1	0	0

2）依据真值表写出逻辑表达式如下所述。

$$Z_A=A$$

$$Z_B=\overline{A}B\overline{C}+\overline{A}\,BC=\overline{A}\,B$$

$$Z_C=\overline{A}\,\overline{B}C$$

3）根据逻辑表达式使用与门。开车信号控制逻辑电路如图 3-12 所示。

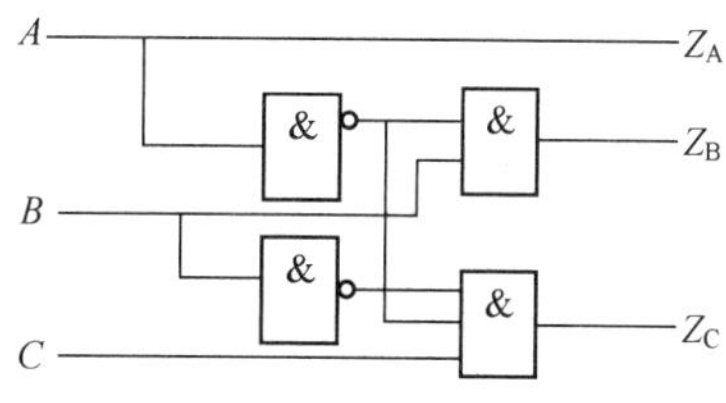

图 3-12　开车信号控制逻辑电路

3.2　常见组合逻辑电路

常见组合逻辑电路包括加法器、编码器、译码器、数据选择器和数据分配器等。它们是具有一定逻辑运算功能的组合逻辑电路模块。

3.2.1　加法器（Adder）

在数字电路中，进行数值算术运算的基本单元电路称为加法器。由于在数字系统中乘、除、减等算术运算均是在加法运算的基础上变换进行的，所以加法运算是最主要的算术运算，加法器是最基本的运算单元。

1．半加器（Half Adder）

只考虑本位两个数相加而不考虑低位进位的加法运算，称为半加；完成半加功能的电路，称为半加器。半加器框图如图 3-13a 所示。其中，A、B 分别是被加数与加数，作为电路的输入端；S 是两个输入相加产生的本位和，它与两个输入相加产生的向高位的进位 C 一起作为电路的输出。

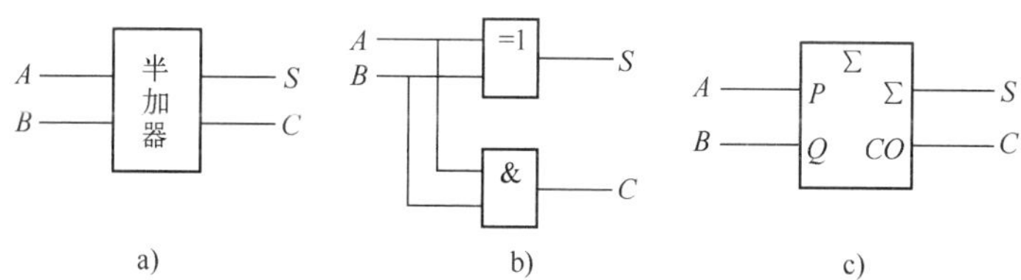

图 3-13　半加器框图、逻辑电路和逻辑符号

a) 半加器框图　b) 逻辑电路　c) 逻辑符号

根据二进制数相加的原则，得到半加器真值表，见表 3-8。

表 3-8　半加器真值表

输入变量		输出变量	
A	B	C	S
0	0	0	0
0	1	0	1
1	0	0	1
1	1	1	0

根据真值表，可以得到半加器输出的逻辑表达式，即

$$S = \overline{A}B + A\overline{B} = A \oplus B$$

$$C = AB$$

其逻辑电路如图 3-13b 所示，逻辑符号如图 3-13c 所示。

2．一位全加器（Full Adder）

考虑本位两个数相加与低位进位的加法称为全加；完成全加功能的电路称为全加器。全加器的组成框图如图 3-14a 所示。被加数 A_i、加数 B_i、低位向本位的进位 C_{i-1} 作为电路的输入，全加和 S_i 与向高位的进位 C_i 作为电路的输出。

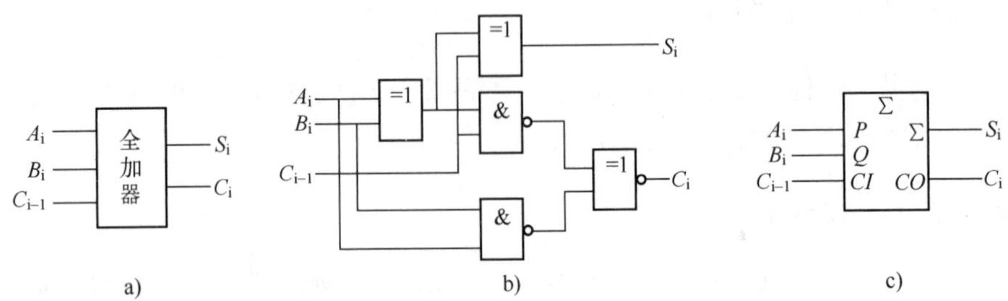

图 3-14　全加器框图、逻辑电路和逻辑符号

a) 框图　b) 逻辑电路　c) 逻辑符号

全加器真值表见表 3-9。

表 3-9　全加器真值表

输入变量			输出变量	
A_i	B_i	C_{i-1}	C_i	S_i
0	0	0	0	0
0	0	1	0	1
0	1	0	0	1
0	1	1	1	0
1	0	0	0	1
1	0	1	1	0
1	1	0	1	0
1	1	1	1	1

根据真值表，可得

$$S_i = \overline{A_i}\ \overline{B_i}C_{i-1} + \overline{A_i}B_i\overline{C_{i-1}} + A_i\overline{B_i}\ \overline{C_{i-1}} + A_iB_iC_{i-1} = \overline{A_i}(\overline{B_i}C_{i-1} + B_i\overline{C_{i-1}}) + A_i(\overline{B_i}\ \overline{C_{i-1}} + B_iC_{i-1})$$

$$= \overline{A_i}(B_i \oplus C_{i-1}) + A_i(\overline{B_i \oplus C_{i-1}}) = A_i \oplus B_i \oplus C_{i-1}$$

$$C_i = \overline{A_i}B_iC_{i-1} + A_i\overline{B_i}C_{i-1} + A_iB_i\overline{C_{i-1}} + A_iB_iC_{i-1} = (\overline{A_i}B_i + A_i\overline{B_i})C_{i-1} + A_iB_i = (A_i \oplus B_i)C_{i-1} + A_iB_i$$

由异或门和与非门组成的一位全加器，其逻辑电路如图 3-14b 所示。全加器的逻辑符号如图 3-14c 所示。

全加器在集成电路中多是通过与或非门实现的。下面进行简单介绍。

根据全加器真值表，对 S_i 和 C_i 卡诺图（如图 3-15 所示）中填 0 的方格进行合并，可以得到 $\overline{S_i}$ 和 $\overline{C_i}$ 的表达式。

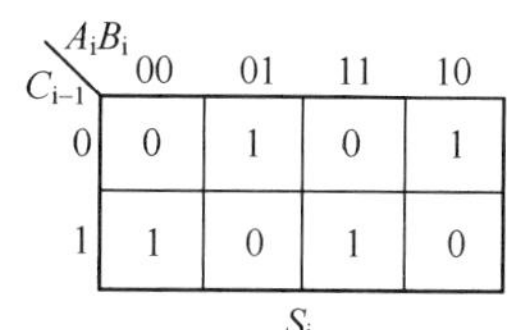

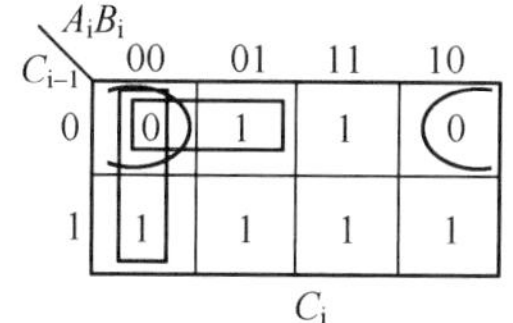

图 3-15　S_i和C_i的卡诺图

$$\overline{S_i} = \overline{A_i}\ \overline{B_i}\ \overline{C_{i-1}} + A_iB_i\overline{C_{i-1}} + \overline{A_i}B_iC_{i-1} + A_i\overline{B_i}C_{i-1} = (\overline{A_i}\ \overline{B_i} + A_iB_i)\overline{C_{i-1}} + (\overline{A_i}B_i + A_i\overline{B_i})C_{i-1}$$

$$\overline{C_i} = \overline{A_i}\ \overline{B_i} + \overline{B_i}\ \overline{C_{i-1}} + \overline{A_i}\ \overline{C_{i-1}}$$

可以得到

$$S_i = \overline{(\overline{A_i}\ \overline{B_i} + A_iB_i)\overline{C_{i-1}} + (\overline{A_i}B_i + A_i\overline{B_i})C_{i-1}}$$

$$C_i = \overline{\overline{A_i}\ \overline{B_i} + \overline{B_i}\ \overline{C_{i-1}} + \overline{A_i}\ \overline{C_{i-1}}}$$

根据上述表达式，可以获得以与或非门为主组成的全加器，如图 3-16 所示。

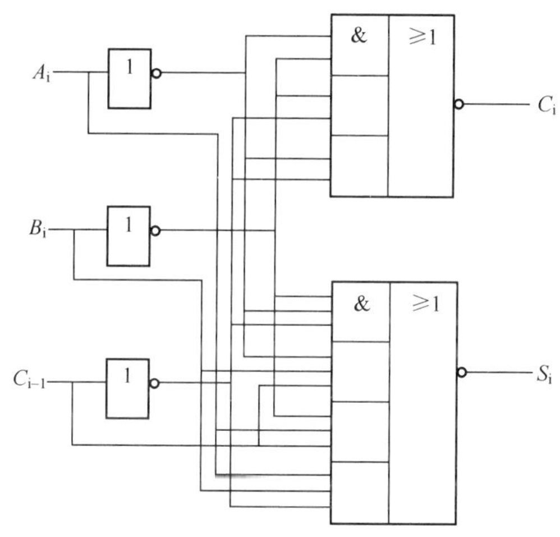

图 3-16　以与或非门为主组成的全加器

与或非门构成的全加器具有使用器件少和工作速度快的优点，在集成全加器中得到广泛使用。

与一位全加器相对应，还有一位全减器。被减数 A_i、减数 B_i、低位向本位的借位 J_{i-1} 是全减器电路的输入，以本位全减差 F_i、本位向高位的借位 J_i 作为电路的输出。根据全减器的定义，获得其真值表如表 3-10 所示。

表 3-10　全减器真值表

输入变量			输出变量		输入变量			输出变量	
A_i	B_i	J_{i-1}	F_i	J_i	A_i	B_i	J_{i-1}	F_i	J_i
0	0	0	0	0	1	0	0	1	0
0	0	1	1	1	1	0	1	0	0
0	1	0	1	1	1	1	0	0	0
0	1	1	0	1	1	1	1	1	1

根据真值表，可以获得输出 F_i 与 J_i 的表达式如下所述。

$$F_i = A_i \oplus B_i \oplus J_{i-1}$$
$$J_i = \overline{A_i}B_i + \overline{A_i \oplus B_i}J_{i-1}$$

根据获得的表达式，即可获得实现全减功能的逻辑电路。

请读者考虑，根据一位全加器和一位全减器输出表达式的特点，如何以全加器为主构成一个一位加减器电路？

3．多位全加器

能够实现多位二进制数加法运算的电路称为多位加法器。在用全加器构成多位加法器时，主要考虑进位方式的问题。按照进位信号连接方式的不同，多位加法器可以分为串行进位加法器和超前进位加法器两种。

1）串行进位加法器。要实现两个 4 位二进制数 $A=A_3A_2A_1A_0$ 和 $B=B_3B_2B_1B_0$ 相加，可以由 4 个全加器完成。4 位串行进位加法器如图 3-17 所示。将低位全加器的进位输出送至相邻高位全加器的进位输入端，依次类推。将最低位进位输入端接地，最高位进位输出端作为整个电路的进位输出端。

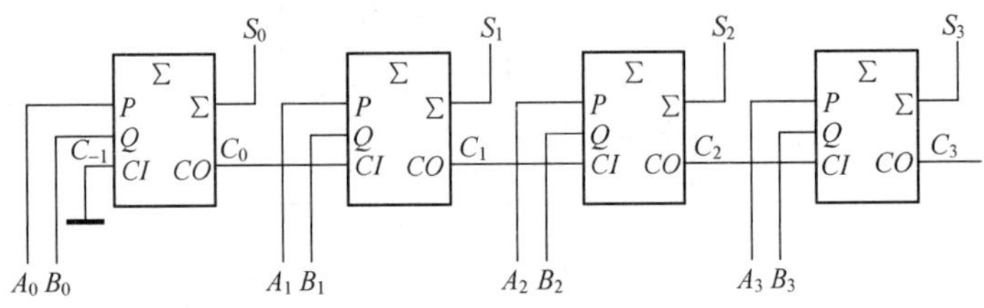

图 3-17　4 位串行进位加法器

将两个 4 位二进制数 $A=A_3A_2A_1A_0$ 和 $B=B_3B_2B_1B_0$ 送至 4 位串行进位加法器电路的输入端，电路的输出为

$$F=A+B=A_3A_2A_1A_0+B_3B_2B_1B_0=C_3S_3S_2S_1S_0$$

串行进位加法器的优点是电路简单，便于理解。缺点是，低位产生的进位信号需逐级传送，即最高位的全加器，必须在各低位全加器运算结束并产生进位信号之后，才能产生整个电路的运算结果，故工作速度较慢。位数越多，速度越慢，故这种电路形式仅适用于对运算速度要求不高的系统。为了提高运算速度，必须减少进位信号传送所需的时间。这就产生了超前进位加法器。

2）超前进位加法器。超前进位加法器，也叫做并行进位加法器。它是在串行电路的基础上，采用超前进位方式，在电路中增加了快速进位电路。在进行算术运算的同时，将进位信号也计算出来，以提高运算速度。

超前进位加法器目前已有多种集成电路产品，如 4 位二进制超前进位加法器有 CC4008（国 CD4008、MC14008、SN4008、TP4008）、CC14560（CD4560、MC14560）、CT74LS83（CD74LS83 、 SN74LS83 ）、 CT74LS183 （ CD74LS183 、 SN74IJS183 ）、 CT74LS283（CD74LS283、SN74LS283）等。这些加法器的具体逻辑电路和性能参数，请查阅数字集成电路手册或产品说明书。

图 3-18 所示为 4 位超前进位集成加法器 CT7483，其中图 3-18a 为外引线功能图，图 3-18b

为逻辑符号。

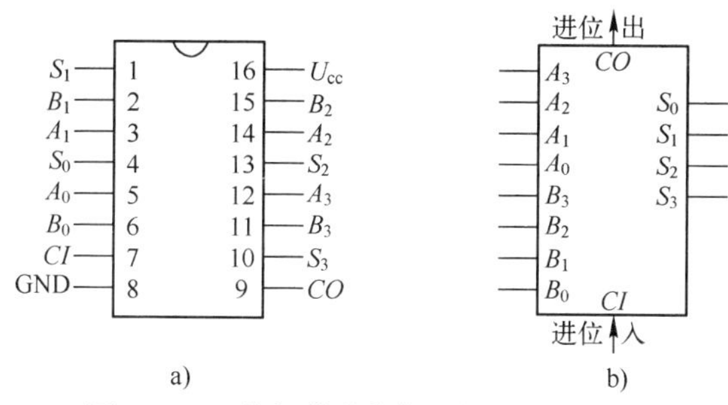

图 3-18　4 位超前进位集成加法器 CT7483

a) 外引线功能图　b) 逻辑符号

识图 1　加法器的识图与应用

利用两块 4 位全加器首尾相连即组成 8 位二进制加法器。图 3-19 所示为利用两块 7483A 组成的 8 位二进制超前进位加法器。其中最低位进位输入 CI 接地，将最高位进位输出 CO 作为整个电路的进位输出。该电路能够实现 $A=A_7A_6A_5A_4A_3A_2A_1A_0$ 和 $B=B_7B_6B_5B_4B_3B_2B_1B_0$ 的加法功能。

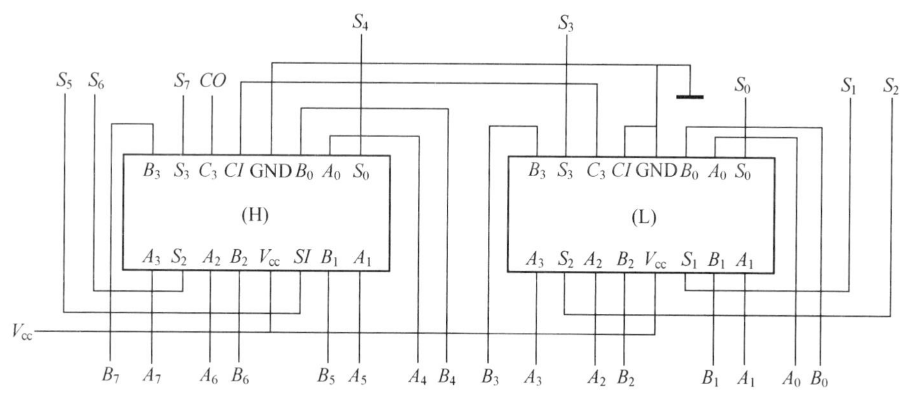

图 3-19　利用两块 7483A 组成的 8 位二进制超前进位加法器

3.2.2　编码器（Encoder）

在一些场合，需要用特定的符号或数码表示特定的对象。例如，一个班级中的每个同学都有不重复的学号，每个电话用户都有一个特定的号码等。在数字电路中，需要将具有某种特定含义的信号变成代码，利用代码表示具有特定含义对象的过程，称为编码。能够完成编码功能的器件，称为编码器。它是一种多输入、多输出的组合逻辑电路，在数字电路中应用较为广泛。

1．普通编码器

所谓普通编码器是指电路在某一时刻只能对一个输入信号进行编码，即只能有一个输入端存在有效输入信号。例如，当输入信号高电平有效时，则应只有一个输入信号为高电平，其余输入信号均为低电平，是无效信号。一般来说，由于 n 位二进制代码可以表示 2^n 种不同的状态，所以 2^n 个输入信号只需要 n 个输出就能够完成编码工作。

【例 3-7】 设计一个 8—3 线普通编码器。

解：8—3 线普通编码器的电路具有 8 个输入端，3 个输出端（$2^3 = 8$），属于二进制编码器。用 X_7～X_0 表示 8 路输入，Y_2～Y_0 表示 3 路输出。原则上对输入信号的编码是任意的，常用的编码方式是按照二进制数的顺序由小到大进行编码。设输入、输出均为高电平有效，列出 8—3 线编码器的真值表如表 3-11 所示。

表 3-11　8—3 线编码器的真值表

输入变量								输出变量		
X_7	X_6	X_5	X_4	X_3	X_2	X_1	X_0	Y_2	Y_1	Y_0
0	0	0	0	0	0	0	1	0	0	0
0	0	0	0	0	0	1	0	0	0	1
0	0	0	0	0	1	0	0	0	1	0
0	0	0	0	1	0	0	0	0	1	1
0	0	0	1	0	0	0	0	1	0	0
0	0	1	0	0	0	0	0	1	0	1
0	1	0	0	0	0	0	0	1	1	0
1	0	0	0	0	0	0	0	1	1	1

通过真值表可以发现，8 个输入变量中在某一时刻只有一个变量取 1，而其余变量均为 0，称这样的一组变量为互相排斥的变量。在 8 个输入变量的 $2^8 = 256$ 个变量取值组合中，仅用到其中的 8 个，其余 248 个变量组合均作为无关项出现，这为函数的化简带来方便。可以求出

$$Y_2=X_4+X_5+X_6+X_7$$
$$Y_1=X_2+X_3+X_6+X_7$$
$$Y_0=X_1+X_3+X_5+X_7$$

图 3-20 所示为用与非门实现的 8—3 线普通编码器。

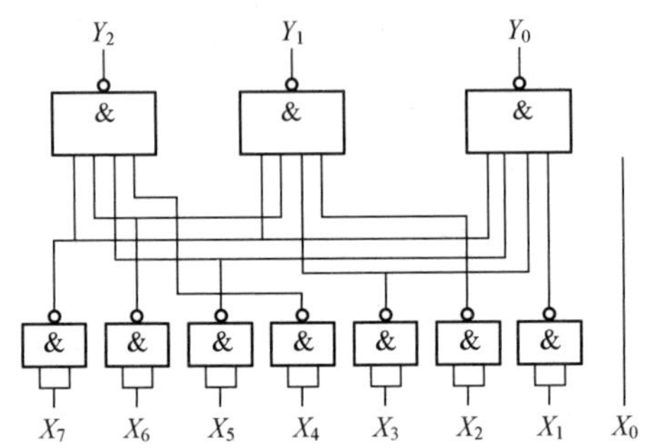

图 3-20　用与非门实现的 8—3 线普通编码器

2．优先编码器（Priority Encoder）

在普通编码器工作时，若同时出现两个以上的有效输入信号，则会造成电路工作的混乱，导致输出错误。例如，同时按下电话机的两个数字键，会显示拨号错误。为此设计了优先编码器。它允许多个有效输入信号同时存在，但根据事先设定的优先级别不同，编码器只接受输入信号中优先级别最高的编码请求，而不响应其他的输入信号。

【例 3-8】 某工地值班室的电话业务有火警电话、急救电话和找人电话 3 种。按轻、重、缓、急排定的优先顺序为火警、急救和找人，要求电话编码依次为 00 、01 、10。试设

计该电话编码控制电路。

解： 1）根据题意，在任一时刻只能处理一种电话业务。若用 I_2、I_1、I_0 依次代表火警、急救和找人电话业务，设电话铃声响用 1 表示，无声用 0 表示。若同时输入两种或 3 种话务信号，则当优先级别高的信号有效时，对级别低的不予理睬，并用“x”表示，即不管级别低的信号是 1 或 0，对电路编码均不起作用。

2）列出优先编码的真值表，如表 3-12 所示。

表 3-12　例 3-8 真值表

输入变量			输出变量	
I_2	I_1	I_0	Z_1	Z_2
1	x	x	0	0
0	1	x	0	1
0	0	1	1	0

3）根据真值表写出逻辑表达式：

$$Z_1 = I_0\overline{I_1}\,\overline{I_2}，\quad Z_2 = I_1\overline{I_2}$$

4）按照逻辑表达式，画出优先编码器逻辑电路图，如图 3-21 所示。

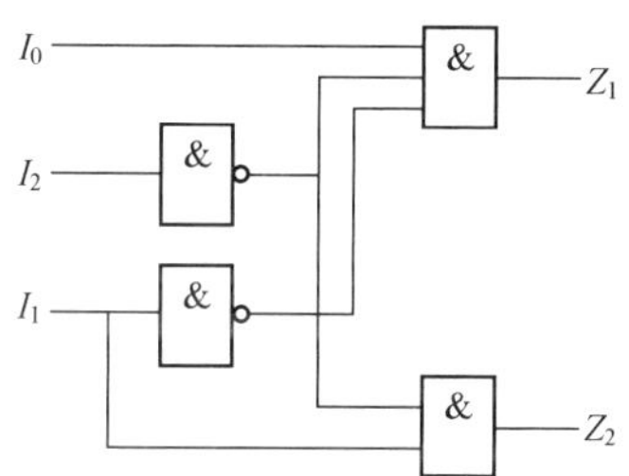

图 3-21　例 3-8 的优先编码器逻辑电路图

识图 2　编码器的识图与应用

利用 74LS148 可构成 16—4 线优先编码器，将两块 8—3 线优先编码器 74LS148 通过使能端连接，即可完成 16—4 线优先编码的功能。

图 3-22 为 8—3 线优先编码器 74LS148 的逻辑符号和外引线功能图。

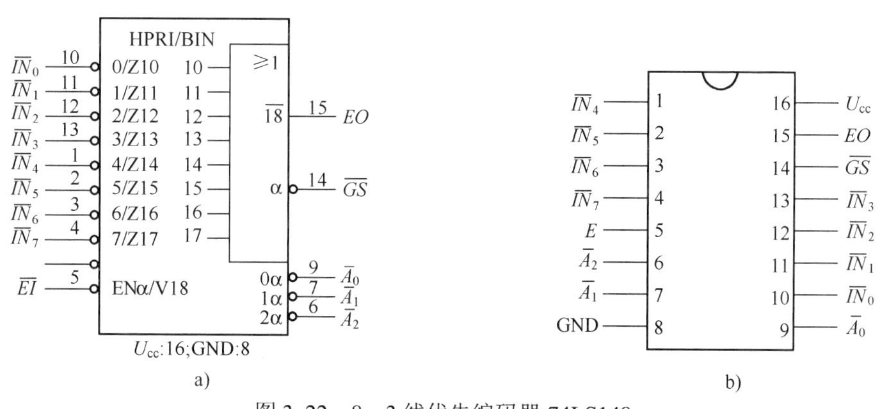

图 3-22　8—3 线优先编码器 74LS148

a）逻辑符号　b）外引线功能图

74LS148 具有 8 位输入 $\overline{IN_0}$ ~ $\overline{IN_7}$，3 位输出 $\overline{A_0}$ ~ $\overline{A_2}$。输入、输出均为低电平有效。而且电路增加了部分使能端（Enable Pin）：使能输入端 $\overline{EI}$（低电平有效）、使能输出端 EO（高电平有效）、优先标志端 $\overline{GS}$（低电平有效），起扩展电路功能的作用。该优先编码器的功能表如表 3-13 所示。

表 3-13　74LS148 优先编码器功能表

输入变量									输出变量				
$\overline{EI}$	$\overline{IN_7}$	$\overline{IN_6}$	$\overline{IN_5}$	$\overline{IN_4}$	$\overline{IN_3}$	$\overline{IN_2}$	$\overline{IN_1}$	$\overline{IN_0}$	$\overline{A_2}$	$\overline{A_1}$	$\overline{A_0}$	$\overline{GS}$	EO
1	×	×	×	×	×	×	×	×	1	1	1	1	1
0	1	1	1	1	1	1	1	1	1	1	1	1	0
0	1	1	1	1	1	1	1	0	1	1	1	0	1
0	1	1	1	1	1	1	0	×	1	1	0	0	1
0	1	1	1	1	1	0	×	×	1	0	1	0	1
0	1	1	1	1	0	×	×	×	1	0	0	0	1
0	1	1	1	0	×	×	×	×	0	1	1	0	1
0	1	1	0	×	×	×	×	×	0	1	0	0	1
0	1	0	×	×	×	×	×	×	0	0	1	0	1
0	0	×	×	×	×	×	×	×	0	0	0	0	1

利用编码器的使能端，可以方便地实现电路输入、输出端个数的扩展。设计的 16—4 线优先编码器电路如图 3-23 所示。

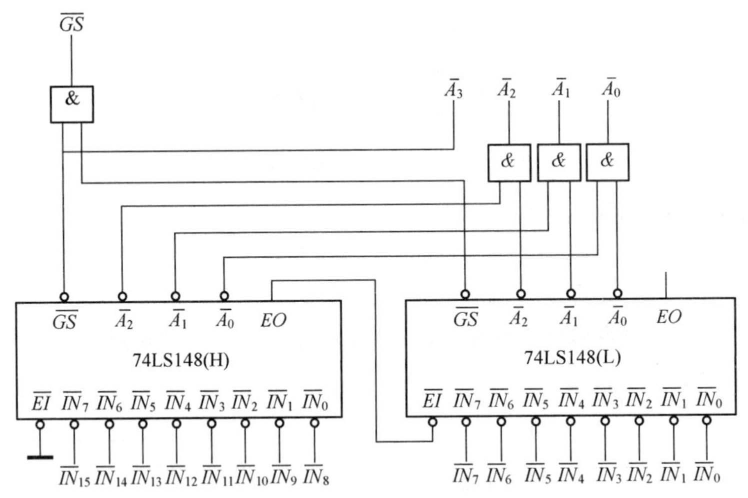

图 3-23　16—4 线优先编码器电路图

3.2.3　译码器（Decoder）

译码是将一种输入代码转换成另一种代码输出的过程。能够完成译码工作的电路称做译码器。译码是编码的逆过程，也是一种使用较多的多输入、多输出组合逻辑电路。

1．变量译码器

变量译码器是将一组二进制编码转换成相应高低电平输出信号的电路。它具有 m 个输入端，2^m 个输出端。输入信号是二进制代码，输出信号是一组对应输入的电平信号。不同的输入代码组合，分别在不同的输出端呈现有效电平。

表 3-14 所示为输入、输出均为高电平有效的 2—4 线译码器功能。

表 3-14　2—4 线译码器功能表

输入变量		输出变量			
A_1	A_0	Y_3	Y_2	Y_1	Y_0
0	0	0	0	0	1
0	1	0	0	1	0
1	0	0	1	0	0
1	1	1	0	0	0

由上表知，当输入 A_1A_0 分别取不同的值时，输出 $Y_3Y_2Y_1Y_0$ 分别处于有效状态，实现译码功能。输出的表达式如下所述。

$$Y_0 = \overline{A}_1\overline{A}_0$$

$$Y_1 = \overline{A}_1 A_0$$

$$Y_2 = A_1\overline{A}_0$$

$$Y_3 = A_1 A_0$$

实现 2—4 线译码功能的电路如图 3-24 所示。

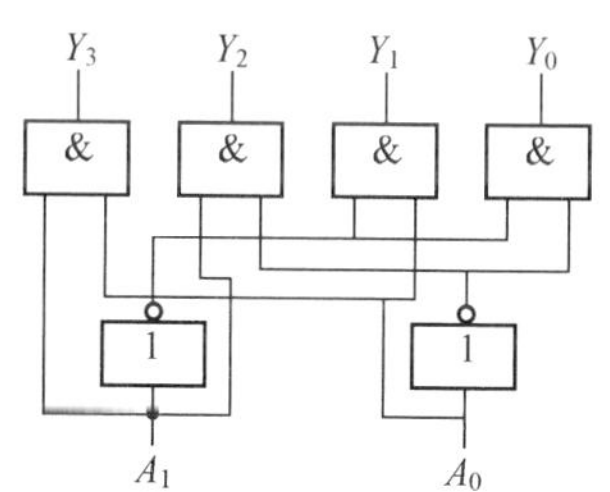

图 3-24　实现 2—4 线译码功能的电路图

图 3-25 为 3—8 线变量译码器 74LS138 逻辑符号及外引线功能图。该电路除输入、输出端以外，还增加了 3 个使能端，即 G_1，$\overline{G}_{2A}$，$\overline{G}_{2B}$，既便于电路级联，扩大输入端的个数；又通过使能端控制信号的作用，控制可能出现的冒险现象。当 $G_1 = 1$，$\overline{G}_{2A} = \overline{G}_{2B} = 0$ 时，电路处于正常的工作状态。其功能表见表 3-15。

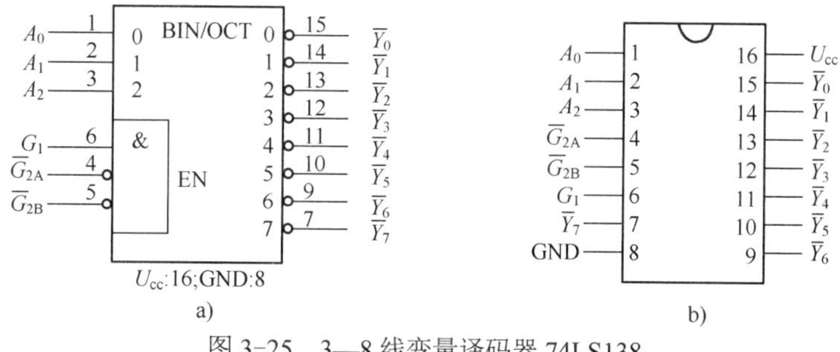

图 3-25　3—8 线变量译码器 74LS138

a) 逻辑符号　b) 外引线功能图

表 3-15　74LS138 功能表

输入变量						输出变量							
G_1	$\overline{G}_{2A}$	$\overline{G}_{2B}$	A_2	A_1	A_0	$\overline{Y}_7$	$\overline{Y}_6$	$\overline{Y}_5$	$\overline{Y}_4$	$\overline{Y}_3$	$\overline{Y}_2$	$\overline{Y}_1$	$\overline{Y}_0$
0	×	×	×	×	×	1	1	1	1	1	1	1	1
×	1	×	×	×	×	1	1	1	1	1	1	1	1
×	×	1	×	×	×	1	1	1	1	1	1	1	1
1	0	0	0	0	0	1	1	1	1	1	1	1	0
1	0	0	0	0	1	1	1	1	1	1	1	0	1
1	0	0	0	1	0	1	1	1	1	1	0	1	1
1	0	0	0	1	1	1	1	1	1	0	1	1	1
1	0	0	1	0	0	1	1	1	0	1	1	1	1
1	0	0	1	0	1	1	1	0	1	1	1	1	1
1	0	0	1	1	0	1	0	1	1	1	1	1	1
1	0	0	1	1	1	0	1	1	1	1	1	1	1

利用译码器的使能端，可以方便地实现电路功能扩展。

【例 3-9】 利用 3—8 线变量译码器 74LS138，实现 4—16 线译码功能。

解：将 74LS138 的使能端适当级联，可以方便地将 3—8 线译码器扩展来完成 4—16 线译码器的功能。设 4 位输入为 $A_3A_2A_1A_0$，16 位输出为 $\overline{Y}_{15}\sim\overline{Y}_0$。连接图如图 3-26 所示。

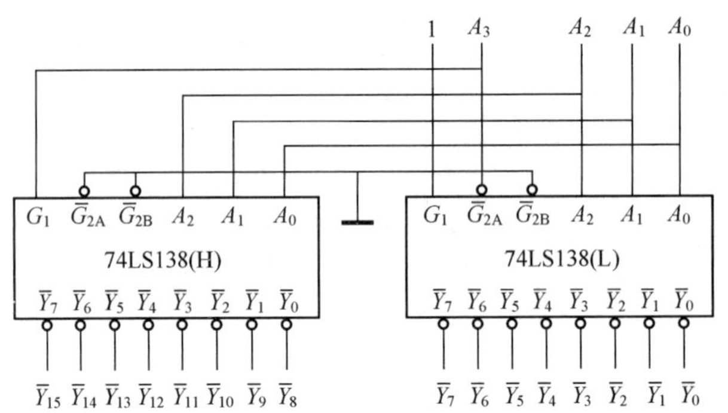

图 3-26　例 3-9 连接图

电路工作过程如下所述。

当输入 A_3=0 时，(L) 块工作，此时根据 $A_2A_1A_0$ 的取值组合，在 $\overline{Y_7}\sim\overline{Y_0}$ 中选择一路输出，完成 0000～0111 的译码工作。

当输入 A_3=1 时，(H) 块工作，此时根据 $A_2A_1A_0$ 的取值组合，在 $\overline{Y_{15}}\sim\overline{Y_8}$ 中选择一路输出，完成 1000～1111 的译码工作。

将以上两种情况综合在一起，利用两块 74LS138 级联就能够完成 4—16 线译码器的功能。

译码器除了完成正常的译码工作之外，还可以根据要求，实现逻辑函数的运算，即在使能端进行扩展后，再完成实现逻辑函数的工作。

2．码制变换译码器

码制变换译码器是将输入的 BCD 码变换成相应 10 个输出信号的电路，有时也称为 4—10 线译码器。这种译码器，具有 m=4 个输入端，n=10 个输出端，$n<2^m$，所以也称为部分译码器。

图 3-27 所示为 8421 码输入的 4—10 线译码器 74LS42，其功能表见表 3-16。

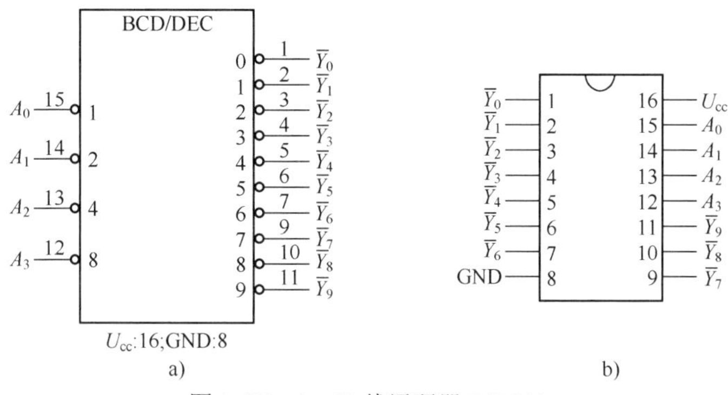

a) b)

图 3-27　4—10 线译码器 74LS42

a) 逻辑符号　b) 外引线功能图

表 3-16　74LS42 功能表

十进制数	BCD 输入				输出									
	A_3	A_2	A_1	A_0	$\overline{Y}_9$	$\overline{Y}_8$	$\overline{Y}_7$	$\overline{Y}_6$	$\overline{Y}_5$	$\overline{Y}_4$	$\overline{Y}_3$	$\overline{Y}_2$	$\overline{Y}_1$	$\overline{Y}_0$
0	0	0	0	0	1	1	1	1	1	1	1	1	1	0
1	0	0	0	1	1	1	1	1	1	1	1	1	0	1
2	0	0	1	0	1	1	1	1	1	1	1	0	1	1
3	0	0	1	1	1	1	1	1	1	1	0	1	1	1
4	0	1	0	0	1	1	1	1	1	0	1	1	1	1
5	0	1	0	1	1	1	1	1	0	1	1	1	1	1
6	0	1	1	0	1	1	1	0	1	1	1	1	1	1
7	0	1	1	1	1	1	0	1	1	1	1	1	1	1
8	1	0	0	0	1	0	1	1	1	1	1	1	1	1
9	1	0	0	1	0	1	1	1	1	1	1	1	1	1
无效数码 10	1	0	1	0	输出端全部显示为 1									
11	1	0	1	1										
12	1	1	0	0										
13	1	1	0	1										
14	1	1	1	0										
15	1	1	1	1										

根据功能表可知，当输入端出现 1010～1111 六组无效数码（也称为伪数码）时，输出端全部呈现高电平，以提醒输入无效，故该电路具有拒绝无效数码输入的功能。

若将该译码器最高输入位 A_3 看做使能端，则该译码器可作为 3—8 线译码器使用。

3. 显示译码器

在数字系统中，常常要求将译码后的结果或数据以十进制数的形式显示，以方便直接读取数据或信息，显示译码器和数码显示器件配合可以完成这项工作。能够将输入二—十进制代码以十进制（或十六进制）数形式显示所需的转换电路称为显示译码器。将二—十进制代码送至显示译码器的输入端，用显示译码器的输出驱动显示器件。

1）数码显示器件。数码显示器件有多种，用来显示数字和符号。目前使用较多的是 7 段数码显示器，简称为 7 段数码管。主要包括发光二极管（LED）数码管和液晶显示（LCD）数码管两种。

LED 数码管是利用 LED 构成显示数码的笔画来显示数字。在电压适当且电流合适时，LED 会发出可见光。通过点亮不同位置上的 LED，使其显示不同的字符形状，并将需显示的各段按 a～g 命名，如图 3-28 所示。它的特点是，具有较高亮度，工作电压较低，体积小，可靠性高，有多种颜色可供选择，应用广泛，但工作电流较大。

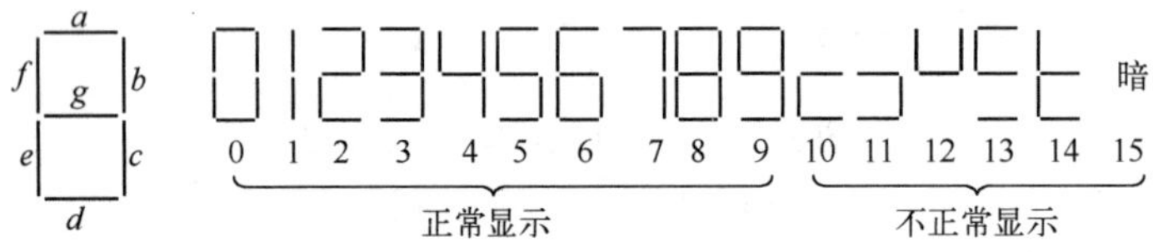

图 3-28　LED 7 段显示器

7 段显示器中的 LED 根据连接方式的不同，可分为共阴极与共阳极两种连接方式，如图 3-29 所示。

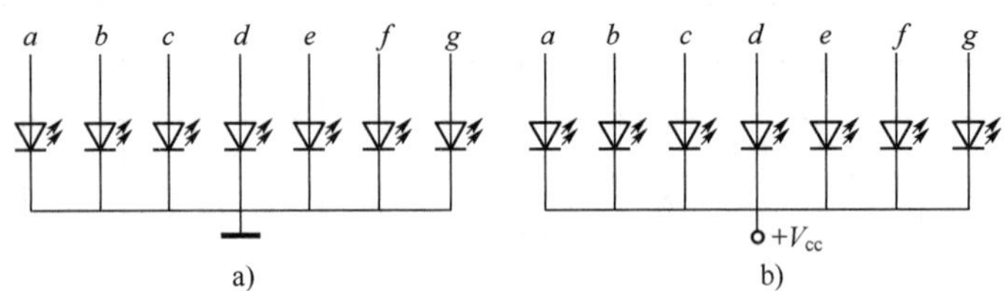

图 3-29　LED 连接方式

a) 共阴极连接　b) 共阳极连接

当共阴极连接时，译码器输出高电平驱动相应二极管发光显示；当共阳极连接时，译码器输出低电平驱动相应二极管发光显示。例如，要在共阴极连接方式下，显示数字 3，则 a、b、 c、d、g 段加高电平发光显示，其余各段加低电平熄灭。为保证电路正常工作，实际应用中应串接限流电阻。

LCD 数码管是利用液晶材料在电场作用下会吸收光线的特性来显示数码的。其特点是耗电较低，体积小，重量轻，显示清晰，但显示亮度较低。

2）数字显示译码/驱动器。数字显示译码/驱动器的主要作用是将输入的代码通过译码器转换成相应高、低电平信号，来驱动数码显示器件发光，达到正确显示的目的。

识图 3　译码器的识图与应用

利用 74LS47 与数码显示器件可配合构成具有灭 0 效果的 8 位数码显示电路。74LS47 是一种 BCD 码输入、开路输出的 4 线—7 段译码/驱动器。其外引线功能图如图 3-30 所示。

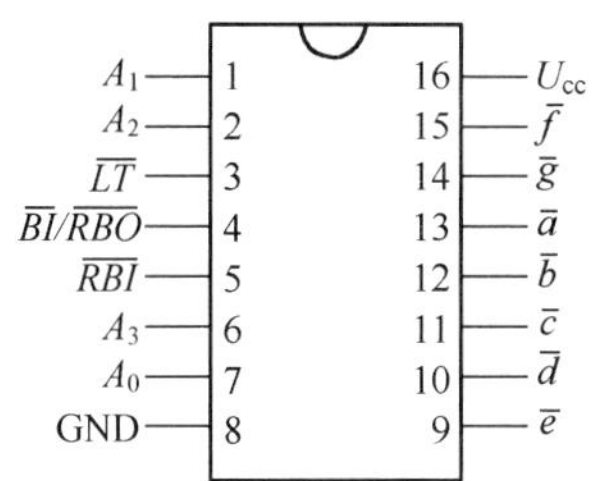

图 3-30　4 线—7 段译码/驱动器 74LS47 外引线功能图

$A_3A_2A_1A_0$ 是 74LS47 的 4 位 BCD 码输入，$\overline{a}\sim\overline{g}$ 作为 7 段输出，输出低电平有效。例如，当输入 $A_3A_2A_1A_0$=0111 时，$\overline{a}$、$\overline{b}$、$\overline{c}$ 段输出低电平，输出显示十进制数 7。74LS47 功能见表 3-17。

表 3-17　74LS47 功能表

十进制数	输入						$\overline{BI}/\overline{RBO}$	输出						
	$\overline{LT}$	$\overline{RBI}$	A_3	A_2	A_1	A_0		$\overline{a}$	$\overline{b}$	$\overline{c}$	$\overline{d}$	$\overline{e}$	$\overline{f}$	$\overline{g}$
0	1	1	0	0	0	0	1	0	0	0	0	0	0	1
1	1	×	0	0	0	1	1	1	0	0	1	1	1	1
2	1	×	0	0	1	0	1	0	0	1	0	0	1	0
3	1	×	0	0	1	1	1	0	0	0	0	1	1	0
4	1	×	0	1	0	0	1	1	0	0	1	1	0	0
5	1	×	0	1	0	1	1	0	1	0	0	1	0	0
6	1	×	0	1	1	0	1	1	1	0	0	0	0	0
7	1	×	0	1	1	1	1	0	0	0	1	1	1	1
8	1	×	1	0	0	0	1	0	0	0	0	0	0	0
9	1	×	1	0	0	1	1	0	0	0	1	1	0	0
10	1	×	1	0	1	0	1	1	1	1	0	0	1	0
11	1	×	1	0	1	1	1	1	1	0	0	1	1	0
12	1	×	1	1	0	0	1	1	0	1	1	1	0	0
13	1	×	1	1	0	1	1	0	1	1	0	1	0	0
14	1	×	1	1	1	0	1	1	1	1	0	0	0	0
15	1	×	1	1	1	1	1	1	1	1	1	1	1	1

为了确保数码显示器件的正确工作，在 74LS47 中增加了 $\overline{LT}$、$\overline{RBI}$ 和 $\overline{BI}/\overline{RBO}$ 等功能扩展端。

$\overline{LT}$ 端是测试灯输入端。其作用是检查数码管 7 段显示是否都能够正常发光。当 $\overline{LT}$=0、$\overline{BI}$=1 时，7 段显示部件全部点亮，显示“日”字。在译码器正常工作时，应使 $\overline{LT}$=1。

$\overline{RBI}$ 端是动态灭灯输入端。其作用是将数码管显示的、不用的零熄灭掉。当 $\overline{LT}$=1、$\overline{RBI}$=0、$A_3A_2A_1A_0$=0000 时，$\overline{a}\sim\overline{g}$ 均为 1，数码管不显示，且 $\overline{RBO}$=0。

$\overline{BI}$ 端是灭灯输入端。当 $\overline{BI}$=0 时，不管输入如何，$\overline{a}\sim\overline{g}$ 均为 1，数码管不显示。该功能端优先级别最高。

$\overline{RBO}$ 端是动态灭灯输出端。起控制低位灭零信号的作用。若 $\overline{RBO}$=1，则说明本位处于显示状态；若 $\overline{RBO}$=0，且低位为零，则低位零被熄灭。它与 $\overline{BI}$ 组成线与关系。

图 3-31 所示为利用 74LS47 与数码显示器件配合构成的具有灭 0 效果的 8 位数码显示电路。

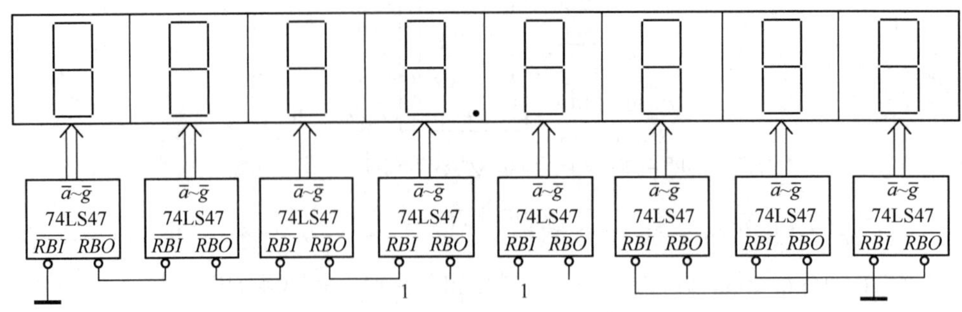

图 3-31　8 位数码显示电路图

图 3-31 所示电路共可以显示 4 位整数与 4 位小数。整数最高位和小数最低位的 $\overline{RBI}$ 接低电平，$\overline{RBO}$ 接相邻芯片的 $\overline{RBI}$。当它们接收数字“0”时，不会显示，且通过 $\overline{RBO}$ 向相邻 $\overline{RBI}$ 送入 0。若相邻位也接收“0”，则也不会显示。当 8 位输入均接收“0”时，才正常显示“0.0”。

3.2.4　数据选择器与数据分配器

1．数据选择器（Data Selector）

数据选择器是从多路输入数据中选择一路送至输出端的数字器件，是一种多输入、单输出的组合逻辑电路，也称为多路选择器或多路开关。它可以完成由输入并行数据到输出串行数据的转换。可以用一个单刀多掷开关形象描述它。常见数据选择器包括 2 选 1、4 选 1、8 选 1、16 选 1 等。

（1）4 选 1 数据选择器

图 3-32 所示为双 4 选 1 数据选择器 74LS153 逻辑符号及外引线功能图，其作用相当于两个单刀四掷开关，示意图如图 3-32c 所示。

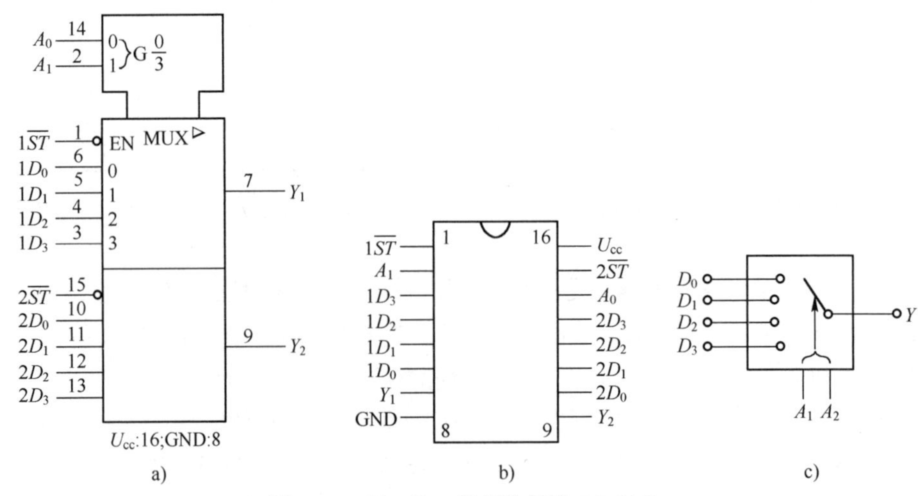

图 3-32　双 4 选 1 数据选择器 74LS153

a) 逻辑符号　b) 外引线功能图　c) 示意图

图中，D_0～D_3 为数据输入端，其个数称为通道数；Y 为数据输出端；$\overline{ST}$ 为选通输入端，该信号的状态决定电路的工作状态：当 $\overline{ST}$ =0 时，电路正常工作，输出被选中数据。A_1A_0 为地址输入端，根据 A_1A_0 的组合，从输入中选中一路数据进行传送输出，74LS153 中的两个数据选择器共用一组地址输入端。地址输入端的个数 m 与通道数 n 应满足 $n=2^m$。其功能表如表 3-18 所示。

表 3-18　74LS153 功能表

输入变量							输出变量
$\overline{ST}$	A_1	A_0	D_3	D_2	D_1	D_0	Y
1	×	×	×	×	×	×	0
0	0	0	×	×	×	0	0
0	0	0	×	×	×	1	1
0	0	1	×	×	0	×	0
0	0	1	×	×	1	×	1
0	1	0	×	0	×	×	0
0	1	0	×	1	×	×	1
0	1	1	0	×	×	×	0
0	1	1	1	×	×	×	1

根据功能表，可以得到

$$Y = \overline{\overline{ST}}(\overline{A_1}\ \overline{A_0}D_0 + \overline{A_1}A_0D_1 + A_1\overline{A_0}D_2 + A_1A_0D_3)$$

即在选中该数据选择器的情况下，当地址 A_1A_0 分别取 00、01、10、11 时，输出 Y 分别选中 D_0、D_1、D_2、D_3 进行传送。

（2）数据选择器的应用

主要包括以下方面的应用。

1）通道数扩展。当数据选择器的输入端个数不足时，利用选通端可以进行通道数的扩展，以满足输入数据的要求。图 3-33 所示为利用 74LS153 完成 8 选 1 功能，以进行数据选择器通道数的扩展。

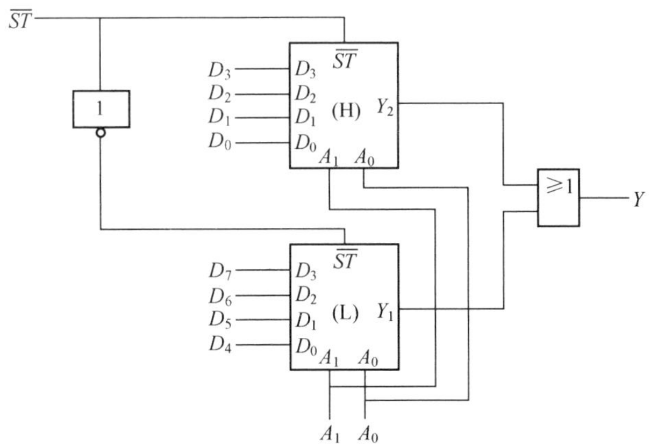

图 3-33　数据选择器通道数的扩展

当 $\overline{ST}$ =0 时，数据选择器（H）工作，根据地址输入 A_1A_0 的取值，从输入 D_4～D_7 中选择一路输出；当 $\overline{ST}$ =1 时，数据选择器（L）工作，根据地址输入 A_1A_0 的取值，从输入 D_0～

D_3 中选择一路输出。依靠这种方法完成 8 选 1 的功能。

图 3-34 是利用 5 块 4 选 1 数据选择器，完成 16 选 1 的工作。采用分级选择的办法如下：首先从 4 块 4 选 1 数据选择器中各选择一路输出；然后对选出的 4 路数据再进行 4 选 1，最终确定一路作为整个电路的输出。

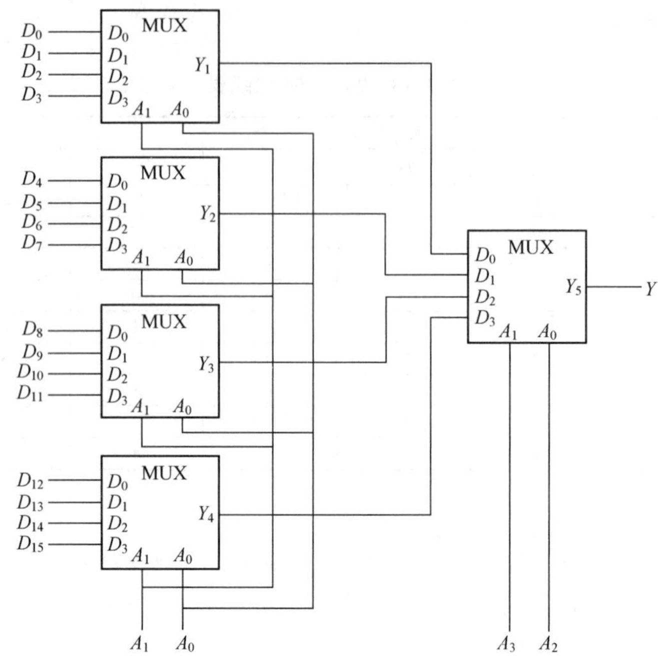

图 3-34 4 选 1 构成 16 选 1 数据选择器

2）实现逻辑函数。由数据选择器输出函数表达式可知，表达式中包含地址变量的所有最小项，可以通过数据输入端控制输出函数中所包含的最小项。它的这种特性可以被用来实现逻辑函数。若数据选择器地址输入端个数为 n，则该数据选择器能够实现含有 n+1 个变量的逻辑函数。其中 n 个变量作为数据选择器地址的输入端变量，一个变量从数据输入端、作为输入数据以原变量或反变量的形式输入。

【例 3-10】 8 选 1 数据选择器 74LS151 逻辑符号、外引线功能图及功能简表分别如图 3-35 和表 3-19 所示。利用它实现逻辑函数 $F(A,B,C,D)=\sum m(0,1,5,6,8,9,11,13,14)$。

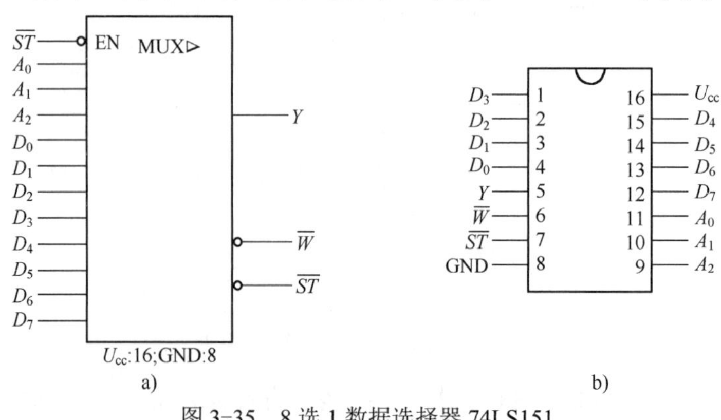

图 3-35 8 选 1 数据选择器 74LS151

a) 逻辑符号 b) 外引线功能图

表 3-19　74LS151 功能简表

输入变量				输出变量	
$\overline{ST}$	A_2	A_1	A_0	Y	$\overline{W}$
1	×	×	×	0	1
0	0	0	0	D_0	$\overline{D}_0$
0	0	0	1	D_1	$\overline{D}_1$
0	0	1	0	D_2	$\overline{D}_2$
0	0	1	1	D_3	$\overline{D}_3$
0	1	0	0	D_4	$\overline{D}_4$
0	1	0	1	D_5	$\overline{D}_5$
0	1	1	0	D_6	$\overline{D}_6$
0	1	1	1	D_7	$\overline{D}_7$

解：$F(A,B,C,D)=\sum m(0,1,5,6,8,9,11,13,14)$

$$=\overline{A}\ \overline{B}\ \overline{C}\ \overline{D}+\overline{A}\ \overline{B}\ \overline{C}D+\overline{A}B\overline{C}D+\overline{A}BC\overline{D}+A\overline{B}\ \overline{C}\ \overline{D}+A\overline{B}\ \overline{C}D+A\overline{B}CD+AB\overline{C}D+ABC\overline{D}$$

该函数含有 4 个输入变量，将其中的 3 个作为数据选择器地址输入变量，另一个作为数据输入变量。选择 A、B、C 作为地址输入变量，D 作为数据输入变量，将数据选择器的输出记为 Y。

$$Y=\overline{A}\ \overline{B}\ \overline{C}D_0+\overline{A}\ \overline{B}CD_1+\overline{A}B\overline{C}D_2+\overline{A}BCD_3+A\overline{B}\ \overline{C}D_4+A\overline{B}CD_5+AB\overline{C}D_6+ABCD_7$$

将函数 F 整理

$$F=\overline{A}\ \overline{B}\ \overline{C}\ \overline{D}+\overline{A}\ \overline{B}\ \overline{C}D+\overline{A}B\overline{C}D+\overline{A}BC\overline{D}+A\overline{B}\ \overline{C}\ \overline{D}+A\overline{B}\ \overline{C}D+A\overline{B}CD+AB\overline{C}D+ABC\overline{D}$$

$$=\overline{A}\ \overline{B}\ \overline{C}(\overline{D}+D)+\overline{A}B\overline{C}D+\overline{A}BC\overline{D}+A\overline{B}\ \overline{C}(\overline{D}+D)+A\overline{B}CD+AB\overline{C}D+ABC\overline{D}$$

F 与 Y 比较，可得

$$D_0=1,\ D_1=0,\ D_2=D,\ D_3=\overline{D},\ D_4=1,\ D_5=D,\ D_6=1,\ D_7=\overline{D}$$

将 D_0～D_7 加至数据输入端，在变量 A、B、C 的控制下，可实现逻辑函数 F，其连接图如图 3-36 所示。

【例 3-11】 利用 74LS151 实现逻辑函数 $F=A\overline{B}+\overline{A}C+B\overline{C}$。

解：该函数共含有 3 个输入变量，可以用 4 选 1 数据选择器实现。现利用 8 选 1 数据选择器 74LS151 实现它。

$$F=A\overline{B}+\overline{A}C+B\overline{C}=A\overline{B}(C+\overline{C})+\overline{A}C(B+\overline{B})+B\overline{C}(A+\overline{A})$$

$$=\overline{A}\ \overline{B}C+\overline{A}B\overline{C}+\overline{A}BC+A\overline{B}\ \overline{C}+A\overline{B}C+AB\overline{C}$$

将 3 个输入逻辑变量 A、B、C 全部作为数据选择器的地址输入变量，可得

$$D_0=0,\ D_1=D_2=D_3=D_4=D_5=D_6=1,\ D_7=0$$

连接图如图 3-37 所示。

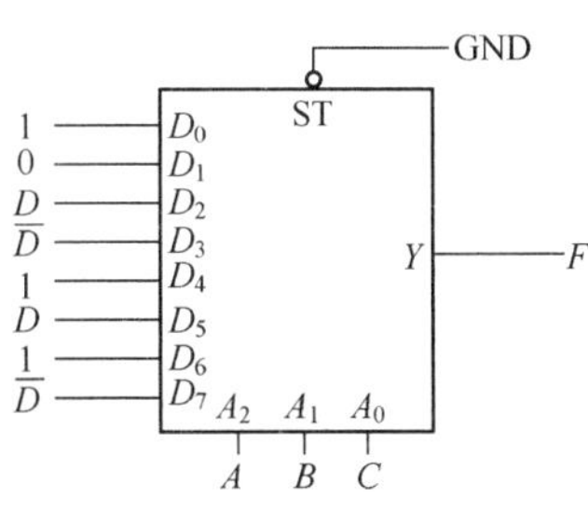

图 3-36　例 3-12 连接图

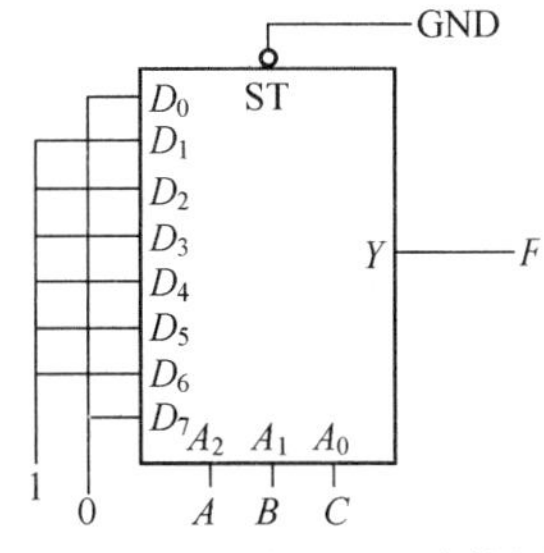

图 3-37　例 3-11 连接图

如果将输入逻辑变量 A、B 作为地址输入变量，C 作为数据输入变量，那么用 8 选 1 数据选择器如何实现该函数？

2．数据分配器（Demnltiplexer）

数据分配器是能够将一个输入数据传送至若干个输出端中任何一个的逻辑电路。它将一路输入变为多路输出，故也称为多路解调器。它可以将串行数据输入变为并行数据输出。图 3-38 所示为 4 路数据分配器 74LS139（输入、输出均为低电平有效）。表 3-20 所示是其功能表。

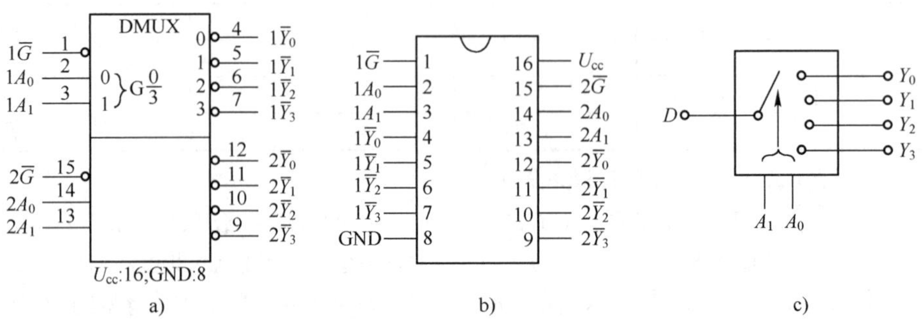

图 3-38　4 路数据分配器 74LS139

表 3-20　74LS139 功能表

输入变量			输出变量			
$\overline{G}$（D）	A_1	A_0	$\overline{Y_3}$	$\overline{Y_2}$	$\overline{Y_1}$	$\overline{Y_0}$
1	×	×	1	1	1	1
D	0	0	1	1	1	D
D	0	1	1	1	D	1
D	1	0	1	D	1	1
D	1	1	D	1	1	1

74LS139 是双 4 路数据分配器，它根据地址输入端 A_1A_0 的取值组合，选中 $\overline{Y}_0$～$\overline{Y}_3$ 中的一路输出。如果将 A_1A_0 作为输入端，G 作为使能端，该器件就是一个 2—4 线译码器。所以，任何带使能端的全译码器（区别于部分译码器）均可以用做数据分配器。若将前面介绍的 3—8 线译码器 74LS138 用做数据分配器，其变量输入端 A_2、A_1、A_0 与使能输入端 G_1、$\overline{G}_{2A}$、$\overline{G}_{2B}$ 应如何处理？

3.3　组合逻辑电路的竞争冒险现象

上述对组合逻辑电路的介绍，是从抽象的逻辑角度进行分析与设计的，未考虑实际电路中存在的信号传输延迟与信号高低电平变化对电路逻辑功能可能产生的影响。而这些可能产生的影响，在一些情况下，会使电路输出端产生错误信号，导致电路工作混乱。

1．竞争冒险的产生

对于图 3-39 所示的组合逻辑电路，在正常情况下输出 $F=A+\overline{A}=1$。设每个门的传输

延迟时间均为 t_{pd}，在 t_1 时刻，输入信号 A 由 0→1，由于门 G_1 的传输延迟，$\overline{A}$ 需要延迟 t_{pd} 才能变为 0。但这一延迟时间并不会导致输出出现错误。而在 t_2 时刻，输入信号 A 由 1→0，$\overline{A}$ 也需要延迟 t_{pd} 才能变为 1。这样，在 t_2+t_{pd} 这段时间内，$A=\overline{A}=0$。导致在$(t_2+t_{pd})\sim(t_2+2t_{pd})$ 这段时间内，输出 F 为 0，出现了不该出现的低电平（即负窄脉冲）。这种现象称为 0 型冒险，如图 3-39 所示。

同样，在图 3-40 中，电路输出应恒为低电平，由于传输延迟时间的影响，也会导致输出信号 F 在短暂时间内出现了错误的高电平（即正窄脉冲），这种现象称为 1 型冒险，如图 3-40 所示。

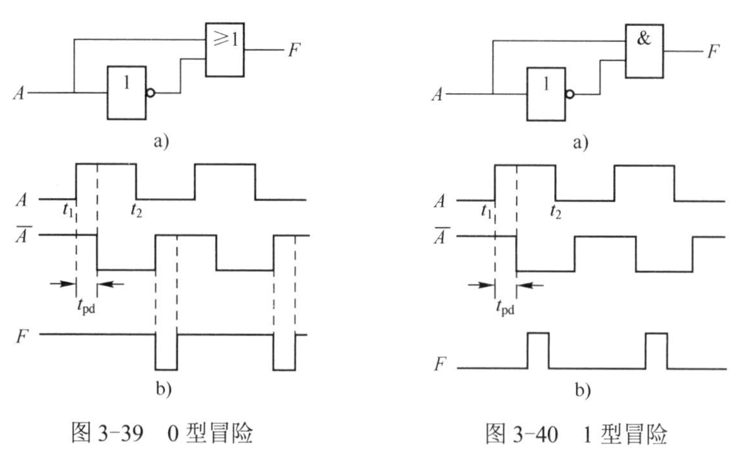

图 3-39　0 型冒险　　图 3-40　1 型冒险

在图 3-41 所示电路中，输出 $F=AB$，当输入 A、B 同时变化时（例如 A 由 0→1，B 由 1→0），若不考虑信号变化的时间差异，则 F 恒为 0；若信号变化不同步（例如 A 的变化早于 B），则会导致输出 F 出现错误变化，这也是冒险。

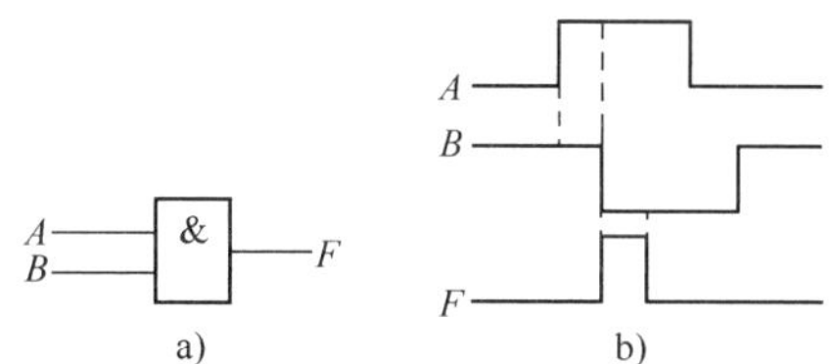

图 3-41　多输入同时变化产生冒险

在组合逻辑电路中，信号传递的传输延迟时间或信号状态变化的不一致，导致信号的变化出现快慢的差异，这种现象称为竞争（Race）。竞争的结果是使输出信号可能发生错误，这种现象称为冒险（Hazard）。出现的短暂错误电平信号，称为毛刺（Glitch）。

2．竞争冒险的判断

两个互补的信号作用于一个门电路或两个输入信号同时发生变化，均存在竞争冒险的可能性。正确判断竞争冒险现象对电路的安全工作非常重要。可以使用卡诺图判断法来判断一个逻辑函数是否存在竞争冒险现象。具体判断方法如下所述。

根据已知的逻辑函数，做出其卡诺图，若卡诺图中填 1 的方格所形成的卡诺圈中，存在两个或两个以上相切的卡诺圈，则存在竞争冒险的可能性。

【例 3-12】 利用卡诺图判断法判断函数 F 是否存在竞争冒险。

$$F = A\overline{B}C + AB\overline{C} + \overline{A}D$$

解： 做出函数 F 的卡诺图，如图 3-42 所示。由图可知，各有两个卡诺圈相切，即当 $BCD = 101$ 和 $BCD = 011$ 时，函数形式变化为 $F = A + \overline{A}$，出现 0 型冒险。

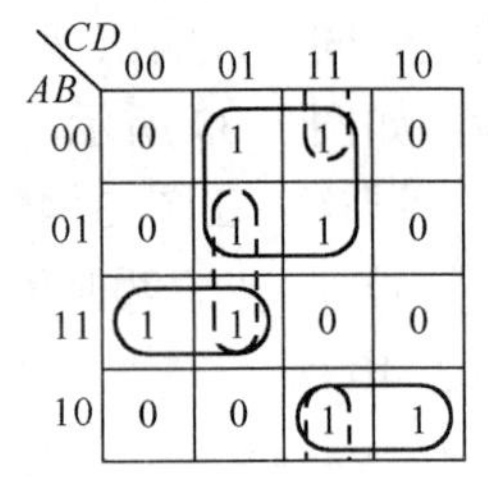

图 3-42 例 3-12 卡诺图

3. 竞争冒险的消除

常用消除竞争冒险的方法如下。

1）增加取样脉冲，消除竞争冒险。当输入信号的状态发生变化时，存在出现竞争冒险的可能性。为此，在输入信号处于稳态时，增加取样脉冲，以保证电路输出结果的正确性。在未加取样脉冲期间，输出端被封锁，输出信号无效。加取样脉冲消除冒险示意图如图 3-43 所示。

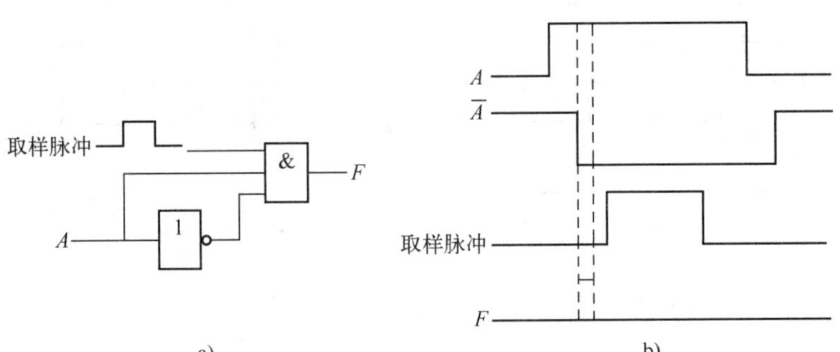

图 3-43 加取样脉冲消除冒险示意图

2）加封锁脉冲。当输入信号发生变化可能导致输出出现竞争冒险时，可在门电路的输入端加一封锁脉冲，将该门电路封锁，从而消除出现冒险的可能性。

3）在输出端加滤波电容。若电路负载具有一定抗冲击能力，则对由于竞争冒险现象而在电路输出端产生的窄脉冲，可采取在电路输出端并联一小电容的办法，将窄脉冲滤掉。

4）修改逻辑设计，增加冗余项。冗余项是逻辑函数表达式中对函数逻辑功能没有影响的逻辑项。利用化简方法，可以将其从表达式中化简掉。

【例 3-13】 已知函数 $F = AB + \overline{A}C$，判断它是否存在竞争冒险；若存在，则消除。

解： 做出函数 F 的卡诺图，如图 3-44 所示。

由卡诺图可知，函数存在一个相切的卡诺圈。当 BC=11 时，函数形式变化为 $F = A + \overline{A}$，存在 0 型冒险。

消除的办法是增加一项冗余项 BC，使原函数变为

$$F = AB + \overline{A}C + BC$$

从而避免了 0 型冒险的出现。

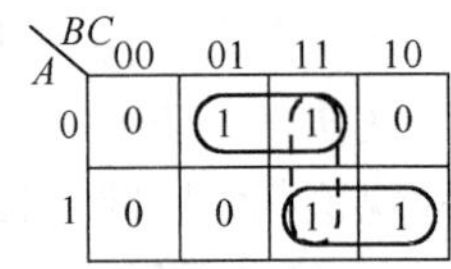

图 3-44 例 3-13 卡诺图

3.4 本章小结

学习组合逻辑电路的基本要求如表 3-21 所示。

表 3-21　学习组合逻辑电路的基本要求表

主要知识点		基本要求			重点难点
		熟练掌握	正确理解	一般了解	
组合逻辑电路的概念及特点			√		1. 组合逻辑电路的分析设计方法，特别是实际问题的逻辑抽象 2. 常见组合逻辑电路的功能及应用，特别是功能端的应用
组合逻辑电路的分析、设计方法		√			
常见组合逻辑电路	加法器	√			
	编码器	√			
	译码器	√			
	数据选择器	√			
	数据分配器	√			
竞争冒险现象				√	

3.5　习题

1．电路如图 3-45 所示。试写出逻辑函数表达式。（可不化简）

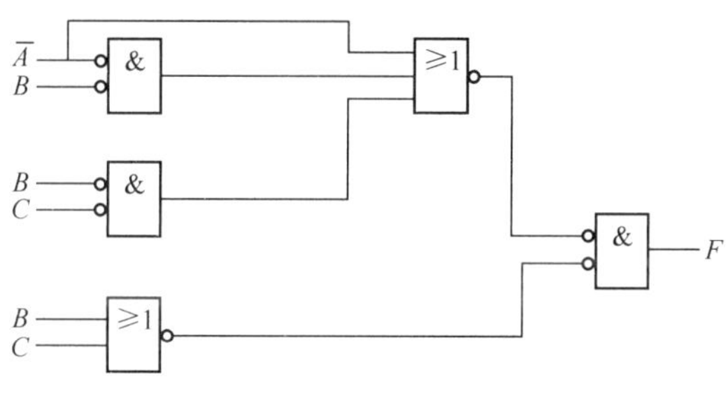

图 3-45　题 1 图

2．图 3-46 所示为可控函数发生器，其中 C_1、C_2 为控制端，A、B 为输入变量，F 为输出变量。C_1、C_2 的取值如表 3-22 所示。试求 F 和 A、B 间的逻辑关系。

表 3-22　题 2 表

C_1	C_2	$F=f(A,B)$
0	0	
0	1	
1	0	
1	1	

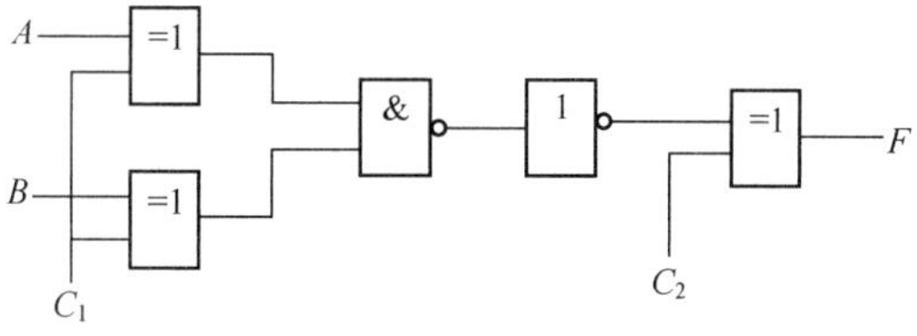

图 3-46　题 2 图

3．分析图 3-47 所示电路的逻辑功能。

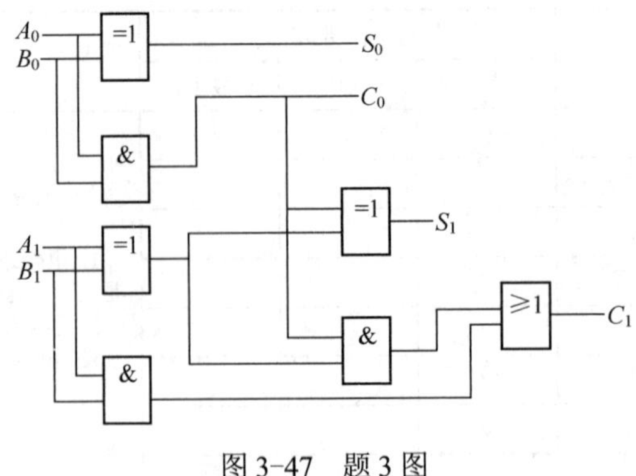

图 3-47　题 3 图

4．分析图 3-48 所示电路的逻辑功能，写出输出函数表达式，并说明电路的逻辑功能。

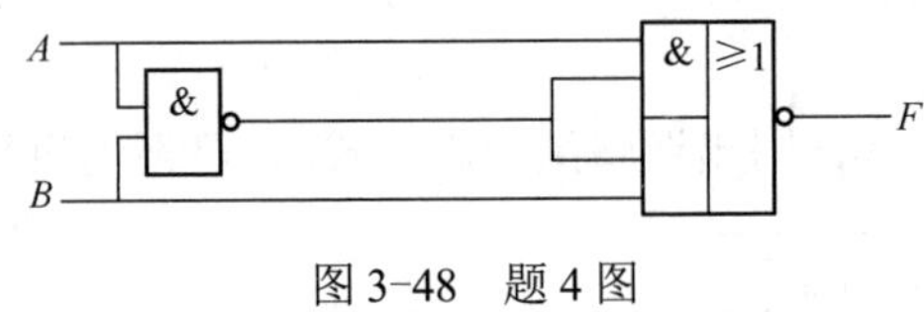

图 3-48　题 4 图

5．与非门组成的组合逻辑电路如图 3-49 所示。

（1）写出函数 Y 的逻辑表达式。

（2）将函数 Y 化为最简与或表达式。

（3）试用与非门画出其简化后的电路。

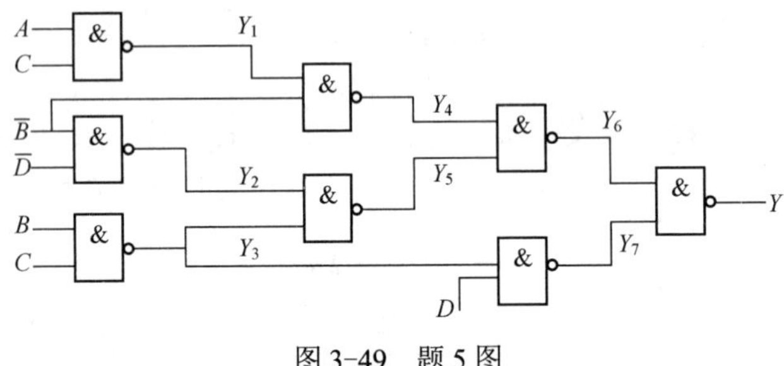

图 3-49　题 5 图

6．组合逻辑电路如图 3-50 所示。试问当输出变量 XYZ 为何种组合时，输出函数 F_1 和 F_2 相等？

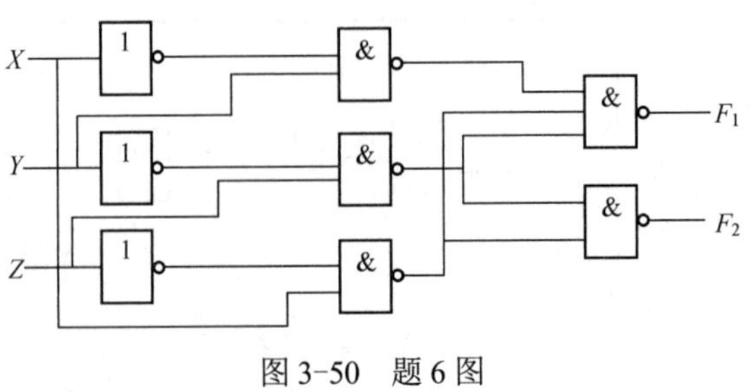

图 3-50　题 6 图

7．电路如图 3-51 所示。电路要求如下所述。

（1）当变量 A_1A_0 表示的二进制数 $\geqslant B_1B_0$ 表示的二进制数时，函数 F_1=1；否则为 0。

（2）当变量 A_1、A_0 的逻辑与非 $\overline{A_1A_0}$ 和变量 B_1、B_0 的逻辑异或（$B_1\oplus B_0$）相等时，函数 F_2 为高电平；否则为 0。

（3）试设计此电路。

8．试设计一个 4 输入 4 输出的逻辑电路。当控制信号 C=0 时，输出状态与输入状态相反；当 C=1 时，输出状态与输入状态相同。

9．用与非门设计一个“三变量不一致电路”，假定输入信号只有原变量。

10．设计一个含 3 台设备工作的故障显示器。要求如下所述。当 3 台设备都正常工作时，绿灯亮；仅一台设备发生故障时，黄灯亮；两台或两台以上设备同时发生故障时，红灯亮。

11．试设计一个燃油锅炉自动报警器。要求燃油喷嘴在开启状态下（如锅炉水温或压力过高）发出报警信号。要求用与非门实现。

12．3 线排队的组合电路如图 3-52 所示。A、B、C 为分别为 3 路输入信号，F_1、F_2、F_3 为其对应的输出。电路在同一时间只允许通过一路信号，且优先的顺序为 A、B、C，试用与非门组成 3 线排队电路，写出逻辑表达式。

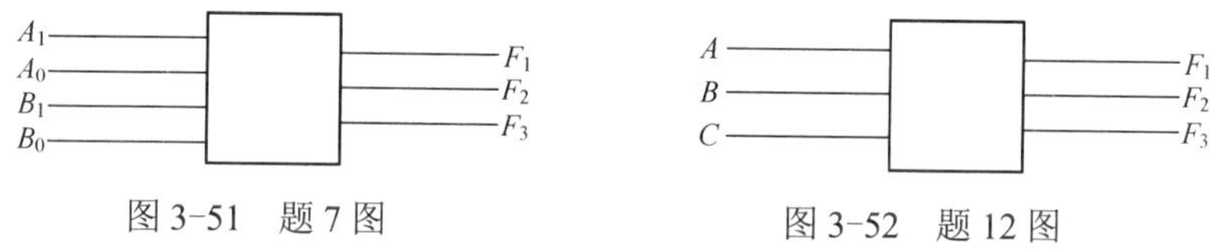

图 3-51　题 7 图　　图 3-52　题 12 图

13．已知下列函数，当用最少数目的与非门实现其功能时，分析电路是否存在竞争冒险现象？在什么时刻可能出现冒险现象？试用增加冗余项的方法消除冒险（写出其表达式即可）。

（1）$F_1(ABCD)=\sum m(2,3,5,7,8,10,13)$

（2）$F_2(ABCD)=\sum m(0,1,2,4,5,9,10,11)$

14．试写出图 3-53 所示电路输出 F 的最小项形式。

15．试写出图 3-54 所示电路输出 F 的逻辑表达式。

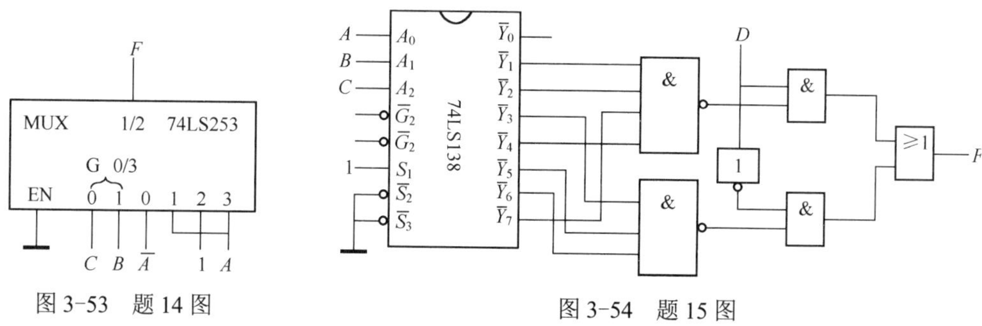

图 3-53　题 14 图　　图 3-54　题 15 图

16．已知逻辑函数 $F(A,B,C,D)=\sum m(1,3,7,8,9,15)$，判断该函数是否存在竞争冒险现象？增加哪些冗余项可以消除冒险现象？

第4章 触 发 器

【内容提要】

本章介绍数字电路的另一种基本逻辑单元——双稳态触发器。介绍常见触发器的电路结构、逻辑功能、描述方法以及各种触发器之间逻辑功能的相互转换。

4.1 触发器（Flip-Flop）概述

在各种复杂的数字电路中，不但需要对二进制代码进行算术运算，而且需要将这些信号及运算结果保存起来。为此，需要使用具有记忆功能的逻辑单元。能够存储二进制信息的基本逻辑单元电路称为触发器（Flip-Flop，FF）。它与逻辑门电路一起，构成数字系统的基本逻辑单元电路。

触发器具有如下基本特性。

1）具有两个稳定状态，分别表示二值逻辑（或二进制数）0、1。

2）具有触发翻转特性，在输入信号的作用下，两个稳定状态之间可以相互转换。

3）现有稳定状态将保持到下一个有效输入信号到来时，才有发生变化的可能。

触发器和门电路是构成数字电路的基本单元。触发器有记忆功能，由它构成的电路在某时刻的输出不仅取决于该时刻的输入，而且与电路原来状态有关。而门电路无记忆功能，由它构成的电路在某时刻的输出完全取决于该时刻的输入，与电路原来状态无关。

触发器由门电路构成，它有一个或多个输入端，两个互补输出端（分别用 Q 和 $\overline{Q}$ 表示）。通常用 Q 端的状态表示整个触发器的状态。当输出 Q=1、$\overline{Q}$=0 时，称触发器处于 1 态，记为 Q=1；当输出 Q=0、$\overline{Q}$=1 时，称触发器处于 0 态，记为 Q=0。同时这两种状态与二进制数 1 和 0 相对应。数字电路中二进制数的存储和记忆都是通过触发器实现的。

触发器种类很多，根据逻辑功能的不同可分为 RS 触发器、D 触发器、JK 触发器、T 触发器和 T′触发器等。根据电路结构和动作特点的不同可分为基本 RS 触发器、钟控触发器、主从触发器和边沿触发器等。此外，根据触发器存储数据原理的不同，还可将其分为静态触发器和动态触发器。

4.2 基本 RS 触发器

基本 RS 触发器是结构最简单的触发器，也称为 RS 锁存器或直接复位一置位触发器。它可以由与非门或者或非门交叉连接构成。图 4-1 所示为由与非门组成的基本 RS 触发器。

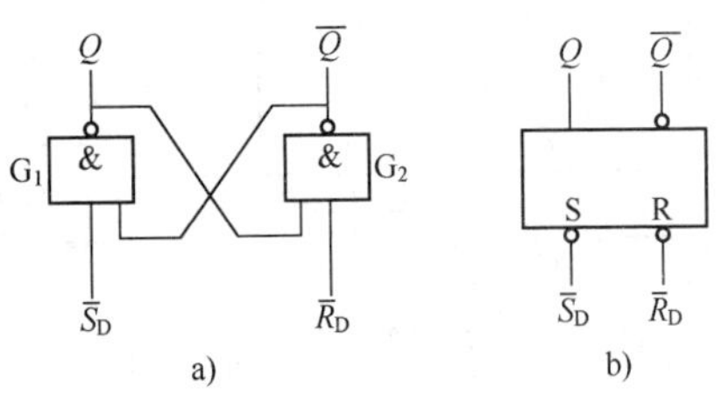

图 4-1 由与非门组成的基本 RS 触发器
a) 电路 b) 逻辑符号

1．工作过程简介

1）$\begin{cases}\overline{R}_D=0\\ \overline{S}_D=1\end{cases}\Rightarrow Q=0,\ \overline{Q}=1$。触发器置 0。将输入端 $\overline{R}_D$ 称为置 0 端，也叫做复位端（Reset）。

2）$\begin{cases}\overline{R}_D=1\\ \overline{S}_D=0\end{cases}\Rightarrow Q=1,\ \overline{Q}=0$。触发器置 1。将输入端 $\overline{S}_D$ 称为置 1 端，也叫做置位端（Set）。

3）$\begin{cases}\overline{R}_D=1\\ \overline{S}_D=1\end{cases}\Rightarrow\begin{cases}\text{若}Q\text{原为0态，则继续保持0态；}\\ \text{若}Q\text{原为1态，则继续保持1态；}\end{cases}\Rightarrow$ 触发器保持原状态不变。由于基本 RS 触发器的两个输入端均为低电平有效，即此时无有效的输入信号，所以触发器保持原状态不变。

4）$\begin{cases}\overline{R}_D=0\\ \overline{S}_D=0\end{cases}\Rightarrow$ 非正常工作状态，此时触发器状态不定。触发器的逻辑输出是 $Q=\overline{Q}=1$，但由于触发器是两个互补输出，所以这种情况既不是 1 状态，也不是 0 状态。若输入信号 $\overline{R}_D$ 和 $\overline{S}_D$ 同时由 0 变为 1 时，由于 G_1 和 G_2 电气性能的差异，则电路的输出状态也无法预知，既可能是 0 状态，也可能是 1 状态，所以，称触发器此时状态不定。这种情况是不允许出现的。

2．触发器逻辑功能描述

将触发器接收输入信号之前的状态称为触发器的现态，用 Q^n 表示；触发器接收输入信号之后的状态称为触发器的次态，用 Q^{n+1} 表示。现态和次态是两个相邻离散时间里触发器输出端的状态，描述触发器的逻辑功能就是要找出触发器次态与现态及输入信号之间的关系。

触发器的逻辑功能可以使用以下 5 种方法来描述，即特性表、特性方程（Characteristic Equation）、状态转换图（State Diagram）、驱动表和波形图（也称为时序图 Wave Form）。经常使用的描述方法如下所述。

1）特性表。表示触发器的次态 Q^{n+1} 与现态 Q^n 及输入信号之间关系的真值表，称为特性表，也叫做状态转换真值表（State Table）。基本 RS 触发器特性见表 4-1。

表 4-1　基本 RS 触发器特性表

输入变量		触发器状态变化		说明
$\overline{R}_D$	$\overline{S}_D$	Q^n	Q^{n+1}	
0	0	0	×	触发器状态不定
0	0	1	×	
0	1	0	0	触发器置 0
0	1	1	0	
1	0	0	1	触发器置 1
1	0	1	1	
1	1	0	0	触发器保持原状态不变
1	1	1	1	

2）特性方程。表示触发器的次态 Q^{n+1} 与现态 Q^n 及输入信号之间关系的逻辑表达式，称

为触发器的特性方程，也称为特征方程或次态（状态）方程。

根据表 4-1 可画出基本 RS 触发器 Q^{n+1} 的卡诺图，如图 4-2 所示。得到基本 RS 触发器的特性方程为

$$\begin{cases} Q^{n+1} = \overline{S}_D + \overline{R}_D Q^n \\ \overline{S}_D + \overline{R}_D = 1 \end{cases}$$

在上式中，$\overline{S}_D + \overline{R}_D = 1$ 是使用基本 RS 触发器的约束条件，即正常使用时 $\overline{R}_D$、$\overline{S}_D$ 不能同时为 0。

3）状态转换图。触发器的逻辑功能还可以用状态转换图描述。它表示当触发器状态发生变化时对输入信号的要求。图 4-3 是根据表 4-1 画出的基本 RS 触发器的状态转换图。

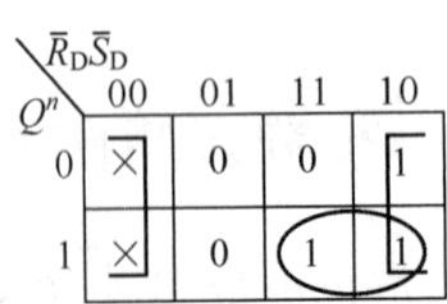

图 4-2 基本 RS 触发器 Q^{n+1} 的卡诺图

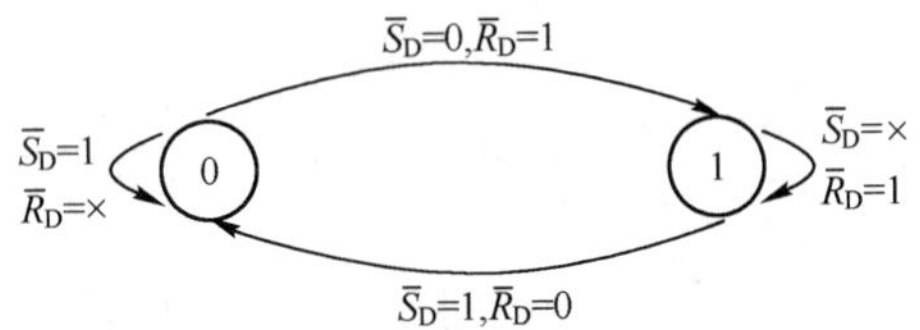

图 4-3 基本 RS 触发器的状态转换图

图中的两个圆圈表示触发器的两个稳定状态，箭头表示触发器在输入信号作用下状态转换的方向，箭头线旁标注的 $\overline{R}_D$、$\overline{S}_D$ 的值表示触发器状态转换的条件，结果与表 4-1 所描述的一致。

4）驱动表。根据触发器现态 Q^n 和次态 Q^{n+1} 的值来确定输入信号取值的关系表，称为触发器的驱动表，也称为激励表。

表 4-2 为基本 RS 触发器驱动表，内容与其状态转换图一致。

表 4-2 基本 RS 触发器驱动表

输出变量状态的变化		对输入变量的要求	
Q^n	Q^{n+1}	$\overline{R}_D$	$\overline{S}_D$
0	0	×	1
0	1	1	0
1	0	0	1
1	1	1	×

【例 4-1】 已知基本 RS 触发器输入波形如下，设触发器起始状态为 1。试画出该触发器输出 Q、$\overline{Q}$ 的波形。

解：根据题目中给出的输入信号变化情况，参考基本 RS 触发器的特性表，分析如下所述。

根据输入信号的变化情况，将输入信号分为 $t_1 \sim t_{10}$ 变化区间。

$t < t_1$ 时，$\overline{S}_D = 0$，$\overline{R}_D = 1$，由于触发器初态为1，所以此时触发器仍保持1态；

$t_1 \leqslant t < t_2$ 时，$\overline{S}_D = 1$，$\overline{R}_D = 1$，触发器保持1态不变；

$t_2 \leqslant t < t_3$ 时，$\overline{S}_D = 1$，$\overline{R}_D = 0$，触发器置0；

$t_3 \leqslant t < t_4$ 时，$\overline{S}_D = 1$，$\overline{R}_D = 1$，触发器保持0态不变；

$t_4 \leqslant t < t_5$时，$\overline{S}_D = 0$，$\overline{R}_D = 1$，触发器置1；

$t_5 \leqslant t < t_6$时，$\overline{S}_D = 1$，$\overline{R}_D = 1$，触发器保持1态不变；

$t_6 \leqslant t < t_7$时，$\overline{S}_D = 1$，$\overline{R}_D = 0$，触发器置0；

$t_7 \leqslant t < t_8$时，$\overline{S}_D = 1$，$\overline{R}_D = 1$，触发器保持1态不变；

$t_8 \leqslant t < t_9$时，$\overline{S}_D = 0$，$\overline{R}_D = 1$，触发器保持1态不变；

$t_9 \leqslant t < t_{10}$时，$\overline{S}_D = 1$，$\overline{R}_D = 1$，触发器保持1态不变；

$t > t_{10}$时，$\overline{S}_D = 0$，$\overline{R}_D = 1$，触发器保持1态不变。

根据以上分析，可以画出该触发器输出 Q、$\overline{Q}$ 的波形图，如图 4-4 所示。

基本 RS 触发器还可以由或非门电路构成，如图 4-5 所示，该电路输入高电平有效。工作原理与分析方法和与非门构成的基本 RS 触发器类似。该触发器输入信号高电平有效，当两个输入信号同时呈现高电平时，触发器状态不定。

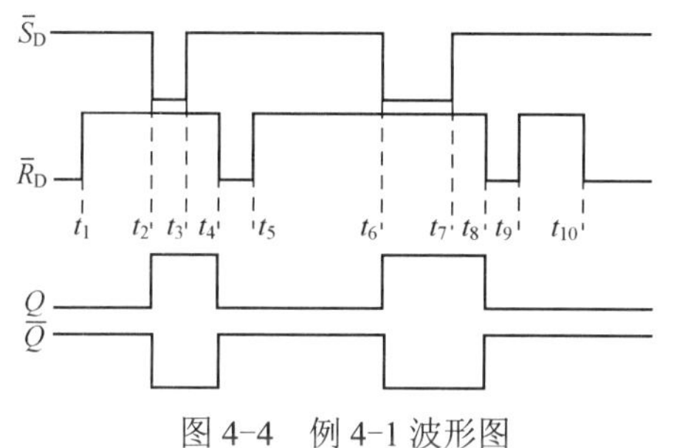

图 4-4　例 4-1 波形图

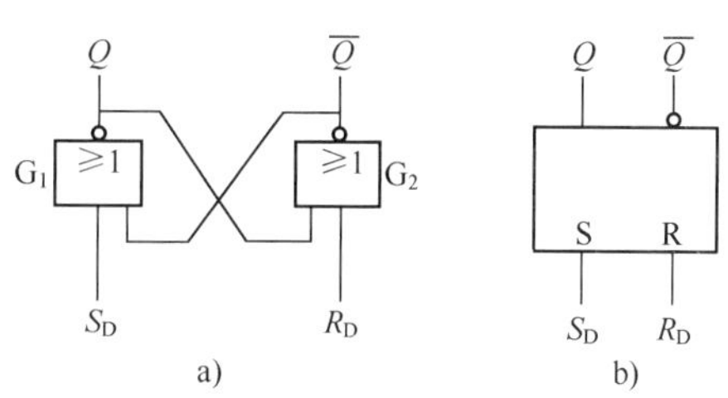

图 4-5　由或非门组成的基本 RS 触发器

a) 电路　b) 逻辑符号

基本 RS 触发器的主要应用是可以作为消抖电路使用，如图 4-6 所示。

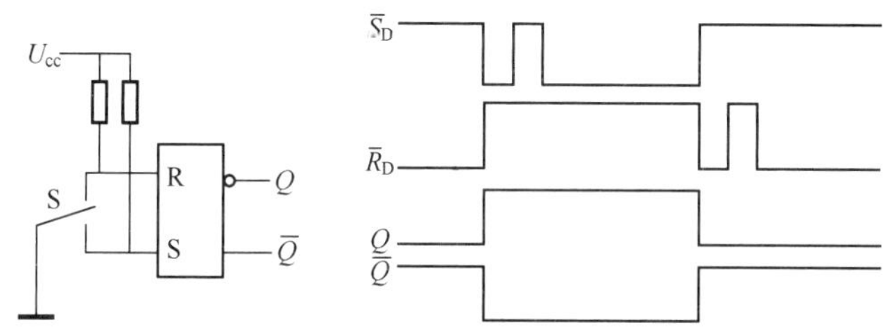

图 4-6　基本 RS 触发器的应用——消抖电路

当拨动开关 K 时，在开关接通瞬间会发生振颤，影响输出信号波形。在图 4-6 所示电路中，当开关 K 被拨至$\overline{S}_D$端时，$\overline{R}_D$端稳定的由低电平变为高电平。$\overline{S}_D$端接低电平，触发器置 1。即使发生开关的抖动（$\overline{S}_D = \overline{R}_D = 1$），触发器的状态也仍保持 1 状态，不会发生变化。同样，当开关 K 再被拨至$\overline{R}_D$端时，电路也不会发生抖动。

基本 RS 触发器的特点是电路简单。一个触发器可以存储一位二进制代码，是构成各种复杂触发器的基础，但采用电平直接控制方式，输入信号在全部时间内都可以直接控制输出端的状态，导致电路抗干扰能力下降。同时，输入信号之间存在约束关系，限制了触发器的应用。

实例演练　由 RS 触发器构成的抢答器

图 4-7 所示为 RS 触发器构成的简易抢答器实验电路，这是由与非门组成低电平触发的

基本 RS 触发器。接通电源开关 S_1，绿色或红色发光二极管点亮（如绿色发光二极管点亮），抢答 2 人同时按下自己的抢答按钮开关 S_2 或 S_3，此时绿色、红色发光二极管都不亮，触发器处于不定状态，抢答器处于待机状态；在听到抢答信号后，看抢答者谁先松开 S_2 或 S_3，比如先松开 S_2，由于 S_3 还在闭合，与非门 IC-2 输入端的 5 脚为低电平，输出端 6 脚为高电平，所以红色发光二极管保持熄灭状态；IC-1 输入端的 2 脚为高电平，输出端 1 脚为低电平，绿色发光二极管点亮，显示抢答开关 S_2 最先断开，尽管 S_3 随后断开，但对触发器控制无效，触发器处于保持状态，这就是 2 人抢答器的工作原理。

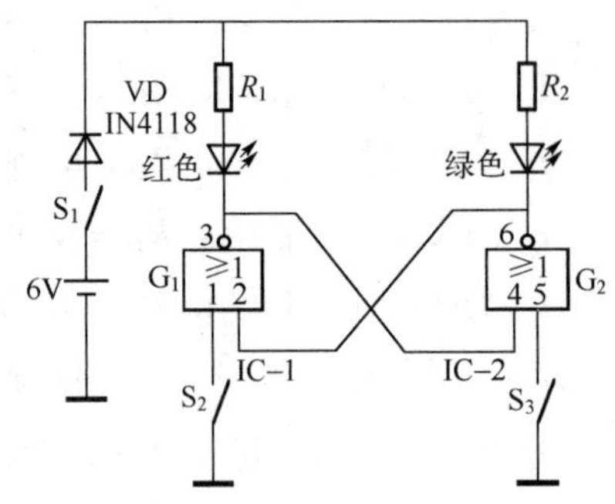

图 4-7　简易抢答器实验电路图

4.3　同步触发器

4.3.1　同步 RS 触发器

基本 RS 触发器虽然能满足信息基本的存储要求，但由于触发器状态随着输入信号的变化而即时发生变化，所以在实际使用过程中并不方便。在实际工作中，希望触发器的工作状态不仅由输入信号决定，而且按一定的节拍工作。因此，在原电路的基础上增加一个时钟脉冲控制信号 *CP*（Clock Pulse），以改变基本 RS 触发器的电平直接控制方式，使触发器只有在 *CP* 控制端出现有效脉冲信号时，才可能改变状态。

具有时钟脉冲控制的触发器称为同步触发器，又称为钟控触发器或时钟触发器，这是因为触发器状态的改变与时钟脉冲信号同步。

同步 RS 触发器是在基本 RS 触发器的基础上增加两个由时钟脉冲信号 *CP* 控制的与非门 G_3、G_4 构成的。图 4-8 所示为带直接复位端和直接置位端的同步 RS 触发器。图中 *CP* 端为时钟脉冲信号输入端，简称为同步端。

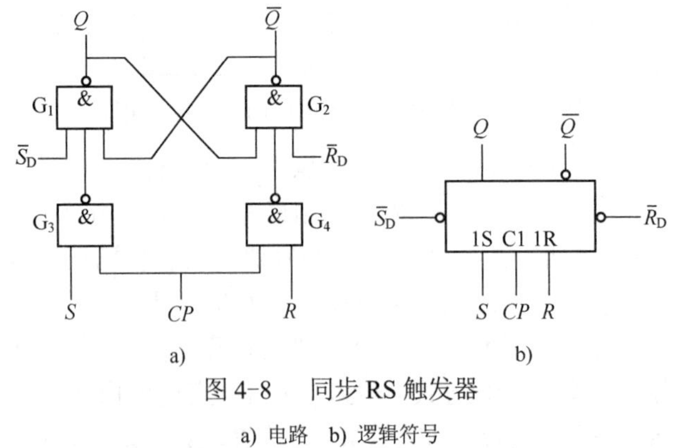

图 4-8　同步 RS 触发器

a) 电路　b) 逻辑符号

（1）工作过程简介

当 CP=0 时，G_3、G_4 门被封锁，输出均为 1。此时，不论输入信号 R、S 如何变化，触发器的状态均保持不变；当 CP=1 时，G_3、G_4 门解除封锁，触发器的次态 Q^{n+1} 取决于输入信号 R、S 及电路的现态 Q^n。

同步 RS 触发器特性表见表 4-3。由表 4-3 可知，当 R=S=1 时，触发器的状态不定。为避免出现这种情况，在电路正常工作时，应满足约束条件 RS=0。

表 4-3　同步 RS 触发器特性表

时钟信号	输入变量		触发器状态		说明
CP	R	S	Q^n	Q^{n+1}	
1	0	0	0	0	触发器保持原状态不变
1	0	0	1	1	
1	0	1	0	1	触发器置 1
1	0	1	1	1	
1	1	0	0	0	触发器置 0
1	1	0	1	0	
1	1	1	0	×	触发器状态不定
1	1	1	1	×	
0	×	×	0	0	当 CP＝0 时，触发器状态不变
0	×	×	1	1	

在图 4-8a 中，输入端 $\overline{R}_D$ 和 $\overline{S}_D$ 为直接复位端和直接置位端。

$$\begin{cases}\overline{R}_D=0，\overline{S}_D=1 \Rightarrow Q=0，\overline{Q}=1\text{。触发器被置0；}\\ \overline{R}_D=1，\overline{S}_D=0 \Rightarrow Q=1，\overline{Q}=0\text{。触发器被置1；}\\ \overline{R}_D=\overline{S}_D=1 \Rightarrow \text{触发器接收输入信号，处于正常工作状态。}\end{cases}$$

$\overline{R}_D$ 端和 $\overline{S}_D$ 端又称为异步置 0 端和异步置 1 端，它不受 CP 脉冲信号的控制。可以通过 $\overline{R}_D$ 端和 $\overline{S}_D$ 端的值来确定触发器的初始状态。

（2）触发器逻辑功能描述

1）特性表。见表 4-3。

2）特性方程。根据表 4-3 可画出钟控 RS 触发器 Q^{n+1} 的卡诺图，如图 4-9 所示，得出钟控 RS 触发器的特性方程为（CP=1 时）

$$\begin{cases}Q^{n+1}=S+\overline{R}Q^n\\ RS=0 \qquad \text{（约束条件）}\end{cases}$$

3）状态转换图与驱动表。钟控 RS 触发器的状态转换图如图 4-10 所示。

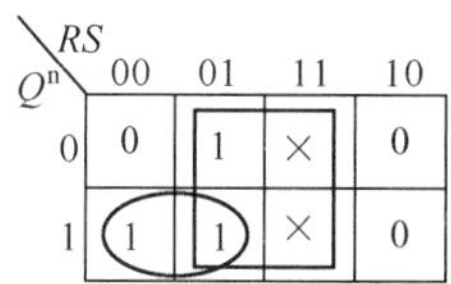

图 4-9　钟控 RS 触发器 Q^{n+1} 的卡诺图

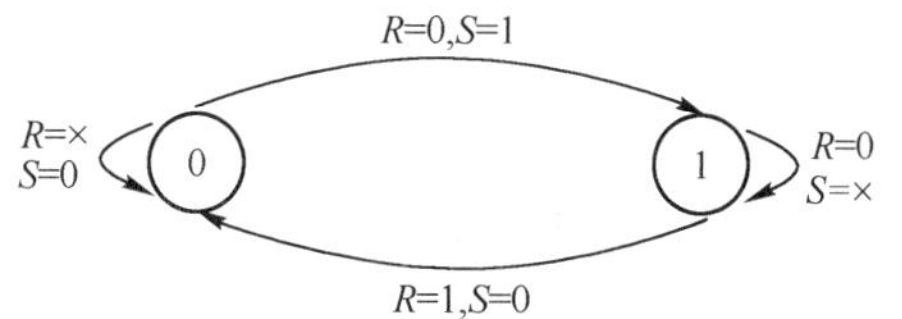

图 4-10　钟控 RS 触发器的状态转换图

表 4-4 为同步 RS 触发器驱动表。

表 4-4　同步 RS 触发器驱动表

状态转换		输入信号要求	
Q^n	Q^{n+1}	R	S
0	0	×	0
0	1	0	1
1	0	1	0
1	1	0	×

（3）同步 RS 触发器的特点

1）当 CP=0 时，触发器不接受输入信号，保持原状态不变；当 CP=1 时，触发器接收输入信号 R、S，并随 R、S 的变化而变化。

2）存在不定状态，即输入信号之间有约束。

3）存在空翻现象。

在 CP=1 期间，输入信号的多次变化，将导致触发器的状态也随之多次发生变化，这种现象称为空翻。它与触发器在一个 CP 脉冲信号作用下状态最多只能变化一次的原则相悖，故应采取措施避免。由于同步 RS 触发器存在空翻现象，所以它只能用于数据锁存，而不能用于计数器、寄存器和存储器中。

【例 4-2】 同步 RS 触发器输入信号 S、R 的波形如图 4-11 所示。设触发器初态为 0，试画出 Q 和 $\overline{Q}$ 的波形。

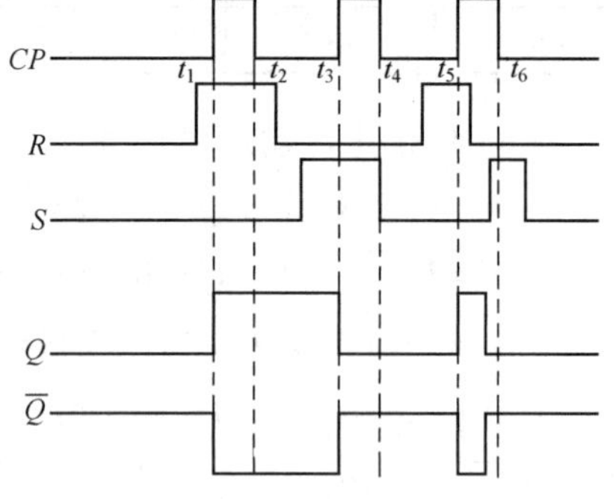

图 4-11　例 4-2 波形图

解：根据输入信号 S、R 和 CP 时钟脉冲信号波形的变化情况，将输入信号分为 t_1～t_6 变化区间。在 CP=0 期间，输入信号状态的变化不会影响触发器状态，触发器状态保持不变；在 CP=1 期间，输入信号状态的变化才有可能导致触发器输出的变化。

$t < t_1$时，$CP=0$，触发器初态为0，此时仍保持0态；

$t_1 \leqslant t < t_2$时，$CP=1$，$S=1$、$R=0$，触发器置1；

$t_2 \leqslant t < t_3$时，$CP=0$，触发器状态不变，保持1态；

$t_3 \leqslant t < t_4$时，$CP=1$，$S=0$、$R=1$，触发器置0；

$t_4 \leqslant t < t_5$时，$CP=0$，触发器状态保持不变，保持0态；

$t_5 \leqslant t < t_6$时，$CP=1$，输入信号变化情况：$\begin{cases} S=1、R=0，触发器置1； \\ S=0、R=0，触发器状态不变，仍为1态； \\ S=0、R=1，触发器置0； \end{cases}$

$t > t_6$时，$CP=0$，触发器状态不变，保持0态。

该触发器输出 Q 和 $\overline{Q}$ 的波形如图 4-11 所示。

同步触发器的特点是，只有在 CP 脉冲信号有效期内，触发器才能接收输入信号，这就实现了输入信号的选通控制。但是由于输入信号存在约束关系，且存在空翻现象，所以电路的抗干扰能力仍然不强。

为了克服空翻现象对触发器正常工作带来的不利影响，提高触发器工作的可靠性，希望在 *CP* 脉冲信号作用下，触发器的状态最多只能发生一次变化。因此，需要对触发器电路中的触发引导电路进行改进，使改进后的引导电路具有记忆功能，输入信号不能直接影响触发器的输出，满足这种要求的包括主从触发器和边沿触发器等。

4.3.2 同步 D 触发器

1. 电路组成

同步 RS 触发器具有两个输入端信号 *R*、*S*，对于只有一个输入信号的触发器，可将 RS 触发器接成如图 4-12a 所示的形式，并简化成如图 4-12b 所示的电路结构，即构成只有单输入端的触发器，称为 D 触发器。逻辑符号图如图 4-12c 所示。

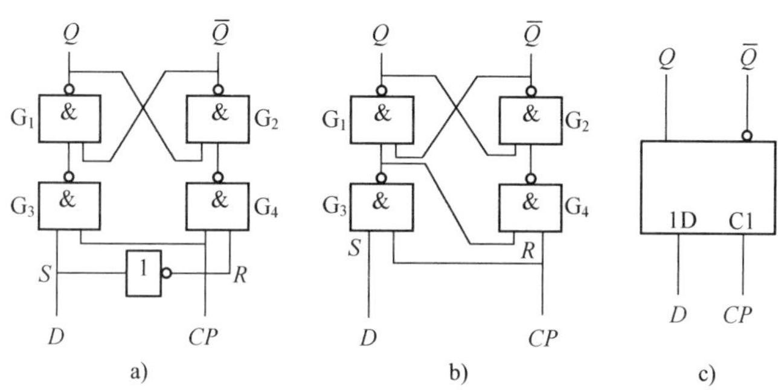

图 4-12 同步 D 触发器

a) 连接图 b) 简化电路 c) 逻辑符号

2. 逻辑功能分析及描述

当 *CP*=0 时，G_3、G_4 门输出为 1，输入信号 *D* 对基本触发器无影响。D 触发器保持原来状态；当 *CP*=1 时，G_3、G_4 门的输出由输入信号 *D* 的状态决定。若 *D*=0，无论 D 触发器原来状态为 0 或 1，则 D 触发器输出均为 0；若 *D*=1，则 D 触发器输出均为 1。同步 D 触发器状态真值表如表 4-5 所示。

表 4-5 同步 D 触发器状态真值表

D	Q^n	Q^{n+1}	功能说明
0	0	0	置 0
0	1		
1	0	1	置 1
1	1		

化简得同步 D 触发器的特性方程为

$$Q^{n+1}=D \qquad (\mathrm{CP}=1)$$

由真值表得到同步 D 触发器状态转移图，如图 4-13 所示。

如果已知输入信号 *CP* 和 *D* 的波形，就得到同步 D 触发器的工作波形，如图 4-14 所示。

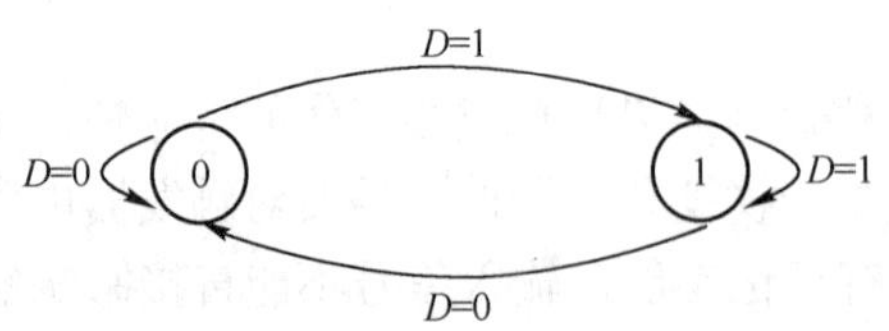

图 4-13　同步 D 触发器状态转移图

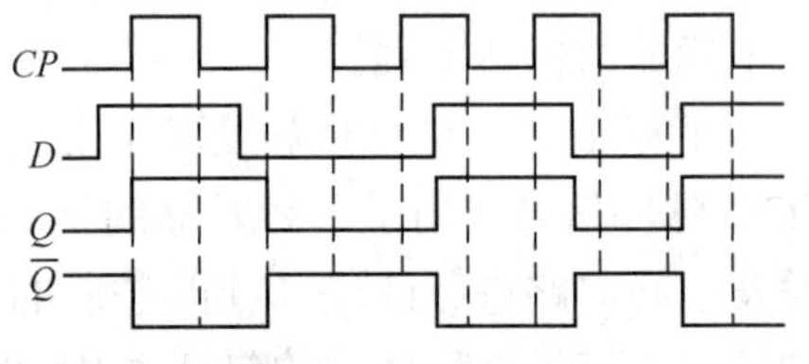

图 4-14　同步 D 触发器的工作波形图

识图　D 触发器

图 4-15 描述了带直接置位、复位端的双 D 触发器 74LS74 的逻辑符号与外引线功能图。表 4-6 为双 D 触发器 74LS74 功能表。

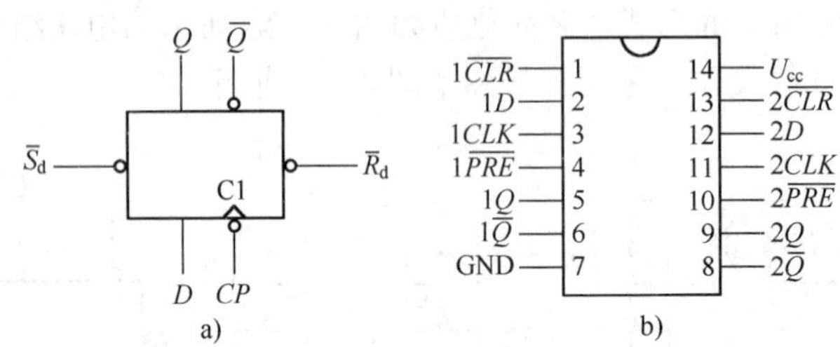

图 4-15　双 D 触发器 74LS74

a) 逻辑符号　b) 外引线功能图

表 4-6　双 D 触发器 74LS74 功能表

输　入				输　出	
$\overline{S}_d$	$\overline{R}_d$	CP	D	Q	$\overline{Q}$
0	1	x	x	1	0
1	0	x	x	0	1
0	0	x	x	x	x
1	1	↑	1	1	0
1	1	↑	0	0	1
1	1	L	x	Q_0	$\overline{Q}_0$

由表 4-6 可见，$\overline{S}_d$、$\overline{R}_d$ 分别是直接置位（置 1）端和直接复位（清零）端，均为低电平有效。表中的第 3 行（$\overline{S}_d=\overline{R}_d=0$）为异步输入禁止状态；第 4、5 行为触发器同步输入状态。在 $\overline{S}_d=\overline{R}_d=1$ 前提下，触发器在 CP 脉冲的上升沿将输入数据 D 读入；第 6 行，$\overline{S}_d=\overline{R}_d=1$ 前提下，CP 呈低电平（L），不论数据 D 为何，触发器均为保持状态。74LS74 主要用做寄存器、缓冲寄存器、计数和控制电路。

4.3.3　同步 JK 触发器和 T 触发器

1. 同步 JK 触发器

（1）电路组成

当同步 RS 触发器正常工作、输入信号 R 和 S 为 1 时，触发器处于禁止状态。为了消除这种状况，可将同步 RS 触发器电路适当修改，并将输入信号 S 设置为 J，R 设置 K，构成如图 4-16a 所示的同步 JK 触发器逻辑电路。

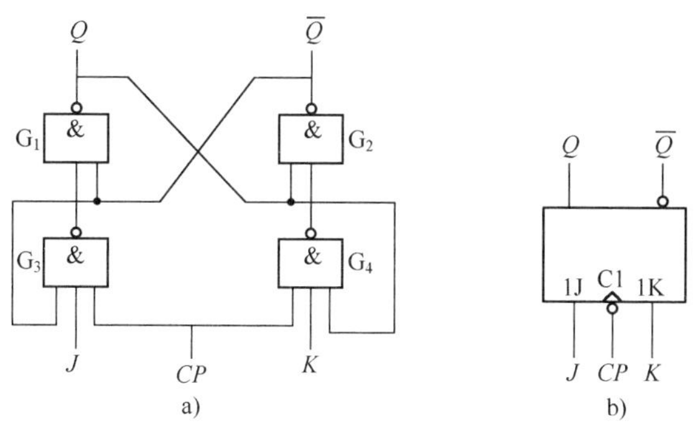

图 4-16 同步 JK 触发器逻辑电路及逻辑符号

a) 逻辑电路 b) 逻辑符号

（2）逻辑功能分析

当 CP=0 时，G_3、G_4 门被封锁，因此 J、K 输入端信号的变化对 G_1、G_2 门没影响。因此触发器处于保持状态；当 CP=1 时，G_3、G_4 门的输出根据输入端信号 J、K 的 4 种状态 00、01、10、11 来决定。触发器输出端 Q^{n+1} 状态与 RS 触发器输出状态相同。当 JK=11 时，触发器将发生翻转。同步 JK 触发器特性表如表 4-7 所示。

表 4-7 同步 JK 触发器特性表

CP	J	K	Q^n	Q^{n+1}	功 能
0	X	X	X	Q^n	保持，$Q^{n+1}=Q^n$
1	0	0	0	0	保持，$Q^{n+1}=Q^n$
1	0	0	1	1	
1	0	1	0	0	置 0，$Q^{n+1}=0$
1	0	1	1	0	
1	1	0	0	1	置 1，$Q^{n+1}-1$
1	1	0	1	1	
1	1	1	0	1	翻转，$Q^{n+1}=\overline{Q}_n$
1	1	1	1	0	

JK 触发器的特性方程为

$$Q^{n+1}=J\overline{Q}^n+\overline{K}Q^n$$

由真值表得同步 JK 触发器状态转移图，如图 4-17 所示。

如果已知 CP、J、K 的波形，就可画出同步 JK 触发器的工作波形，如图 4-18 所示。

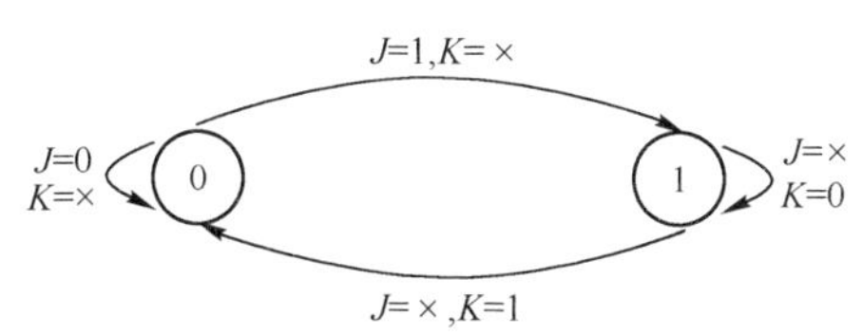

图 4-17 同步 JK 触发器状态转移图

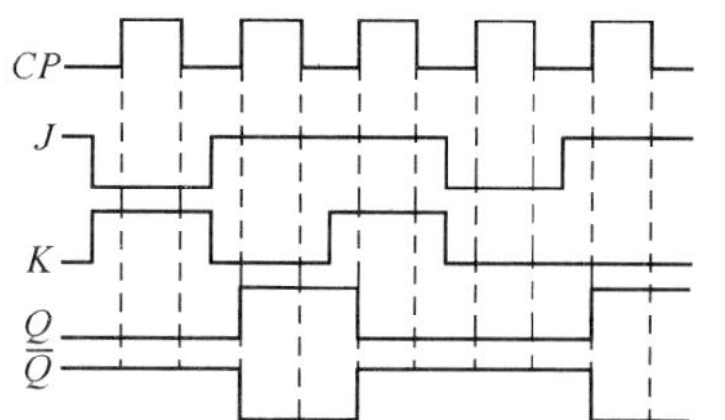

图 4-18 同步 JK 触发器的工作波形图

触发器在 CP=1 期间内输入信号 J、K 若发生多次变化，则可能会导致触发器的状态也发生多次翻转。此工作特点容易使该触发器的正常功能遭到破坏。

2. T 触发器

将 JK 触发器的 J、K 输入端并接在一起，即构成 T 触发器，其逻辑符号如图 4-19 所示。T 触发器是具有保持和翻转功能的电路，即当 $T=0$ 时能保持状态不变，当 $T=1$ 时翻转。

T 触发器特性表如表 4-8 所示。

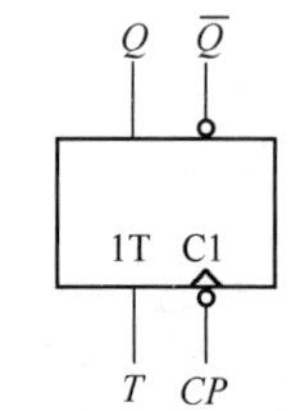

图 4-19 T 触发器逻辑符号

表 4-8 T 触发器特性表

T	Q^n	Q^{n+1}	功能说明
0 0	0 1	0 1	保持
1 1	0 1	1 0	翻转

T 触发器电路的工作特点图如下所述。

1）主从 JK 触发器采用主从控制结构，从根本上解决了输入信号直接控制的问题，具有 $CP=1$ 期间接收输入信号、CP 下降沿到来时触发翻转的特点。

2）输入信号 J、K 之间没有约束。

3）存在空翻现象。

为了避免上述现象的发生，在实际应用中一般采用主从触发器和边沿触发器。

4.4 无空翻触发器

4.4.1 主从 RS 触发器

主从 RS 触发器是分别由两个同步 RS 触发器组成的主触发器和从触发器首尾相连构成的，但是控制主、从触发器工作的 CP 脉冲信号相位相反。其逻辑电路和逻辑符号如图 4-20 所示。

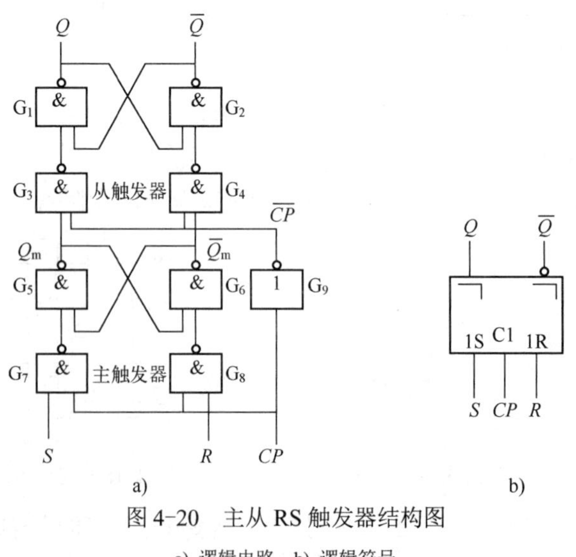

图 4-20 主从 RS 触发器结构图

a) 逻辑电路 b) 逻辑符号

根据结构图可知，在 CP=1 时，主触发器正常工作，其输出随着输入信号的变化而变化。从触发器处于被封锁状态，其输出（即整个主从 RS 触发器的输出）保持原态不变；在 CP=0 时，主触发器被封锁，即使输入信号发生变化，也不会影响主触发器的状态。从触发器正常工作，其输出随着从触发器输入（即主触发器输出）的状态发生同样的变化。因此，在 CP 脉冲信号作用于电路的一个周期内，主从触发器的状态（即从触发器的状态）只存在改变一次的可能性。

根据两个同步 RS 触发器的工作情况，可以得到主从 RS 触发器特性表，如表 4-9 所示。

表 4-9　主从 RS 触发器特性表

CP	S	R	Q^n	Q^{n+1}	说　明
↓	0	0	0	0	在 CP 时钟脉冲信号的下降沿到来时，输入信号通过主触发器作用于从触发器，使触发器状态改变
↓	0	0	1	1	
↓	0	1	0	0	
↓	0	1	1	0	
↓	1	0	0	1	
↓	1	0	1	1	
↓	1	1	0	×	
↓	1	1	1	×	

主从 RS 触发器的特征方程、驱动表和状态转换图等均与同步 RS 触发器相同。

4.4.2　主从 JK 触发器

主从 JK 触发器的电路结构基本与主从 RS 触发器相同，只是将电路的输出 Q、$\overline{Q}$ 反馈到电路输入端。主从 JK 触发器的逻辑电路和逻辑符号如图 4-21 所示。

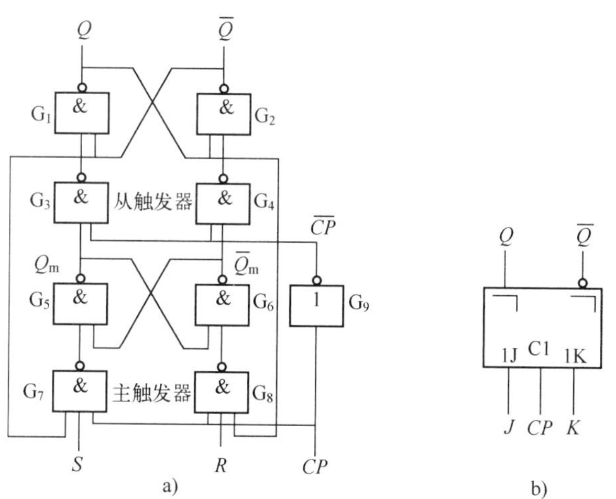

图 4-21　主从 JK 触发器的逻辑电路和逻辑符号

a) 逻辑电路　b) 逻辑符号

1. 工作过程简介

参考对主从 RS 触发器的分析，对主从 JK 触发器电路工作原理简要介绍如下所述。

1）J=0，K=0。由于门 G_7、G_8 输出均为 1，所以触发器电路保持原有状态不变。

2）J=0，K=1。在 CP=1 期间，主触发器置 0，在 CP 脉冲信号发生负跳变后，从触发器接收主触发器状态，也被置 0。

3）J=1，K=0。在 CP=1 期间，主触发器置 1，在 CP 脉冲信号发生负跳变后，从触发器接收主触发器状态，也被置 1。

4）J=1，K=1。

$$\begin{cases} Q^n=0，当CP=1时，主触发器置1。在CP脉冲信号发生负跳变后，从触发器接收主触\\ 发器状态，置1。\\ Q^n=1，当CP=1时，主触发器置0。在CP脉冲信号发生负跳变后，从触发器接收主触\\ 发器状态，置0。\end{cases}$$

所以，当 J=1、K=1 时，在 CP 脉冲信号下降沿到来后，触发器的状态将被求反。

2．触发器逻辑功能描述

根据以上分析，得到主从 JK 触发器特性表，见表 4-10。

表 4-10　主从 JK 触发器特性表

CP	J	K	Q^n	Q^{n+1}	说　明
↓	0	0	0	0	保持
↓	0	0	1	1	
↓	0	1	0	0	置 0
↓	0	1	1	0	
↓	1	0	0	1	置 1
↓	1	0	1	1	
↓	1	1	0	1	取反
↓	1	1	1	0	

根据该特性表，可以获得主从 JK 触发器的特性方程，即

$$Q^{n+1}=J\overline{Q^n}+\overline{K}Q^n$$

主从 JK 触发器的状态真值表、特性方程及状态转移图同同步 RS 触发器。

主从 JK 触发器不但克服了主从 RS 触发器中的空翻现象，而且在输入信号之间没有约束条件，便于应用。

4.4.3　边沿触发器

边沿触发器在 CP 脉冲信号的上升沿或下降沿到来时刻接收输入信号，电路的状态才可能发生变化，而在其他时刻输入信号状态的变化对触发器状态没有影响。这种触发器电路没有空翻现象和一次翻转现象，极大地提高了触发器工作的可靠性和抗干扰能力。边沿触发器的逻辑功能、特性表、特性方程和驱动表等与相应的同类同步触发器相同，区别是边沿触发器状态转换只可能发生在 CP 时钟脉冲信号的边沿到来时。边沿触发器主要有边沿 D 触发器（如维持阻塞 D 触发器）和边沿 JK 触发器等。

下面以维持阻塞 D 触发器为例介绍边沿触发器。

维持：在 CP 脉冲作用期间和输入信号发生变化的情况下，应该开启的门维持畅通无阻，使其完成预定的操作。

阻塞：在 CP 脉冲作用期间和输入信号发生变化的情况下，应该关闭的门处于关闭状态，阻止产生不应该的操作。

图 4-22a 所示是维持阻塞 D 触发器的电路图。这个电路是在同步 D 触发器基础之上演变而来的。

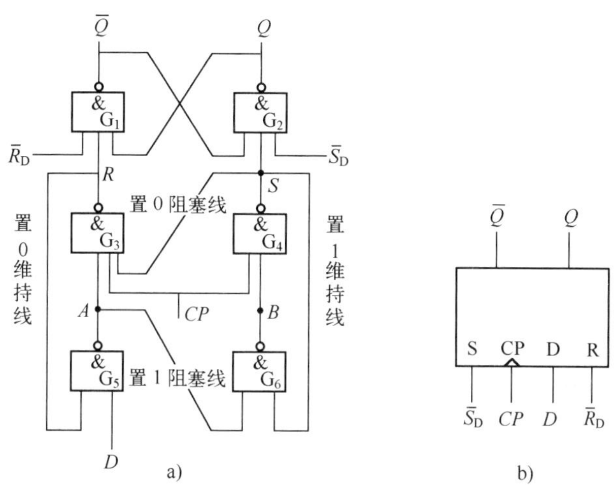

图 4-22　维持阻塞 D 触发器的逻辑电路及逻辑符号

a) 维持阻塞 D 触发器的逻辑电路　b) 逻辑符号

在图 4-22a 所示电路中，$\overline{S}_D$、$\overline{R}_D$ 分别为直接置“1”端和直接清“0”端。当电路正常工作时，$\overline{S}_D=\overline{R}_D=1$。

设触发器初始状态为 $Q=0$，$D=1$。

当 $CP=0$ 时，G_3、G_4 门同时被封锁，$R=S=1$，基本 RS 触发器输出状态保持原态。由于 R 至 G_5、S 至 G_6 的反馈作用，使 G_5、G_6 的输出随 D 端信号变化，此时 $A=\overline{D}$、$B=D$，触发器处于等待翻转状态。

当 $D=0$ 时，$A=1$、$B=0$ 已经准备就绪。在 CP 上升沿到来时，G_3、G_4 门打开，即 $R=0$、$S=1$，使基本 RS 触发器的输出 Q 为 0，触发器置 0。在 $CP=1$ 期间，R 通过置 0 维持线维持 $A=1$，从而锁存 $R=0$；同时，A 通过置 1 阻塞线保持 $B=0$，从而阻塞 G_4 输出置 1 负脉冲，使触发器保持 0 状态不变。

当 $D=1$ 时，$A=0$、$B=1$ 已经准备就绪；在 CP 上升沿到来时，G_3、G_4 门打开，即 $R=1$、$S=0$，使得基本 RS 触发器的输出 Q 为 1，触发器置 1。在 $CP=1$ 期间，S 通过置 1 维持线维持 $B=1$，从而锁存 $S=0$；同时，S 通过置 0 阻塞线保持 $R=0$，从而阻塞 G_3 输出置 0 负脉冲，使触发器保持 1 状态不变。

由以上分析可知，维持阻塞触发器的特性方程为

$$Q^{n+1}=D \qquad (CP\text{ 上升沿有效})$$

根据已知 CP 和 D 的波形，可画出维持阻塞 D 触发器的工作波形如图 4-23 所示。维持阻塞 D 触发器真值表和状态转移图与同步 D 触发器一样。

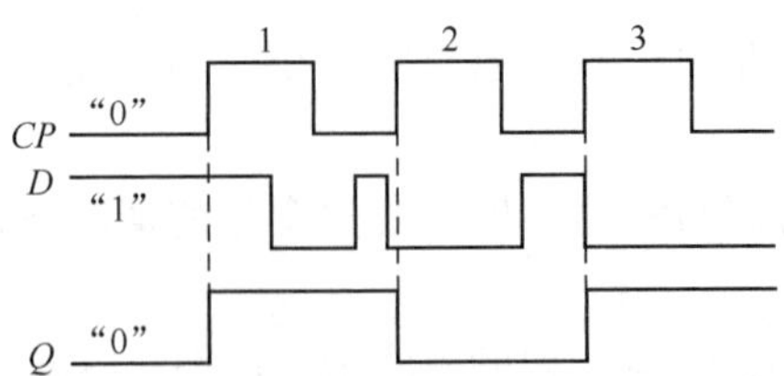

图 4-23　维持阻塞 D 触发器的工作波形图

4.5　集成触发器

表 4-11 列出了部分常用的集成触发器。

表 4-11　部分常用的集成触发器

类　型	型　号	电路结构	开关器件	触发方式
RSFF	74LS297	基本	TTL	电平直接触发
	4044	基本	CMOS	电平直接触发
JKFF	74LS72	主从	TTL	下降沿
	74LS112	边沿	TTL	下降沿
	74LS70	边沿	TTL	上升沿
	4027	边沿	CMOS	上升沿
DFF	74LS375	同步	TTL	高电平
	4042	同步	CMOS	受控
	74LS74	边沿	TTL	上升沿
	4013	边沿	CMOS	上升沿

下面以双 D 触发器 CC4013 为例介绍集成触发器。该触发器是 CMOS4000 系列器件，也为双上升沿触发，具有独立的直接异步置位端 $1\overline{S}_d$ 、$2\overline{S}_d$ 逻辑符号，均为低电平有效。图 4-24 所示给出了 CC40l3 的引脚排列图和逻辑符号。表 4-12 是其功能表。

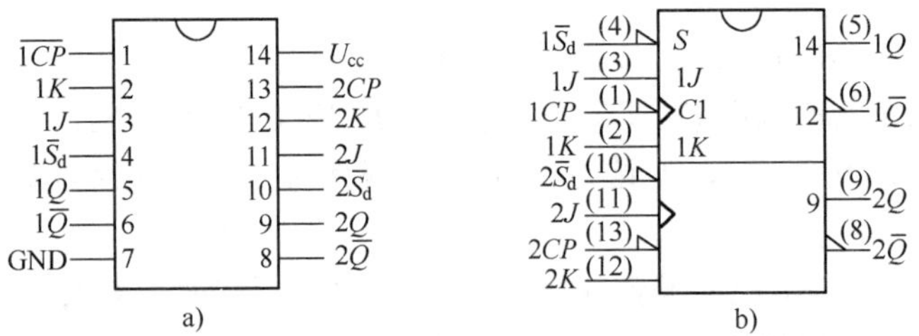

图 4-24　双 D 触发器 CC4013 引脚排列图和逻辑符号

a) 引脚排列图　b) 逻辑符号

表 4-12　CC4013 的功能表

输　入				输　出	
$\overline{R}_d$	$\overline{S}_d$	CP	D	Q	$\overline{Q}$
0	0	↑	0	0	1
0	0	↑	1	1	0

（续）

输入				输出	
$\overline{R}_d$	$\overline{S}_d$	CP	D	Q	$\overline{Q}$
0	0	↓	x	Q	$\overline{Q}$
1	0	x	x	0	1
0	1	x	x	1	0
1	1	x	x	1	1

CC4013 与国外产品 CD4013、MC14013 等型号器件的外引脚排列和性能参数相同，可互相代换，常用做寄存器、计数器和控制电路等。

4.6 本章小结

学习触发器的基本要求如表 4-13 所示。

表 4-13　学习触发器的基本要求

主要知识点		基本要求			重点难点
		熟练掌握	正确理解	一般了解	
触发器电路的基本特点		√	√		1．各种常见触发器逻辑功能的描述、触发方式及应用 2．正确理解触发器存在的空翻和一次翻转现象 3．延迟概念对边沿触发器的重要作用
各种常见触发器电路	基本 RS 触发器	√			
	同步 RS 触发器	√			
	主从 RS 触发器	√			
	主从 JK 触发器	√			
	主从 D 触发器		√		
	边沿 D 触发器	√			
	边沿 JK 触发器	√			
不同触发器之间的功能转换				√	

4.7 习题

1．触发器电路主要由什么构成？它为什么具有记忆功能？

2．触发器的特点是什么？可以分为哪几类？

3．由与非门组成的基本 RS 触发器和输入端 S、R 信号如图 4-25 所示。试画出输出端 Q、$\overline{Q}$ 的波形。

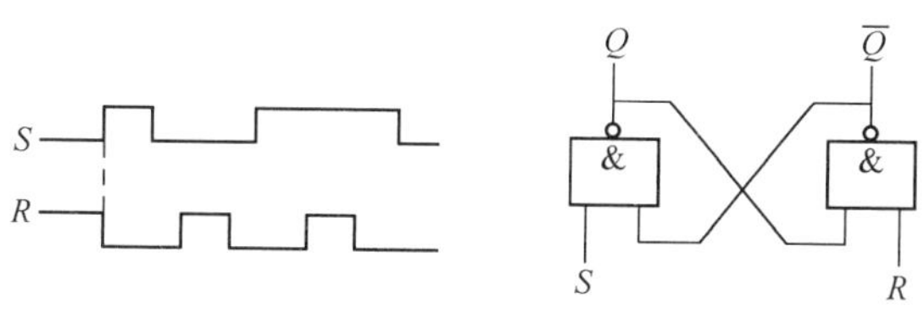

图 4-25　题 3 图

4．钟控 RS 触发器如图 4-26 所示。设触发器的初始状态为 0。试画出输出端 Q 的波形。

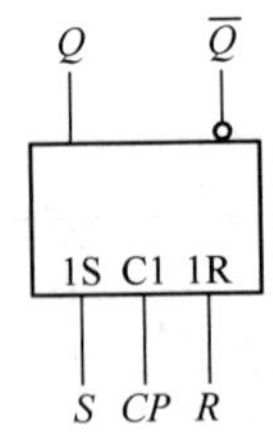

图 4-26　题 4 图

5．已知边沿 D 触发器输入端的波形如图 4-27 所示。设触发器上升沿触发，试画出输出端 Q 的波形。若为下降沿触发，则输出端 Q 的波形如何？设初始状态为 0。

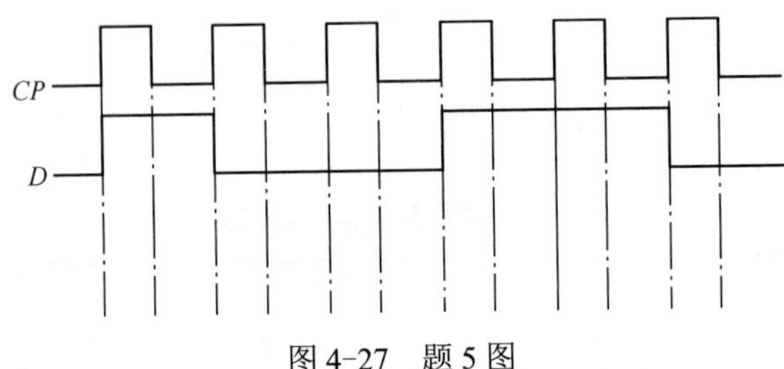

图 4-27　题 5 图

6．已知 D 触发器及各输入端的波形如图 4-28 所示，试画出 Q 和 $\overline{Q}$ 的波形。

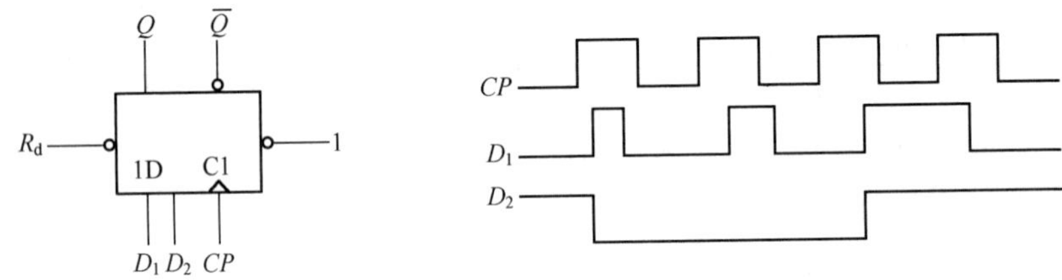

图 4-28　题 6 图

7．已知 JK 触发器输入信号如图 4-29 所示，试分别画出主从 JK 触发器和边沿（下降沿）JK 触发器的输出 Q 的波形。设触发器的初始状态为 0。

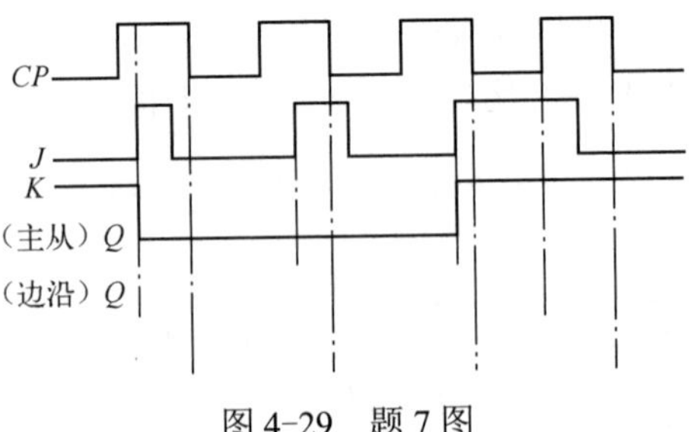

图 4-29　题 7 图

第 5 章　时序逻辑电路

【内容提要】

本章主要介绍时序逻辑电路的分析与设计方法及寄存器、计数器等时序逻辑电路的组成与工作原理，并介绍计数器的主要应用。

根据电路特点，数字电路可以分为组合逻辑电路和时序逻辑电路两大类。对于组合逻辑电路，其任一时刻的输出仅取决于该时刻电路的输入；而对于时序逻辑电路，其任一时刻的输出不仅与该时刻电路的输入有关系，而且与电路原来的状态有关（即与电路以前的输入信号有关）。这是时序逻辑电路区别于组合逻辑电路的最大特点。

时序逻辑电路主要由组合逻辑电路和存储电路两部分组成，其中存储电路是不可缺少的（大多数存储电路由触发器构成）。时序逻辑电路的组成框图如图 5-1 所示。

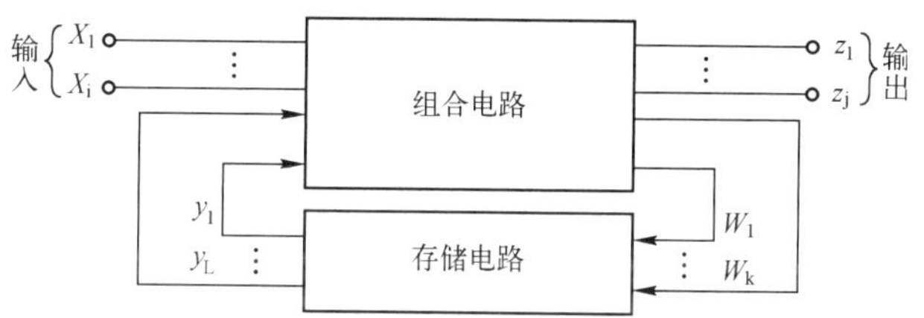

图 5-1　时序逻辑电路的组成框图

由图5-1所示可知，X（x_1，x_2，$\ldots x_i$）为外部输入信号；Z（z_1，z_2，$\ldots z_j$）为输出信号；W（w_1，w_2，$\ldots w_k$）为存储电路输入信号，同时是组合逻辑电路的部分输出信号；Y（y_1，y_2，$\ldots y_L$）为存储电路的输出信号，同时是组合逻辑电路的部分输入信号。

以上各种信号之间存在一定的逻辑关系，即

$$\left\{\begin{array}{ll} W(t_n)=G\left[X(t_n),Y(t_n)\right] & \text{驱动方程，也称为时序逻辑电路的激励方程或激励函数。} \\ Y(t_{n+1})=H\left[W(t_n),Y(t_n)\right] & \text{状态方程，也称为状态函数。} \\ Z(t_n)=F\left[X(t_n),Y(t_n)\right] & \text{输出方程，也称为输出函数。} \end{array}\right\}$$

由以上关系式可知，t_{n+1} 时刻的输出 $Z(t_{n+1})$由该时刻电路的输入 $X(t_{n+1})$和存储电路的状态 $Y(t_{n+1})$决定；$Y(t_{n+1})$由 t_n 时刻存储电路的输入 $W(t_n)$和存储电路的状态 $Y(t_n)$决定。因此，$Z(t_{n+1})$取决于 $X(t_{n+1})$、$W(t_n)$、$Y(t_n)$。这一点充分体现了时序逻辑电路区别于组合逻辑电路的显著特点。

并不是任何一个时序逻辑电路都具有如图 5-1 所示的完整电路形式，它们可能或者没有组合逻辑电路部分，或者没有输入变量。但只要具备了时序逻辑电路的基本特点，就属于该类电路的范畴。

根据电路状态转换的不同情况，时序逻辑电路分为同步时序逻辑电路（Synchronous Sequential Logic Circuit）和异步时序逻辑电路（Asynchronous Sequential Logic Circuit）两类。

在同步时序逻辑电路中，所有触发器的时钟脉冲信号输入端连在一起，在同一个时钟脉冲信号 *CP* 作用下，满足翻转条件触发器的状态同步翻转，即触发器状态的更新和时钟脉冲信号 *CP* 同步。在异步时序逻辑电路中，时钟脉冲信号只能触发部分触发器，其余触发器由电路内部信号触发。因此，具备翻转条件的触发器状态的翻转有先后顺序，并不都与时钟脉冲信号 *CP* 同步。

顺便加以说明的是，在后面介绍时序逻辑电路时，计数脉冲信号实际上就是时钟脉冲信号 *CP*，二者是一致的。

5.1　时序逻辑电路的分析

学习时序逻辑电路的基础知识，应掌握时序逻辑电路的分析方法和设计方法。本节学习时序逻辑电路的分析方法。

分析时序逻辑电路的过程，就要根据给定的电路分析确定或说明电路逻辑功能的过程。

5.1.1　同步时序逻辑电路的分析

分析同步时序逻辑电路，可以按照以下步骤进行。

1）写出各类方程式（组），主要包括以下 3 种方程。

① 驱动方程。即在存储电路中各触发器输入信号的逻辑表达式。

② 状态方程。将驱动方程代入相应触发器的特性方程中，就得到该触发器的状态方程。时序逻辑电路的状态方程由各触发器的次态逻辑表达式组成。

③ 输出方程。即时序逻辑电路输出信号的逻辑表达式。通常为各触发器现态的函数。

2）列状态转换真值表画状态转换图。状态转换真值表是反映时序逻辑电路的输出 $Z(t_n)$、现态 $Y(t_n)$、次态 $Y(t_{n+1})$、输入 $X(t_n)$之间取值对应关系的一种表格。

将电路现态的各种取值代入状态方程和输出方程，求出相应的次态和输出，就可以得到状态转换真值表。如现态的初始值已经给定，则应从给定值开始推导；否则，可假定一个现态初始值，依次进行推导。

状态转换图是电路由现态转换到次态的示意图。

3）检查电路的自启动能力。自启动能力是电路由于某种原因（如误操作）进入无效状态后，在 *CP* 脉冲信号作用下，回到有效状态的能力（见例 5-1）。

4）画出电路时序图。电路时序图是在时钟脉冲信号 *CP* 和输入信号的共同作用下，电路输出及各触发器状态变化的波形图。它用图形的形式形象描述了输入、输出信号与电路状态在时间上的对应关系。

5）分析确定电路逻辑功能。根据以上分析，说明、确定电路的逻辑功能。实际上，在获得相应方程后，电路逻辑功能已经较为全面的表示出来了。但为从不同侧面突出电路的特点，并使获得的结果形象直观，往往将它转换成图表的形式。在描述电路功能方面，效果是一样的，应根据具体问题进行取舍。

【例 5-1】 试分析图 5-2 所示的时序逻辑电路。

解： 根据该电路 *CP* 时钟脉冲信号的连接方式可知，这是一个同步时序逻辑电路。

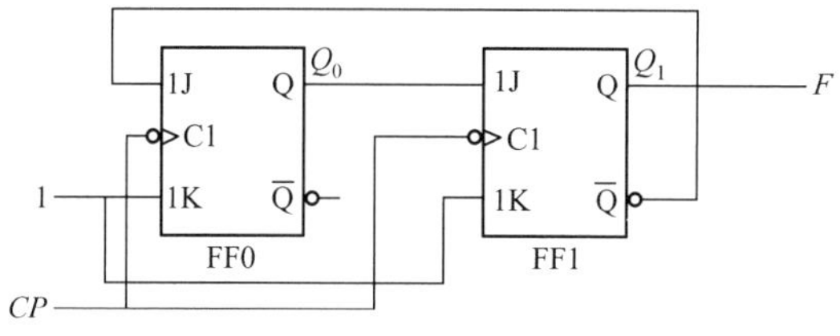

图 5-2 例 5-1 电路图

1）首先求出各类方程。

驱动方程：$\begin{cases} J_0 = \overline{Q_1^n} & K_0 = 1 \\ J_1 = Q_0^n & K_1 = 1 \end{cases}$

状态方程。由 JK 触发器的特征方程可知：$\begin{cases} Q_0^{n+1} = J_0\overline{Q_0^n} + \overline{K_0}Q_0^n = \overline{Q_1^n}\,\overline{Q_0^n} \\ Q_1^{n+1} = J_1\overline{Q_1^n} + \overline{K_1}Q_1^n = \overline{Q_1^n}Q_0^n \end{cases}$

输出方程。$Y = Q_1^n$

2）列出状态转换真值表，画出状态转换图。根据表 5-1，画出电路状态转换图，如图 5-3 所示。

表 5-1 例 5-1 状态转换真值表

计数脉冲信号 CP	电路现态		电路次态		输出
	Q_1^n	Q_0^n	Q_1^{n+1}	Q_0^{n+1}	Y
1	0	0	0	1	0
2	0	1	1	0	0
3	1	0	0	0	1
	1	1	0	0	1

在图 5-3 中，圆圈中的 Q_1Q_0 表示电路的状态，X/Y 表示此时电路的输入/输出状态。由于该电路没有输入信号 X，所以斜线左侧数值空缺。

3）检查电路的自启动能力。由电路可知，该电路存储电路由两位触发器组成，所以该电路的工作状态数有 $2^2 = 4$ 个。该电路在 CP 脉冲的作用下，状态在 00→01→10→00 之间循环，共有 3 个状态，称其为该电路的有效状态，另外一个状态 11 称为无效状态。对于该电路，如果电路进入 11 状态，在 CP 脉冲信号的作用下，就可以通过 00 状态而重新进入有效状态，故该电路具备自启动能力。

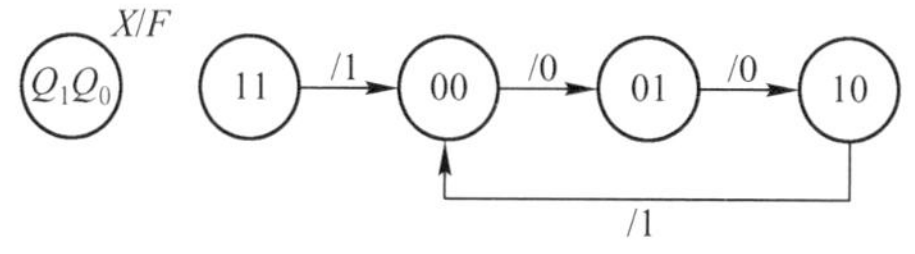

图 5-3 例 5-1 电路状态转换图

4）画出电路时序图。设电路的初始状态为 $Q_1Q_0 = 00$。各触发器及电路输出状态的变化（即时序图）如图 5-4 所示。

5）分析确定电路的逻辑功能。观察电路的状态转换真值表和状态转换图，发现电路具有 3 个有效状态，且在 10→00 时，输出一个进位信号 1。所以这是一个可以自启动的同步三进制计数器电路。

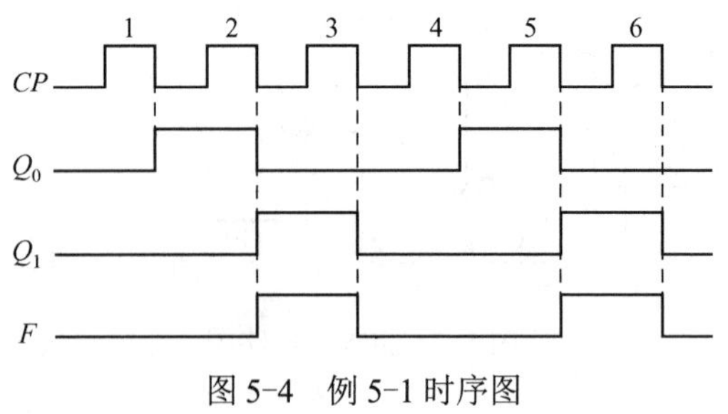

图 5-4　例 5-1 时序图

5.1.2　异步时序逻辑电路的分析

由于异步时序逻辑电路的外加 *CP* 时钟脉冲信号只能控制部分触发器，所以异步时序逻辑电路的状态变化并不只由外加 *CP* 脉冲信号控制，另外一部分触发器的状态由电路本身信号变化的状态决定。下面通过实例，说明异步时序逻辑电路的分析过程。

【例 5-2】 试分析图 5-5 所示的时序逻辑电路。

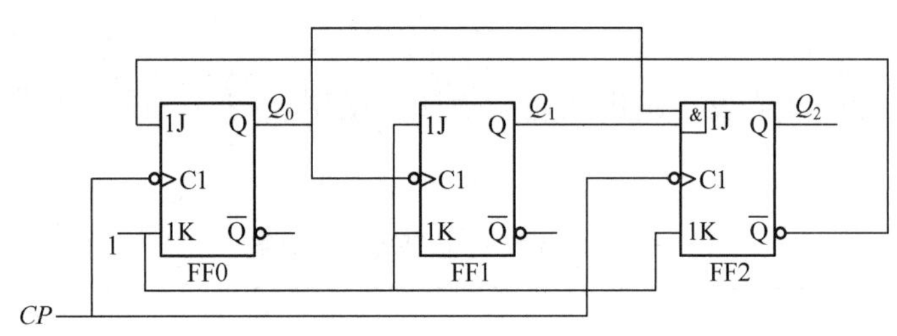

图 5-5　例 5-2 电路图

解： 由图可知，触发器 FF1 的 *CP* 时钟脉冲信号并不是取自外加 *CP* 信号，而是将前级 FF0 的输出信号 *Q* 作为它的时钟脉冲信号，所以，这是一个异步时序逻辑电路。

对异步时序逻辑电路的分析，可参考同步时序逻辑电路的分析步骤进行。但由于各触发器 *CP* 脉冲信号来源不同，所以在列方程时，要将各触发器的时钟方程考虑在内。要特别注意各触发器的时钟输入端是否有 *CP* 时钟信号所需要的跳变沿，只有当跳变沿到达时，相应的触发器才能翻转，否则触发器将保持原状态不变。

1）求出各类方程。

$$\text{时钟方程}\begin{cases} CP_0 = CP_2 = CP; & \text{FF0 和FF2 由外加}CP\text{下降沿触发} \\ CP_1 = Q_0; & \text{FF1 由}Q_0\text{下降沿触发} \end{cases}$$

$$\text{驱动方程}\begin{matrix} J_0 = \overline{Q}_2^n & J_1 = 1 & J_2 = Q_1^n Q_0^n \\ K_0 = 1 & K_1 = 1 & K_2 = 1 \end{matrix}$$

$$\text{状态方程}\begin{cases} Q_0^{n+1} = J_0\overline{Q}_2^n + \overline{K}_0 Q_0^n = \overline{Q}_2^n\,\overline{Q}_0^n & CP\text{下降沿有效} \\ Q_1^{n+1} = J_1\overline{Q}_1^n + \overline{K}_1 Q_1^n = \overline{Q}_1^n & Q_0\text{下降沿有效} \\ Q_2^{n+1} = J_2\overline{Q}_2^n + \overline{K}_2 Q_2^n = \overline{Q}_2^n Q_1^n Q_0^n & CP\text{下降沿有效} \end{cases}$$

2）列出状态转换真值表，画出状态转换图。在满足时钟方程的条件下，以上状态方程才成立。设电路初始状态为$Q_2Q_1Q_0 = 000$，代入状态方程，得到电路的状态转换真值表，如

表 5-2 所示。

表 5-2　例 5-2 状态转换真值表

电路现态			电路次态			对应时钟脉冲状态		
Q_2^{n+1}	Q_1^n	Q_0^n	Q_2^{n+1}	Q_1^{n+1}	Q_0^{n+1}	CP_2	CP_1	CP_0
0	0	0	0	0	1	↓	↑	↓
0	0	1	0	1	0	↓	↓	↓
0	1	0	0	1	1	↓	↑	↓
0	1	1	1	0	0	↓	↓	↓
1	0	0	0	0	0	↓	→	↓
1	0	1	0	1	0	↓	↓	↓
1	1	0	0	1	0	↓	→	↓
1	1	1	0	0	0	↓	↓	↓

在表 5-2 中，电路状态的变化并不是由外加 CP 脉冲信号这一个因素决定的。若 $Q_2^nQ_1^nQ_0^n=000$，在外加 $CP\downarrow$ 到来时，则 $Q_2^{n+1}=J_2\overline{Q}_2^n+\overline{K}_2Q_2^n=\overline{Q}_2^nQ_1^nQ_0^n=0$，$Q_0^{n+1}=J_0\overline{Q}_0^n+\overline{K}_0Q_0^n=\overline{Q}_2^n\overline{Q}_0^n=1$。由于 Q_0 由 0→1，不满足 FF1 的触发条件，所以 Q_1 状态不发生变化，仍保持 0 态。依此类推，可以获得电路完整的状态转换真值表。

根据表 5-2，画出电路状态转换图，如图 5-6 所示。

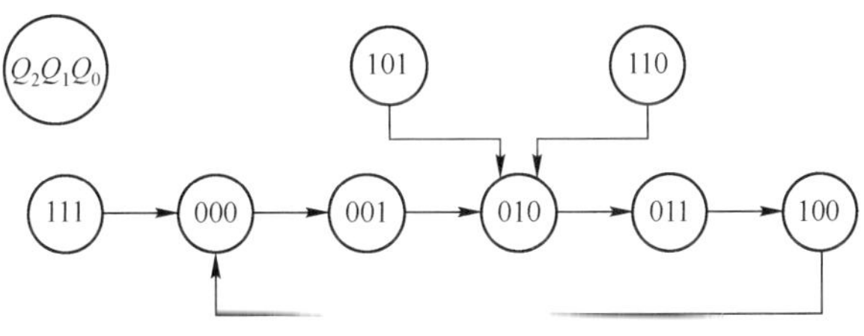

图 5-6　例 5-2 状态转换图

3）检查电路的自启动能力。经检查，任一无效状态在 CP 脉冲作用下，均可以返回到有效状态中，故该电路能够自启动。

4）画出电路时序图。设电路的初始状态为 $Q_2Q_1Q_0=000$，各触发器状态的变化如图 5-7 所示。

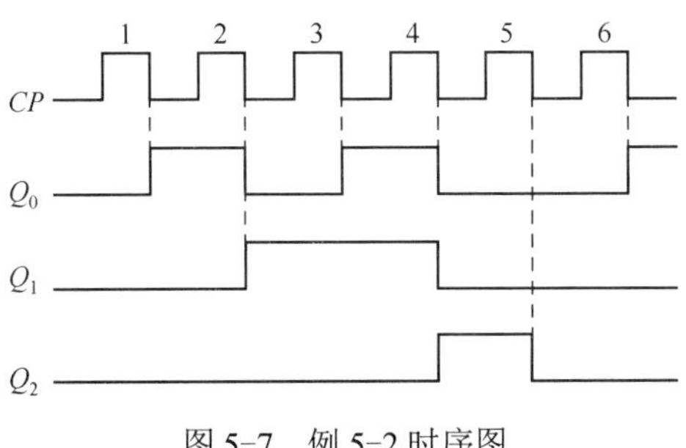

图 5-7　例 5-2 时序图

在时序图中，该电路与同步时序电路相比看不出区别，但它们的工作原理不同。如在第

2、4 个 CP 脉冲信号到来时，Q_1 的波形发生了变化，但这个变化并不是由外加 CP 引起的，而是由于 Q_0 的输出产生了下降沿，也就是说，触发器状态的变化有先后顺序。

5）分析确定电路的逻辑功能。根据电路状态转换真值表，可以确定这是一个具有自启动能力的异步五进制计数器。

5.2 寄存器（Register）

寄存器是常用的时序逻辑电路之一，主要用来存放数码、运算结果或指令等二值代码。移位寄存器不仅可以存放二值代码，在 CP 移位脉冲的作用下，还可以将寄存器中的数码向左或向右移位。

触发器是寄存器和移位寄存器的基本组成部分。一个触发器可存储一位二进制代码，n 个触发器可存储 n 位二进制代码。

5.2.1 基本寄存器

用来存放二值代码的电路称为基本寄存器，也叫数码寄存器（Digtal Register）。对基本寄存器按接收数码的方式可分为单拍式和双拍式。

单拍式：在接收数据后直接把触发器置为相应的数据，不考虑初态。

双拍式：在接收数据之前，先用复“0”脉冲把所有的触发器恢复为“0”，第二拍再把触发器置为接收的数据。

1．双拍工作方式的数码寄存器

双拍工作方式是指当接收数码时，先清零，再接收数码。

图 5-8 为双拍 4 位数码寄存器逻辑功能图。它的核心部分是 4 个 D 触发器。其工作过程如下所述。

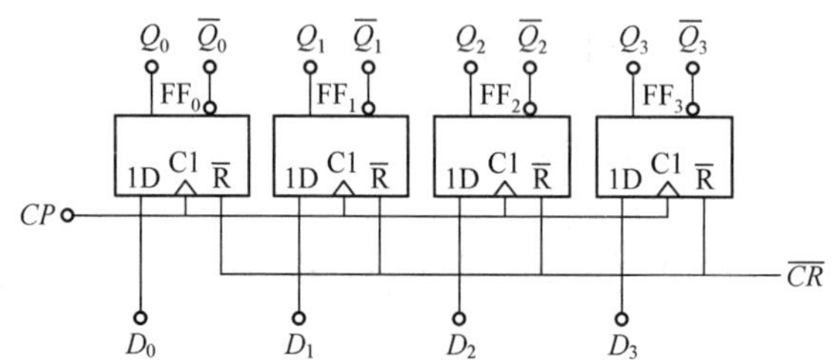

图 5-8　双拍 4 位数码寄存器逻辑功能图

1）清零。CR=0，异步清零。即有 $Q_3^{n+1}Q_2^{n+1}Q_1^{n+1}Q_0^{n+1}$=0000。

2）送数。CR=1 时，CP 上升沿送数，即 $Q_3^{n+1}Q_2^{n+1}Q_1^{n+1}Q_0^{n+1}=D_3D_2D_1D_0$。

3）保持。在 CR=1、CP 上升沿以外时间，寄存器内容将保持不变。这就实现了数码寄存器的功能。

① 当 $\overline{CR}$=0 时，触发器 FF_3～FF_0 同时被置 0。当寄存器正常工作时，$\overline{CR}$=1。

由图 5-8 可知，$D_3 \sim D_0$ 分别为触发器 FF_3～FF_0 的输入信号。因此，当 CP 时钟脉冲信号负跳变时，$D_3 \sim D_0$ 被同时送入 FF_3～FF_0，此时 $Q_3Q_2Q_1Q_0 = D_3D_2D_1D_0$。

② 当 $\overline{CR}$=1、CP=1 或 0 时，寄存器中的数码保持不变，即 FF_3～FF_0 的状态不变。

2．单拍工作方式的数据寄存器

单拍工作方式是指只需一个接收脉冲就可以完成接收数码的工作方式。集成数码寄存器几乎都采用单拍工作方式。数码寄存器要求所存的代码与输入代码相同，故由 D 触发器构成。图 5-9 所示为 D 触发器组成的单拍 4 位数据寄存器逻辑功能图。

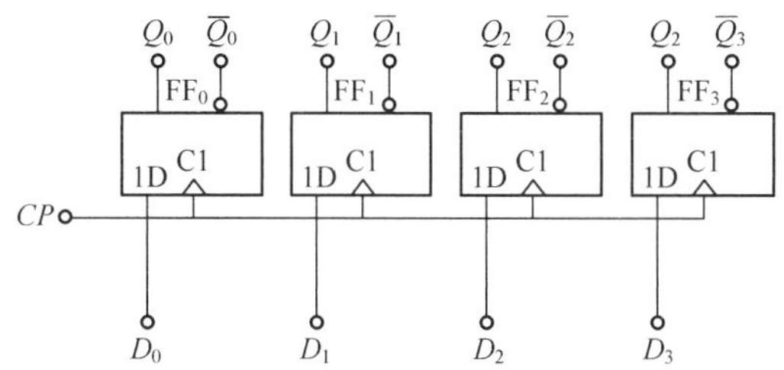

图 5-9　单拍 4 位数码寄存器逻辑功能图

无论寄存器中原来的内容是什么，只要送数在控制时钟脉冲 CP 上升沿到来时，加在并行数据输入端的数据 $D_0 \sim D_3$，就立即被送入进寄存器中，即有 $Q_3^{n+1}Q_2^{n+1}Q_1^{n+!}Q_0^{n+1}=D_3D_2D_1D_0$。图中 $\overline{CR}$ 为置 0 输入端，D_3～为 D_0 并行数码输入端，$Q_3 \sim Q_0$ 为并行数码输出端。

5.2.2　移位寄存器（Shift Register）

具有存放代码和右（左）移代码功能的电路称为移位寄存器，又称为移存器。在 CP 脉冲信号的控制下，存储在移位寄存器中的数码同时被顺序的左移或右移。

移位寄存器不但可以存放代码，而且可以依靠移位功能实现数据的串—并转换、数据运算及处理等功能。

移位寄存器分为单向移位寄存器和双向移位寄存器。

1．单向移位寄存器

图 5-10 所示为由 D 触发器组成的 4 位同步右移移位寄存器。数码由 FF_0 的 D_I 端串行输入，电路工作原理如下。

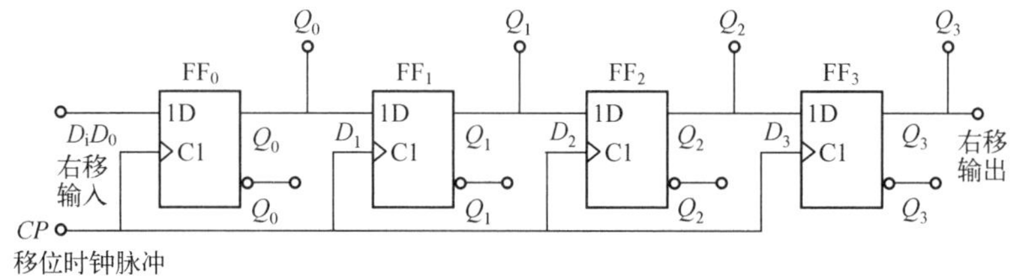

图 5-10　由 D 触发器组成的 4 位同步右移移位寄存器

设串行输入数码 D_I=1001。利用各触发器的复位端将 FF_3～FF_0 置为 0 状态。按照由高到低的顺序输入数码 D_I。当输入第一个数码 1 时，$D_0=D_I=1$、$D_1=Q_0=0$、$D_2=Q_1=0$、$D_3=Q_2=0$，在第 1 个移位脉冲信号 CP 上升沿到来时，FF_0 由 0 状态变为 1 状态，第一位数码 1 被存入 FF_0；同时 $D_1=Q_0=0$ 被移入 FF_1 中，依此类推，各触发器中原存储的数码均依次右移一位。这时，寄存器的状态为 $Q_3Q_2Q_1Q_0$ =0001。当输入第二个数码 0 时，在第二个移位脉冲信号

CP 上升沿到来时，第二个数码 0 被存入 FF_0，Q_0=0。FF_0 中原来的数码 1 被移入 FF_1 中，Q_1=1，同理 Q_2=Q_3= 0，移位寄存器中的数码又依次被右移一位。这样，在 4 个移位脉冲的作用下，输入的 4 位串行数码 1001 全部被存入寄存器中。4 位右移位寄存器状态表如表 5-3 所示。

表 5-3　4 位右移位寄存器状态表

移位脉冲 CP	输入数据 D_I	Q_0	Q_1	Q_2	Q_3
0		0	0	0	0
1	1	1	0	0	0
2	0	0	1	0	0
3	0	0	0	1	0
4	1	1	0	0	1

根据表 5-3 可画出右移移位寄存器的时序图，如图 5-11 所示。

移位寄存器中的数码可由 Q_3、Q_2、Q_1、Q_0 并行输出，也可由 Q_3 串行输出，但需要继续输入 4 个移位脉冲信号才能从寄存器中取出存放的 4 位数码 1001。

根据同样的工作原理，可以组成左移移位寄存器，这里不再赘述。

2．双向移位寄存器

如果将右移移位寄存器和左移移位寄存器组合在一起，那么在控制电路的控制下，就构成了双向移位寄存器。

图 5-12 为 4 位双向移位寄存器 74LS194 的外引线功能图。图中 $\overline{CR}$ 为置零端，$D_3 \sim D_0$ 为并行数码输入端，$Q_3 \sim Q_0$ 为并行数码输出端；D_{SR} 为右移串行数码输入端，D_{SL} 为左移串行数码输入端；M_1 和 M_0 为工作方式控制端。74LS194 功能见表 5-4。

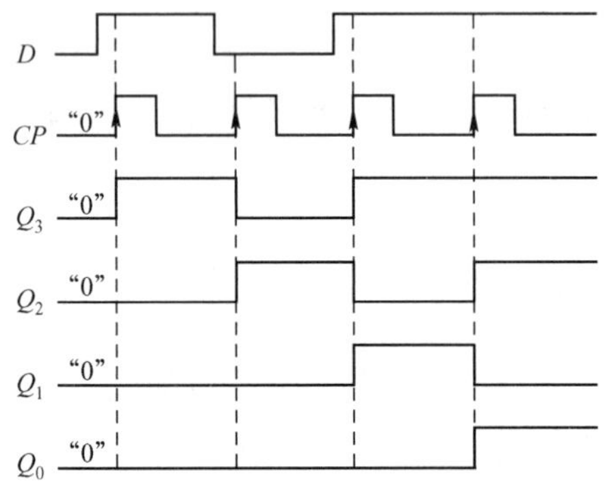

图 5-11　右移移位寄存器的时序图

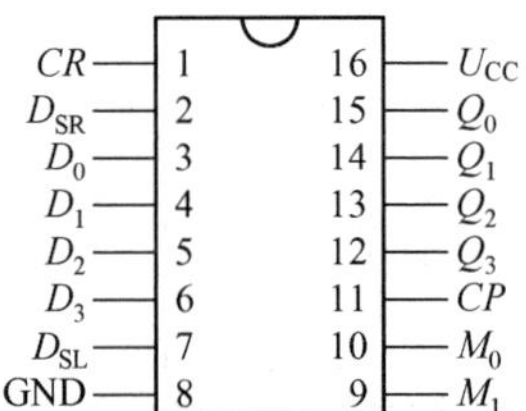

图 5-12　双向移位寄存器 74LS194 的外功能引线图

表 5-4　74LS194 功能表

输 入 变 量										输 出 变 量				说　明
$\overline{CR}$	M_1	M_0	CP	D_{SL}	D_{SR}	D_0	D_1	D_2	D_3	Q_0	Q_1	Q_2	Q_3	
0	×	×	×	×	×	×	×	×	×	0	0	0	0	置 0
1	×	×	0	×	×	×	×	×	×	保 持				

（续）

输入变量										输出变量				说明
1	1	1	↑	×	×	d_0	d_1	d_2	d_3	d_0	d_1	d_2	d_3	并行置数
1	0	1	↑	×	1	×	×	×	×	1	Q_0	Q_1	Q_2	右移输入 1
1	0	1	↑	×	0	×	×	×	×	0	Q_0	Q_1	Q_2	右移输入 0
1	1	0	↑	1	×	×	×	×	×	Q_1	Q_2	Q_3	1	左移输入 1
1	1	0	↑	0	×	×	×	×	×	Q_1	Q_2	Q_3	0	左移输入 0
1	0	0	×	×	×	×	×	×	×	保持				

1）置 0 功能。当 $\overline{CR}$=0 时，寄存器置 0。$Q_3 \sim Q_0$ 均为 0 状态。

2）保持功能。当 $\overline{CR}$=1 且 CP=0 或 $\overline{CR}$=1 且 M_1M_0=00 时，寄存器保持原态不变。

3）并行置数功能。当 $\overline{CR}$=1 且 M_1M_0=11 时，在 CP 上升沿作用下，$D_3 \sim D_0$ 端输入的数码 $d_3 \sim d_0$ 并行送入寄存器，是同步并行置数。

4）右移串行送数功能。当 $\overline{CR}$=1 且 M_1M_0=01 时，在 CP 上升沿作用下，执行右移功能，D_{SR} 端输入的数码依次被送入寄存器。

5）左移串行送数功能。当 $\overline{CR}$=1 且 M_1M_0=10 时，在 CP 上升沿作用下，执行左移功能，D_{SL} 端输入的数码依次被送入寄存器。

实例演练 1　用 CT74LS194 构成顺序脉冲发生器

所谓顺序脉冲发生器是指在每个循环周期内，产生在时间上按一定先后顺序排列的脉冲信号的电路。在数字系统中，常用以控制某些设备按照事先规定的顺序进行运算或操作。

利用并行置数功能将电路初态置为 $Q_3Q_2Q_1Q_0 = D_3D_2D_1D_0$= 1000，$M_1M_0$=10，来一个 CP 脉冲，各位左移一次，即 $Q_0 \leftarrow Q_1 \leftarrow Q_2 \leftarrow Q_3$。左移输入信号 DSL 由 Q_0 提供，因此能实现循环左移，从 $Q_3 \sim Q_0$ 依次输出顺序脉冲。顺序脉冲宽度为一个 CP 周期。由双向移位寄存器 74LS194 构成的顺序脉冲序列如图 5-13 所示。

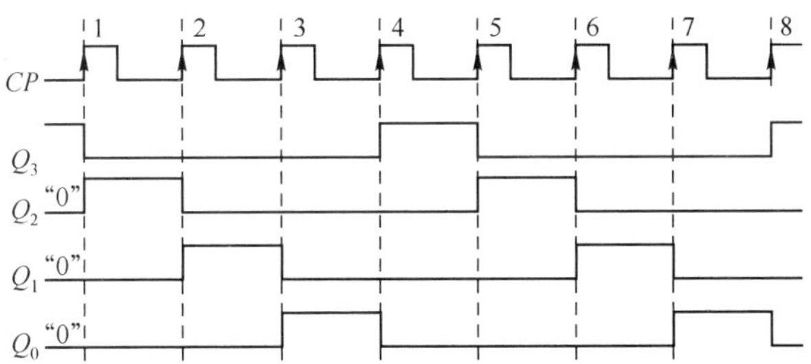

图 5-13　由双向移位寄存器 74LS194 构成的顺序脉冲序列

5.3　计数器（Counter）

计数器是数字系统中应用最广泛的时序逻辑电路之一，它的基本功能是对 CP 时钟脉冲进行计数，广泛应用于各种数字运算、测量、控制及信号产生电路中。

计数器累计的输入脉冲信号个数称为计数器的模或计数长度，用 M 表示。如 M=7 的计数器，表示计数器的模（计数长度）为 7，也称为七进制计数器。计数器的模实际是电路的有效状态数。

计数器的种类很多，特点各异，可根据不同的分类方法进行分类。

1．按数制分类

1）二进制计数器（Binary Counter）。按二进制数运算规律进行计数的电路称为二进制计数器。

2）十进制计数器（Decimal Counter）。按十进制数运算规律进行计数的电路称为十进制计数器。

3）任意进制计数器。在二进制计数器和十进制计数器之外的其他进制计数器统称为任意进制计数器。如五进制计数器、六十进制计数器等。

2．按计数功能分类

1）加法计数器（Up counter）。随计数脉冲信号进行递增计数的电路称为加法计数器。

2）减法计数器（Down counter）。随计数脉冲信号进行递减计数的电路称为减法计数器。

3）加/减计数器（Up-Down counter）：在加/减控制信号作用下，既可递增计数、又可递减计数的电路，称为加/减计数器，又称为可逆计数器。

3．按触发器翻转方式分类

1）同步计数器（Synchronous Counter）。计数脉冲信号同时加到所有触发器的时钟脉冲信号输入端，使各触发器同步翻转的计数器，称为同步计数器。

2）异步计数器（Asynchronous Counter）。计数脉冲信号加到部分触发器的时钟脉冲信号输入端，其他触发器的触发信号由电路内部提供，触发器状态更新有先有后，这类计数器称为异步计数器。显然，同步计数器的计数速度要比异步计数器快。

以上分类方法互相融和，例如在同步计数器中，又可以根据进制或者计数增减进一步详细分类。

5.3.1 同步计数器

1．同步二进制加法计数器

图 5-14 为 4 位同步二进制加法计数器，由 JK 触发器组成、下降沿触发。电路分析如下所述。

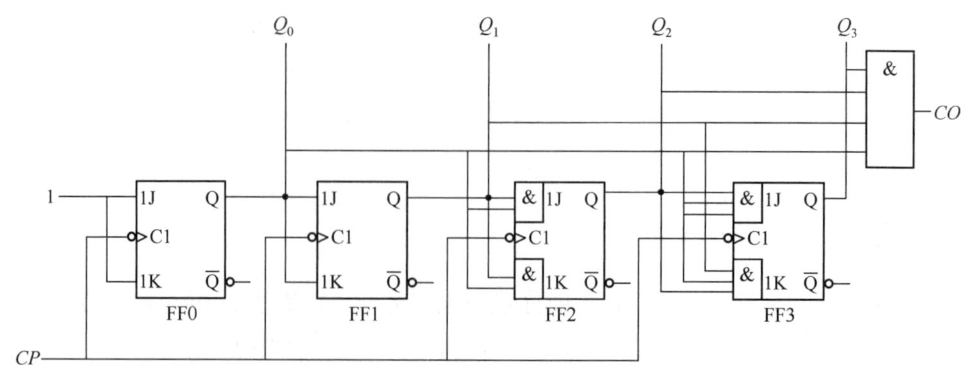

图 5-14　4 位同步二进制加法计数器

1）写方程式。

驱动方程
$$\begin{cases} J_0 = K_0 = 1 \\ J_1 = K_1 = Q_0^n \\ J_2 = K_2 = Q_1^n Q_0^n \\ J_3 = K_3 = Q_2^n Q_1^n Q_0^n \end{cases}$$

将驱动方程代入 JK 触发器的特性方程 $Q^{n+1} = J\bar{Q}^n + \bar{K}Q^n$，得到电路的状态方程。

状态方程
$$\begin{cases} Q_0^{n+1} = J_0\bar{Q}_0^n + \bar{K}_0 Q_0^n = \bar{Q}_0^n \\ Q_1^{n+1} = J_1\bar{Q}_1^n + \bar{K}_1 Q_1^n = \bar{Q}_1^n Q_0^n + Q_1^n \bar{Q}_0^n \\ Q_2^{n+1} = J_2\bar{Q}_2^n + \bar{K}_2 Q_2^n = \bar{Q}_2^n Q_1^n Q_0^n + Q_2^n \overline{Q_1^n Q_0^n} \\ Q_3^{n+1} = J_2\bar{Q}_3^n + \bar{K}_3 Q_3^n = \bar{Q}_3^n Q_2^n Q_1^n Q_0^n + Q_3^n \overline{Q_2^n Q_1^n Q_0^n} \end{cases}$$

输出方程 $CO = Q_3^n Q_2^n Q_1^n Q_0^n$

2）列状态转换真值表，画出状态转换图。

设计数器现态 $Q_3^n Q_2^n Q_1^n Q_0^n$ =0000，代入状态方程和输出方程，得 $Q_3^{n+1} Q_2^{n+1} Q_1^{n+1} Q_0^{n+1}$ = 0001，CO=0，即在第一个计数脉冲信号作用下，电路状态由 0000 变化到 0001。然后，将 0001 作为现态代入状态方程和输出方程再进行推导，依此类推，得到 4 位二进制计数器的状态转换真值表，如表 5-5 所示。根据状态转换真值表，画出状态转换图如图 5-15 所示。

表 5-5　4 位二进制计数器的状态转换真值表

计数脉冲序号	现　态				次　态				输　出
	Q_3^n	Q_2^n	Q_1^n	Q_0^n	Q_3^{n+1}	Q_2^{n+1}	Q_1^{n+1}	Q_0^{n+1}	CO
1	0	0	0	0	0	0	0	1	0
2	0	0	0	1	0	0	1	0	0
3	0	0	1	0	0	0	1	1	0
4	0	0	1	1	0	1	0	0	0
5	0	1	0	0	0	1	0	1	0
6	0	1	0	1	0	1	1	0	0
7	0	1	1	0	0	1	1	1	0
8	0	1	1	1	1	0	0	0	0
9	1	0	0	0	1	0	0	1	0
10	1	0	0	1	1	0	1	0	0
11	1	0	1	0	1	0	1	1	0
12	1	0	1	1	1	1	0	0	0
13	1	1	0	0	1	1	0	1	0
14	1	1	0	1	1	1	1	0	0
15	1	1	1	0	1	1	1	1	0
16	1	1	1	1	0	0	0	0	1

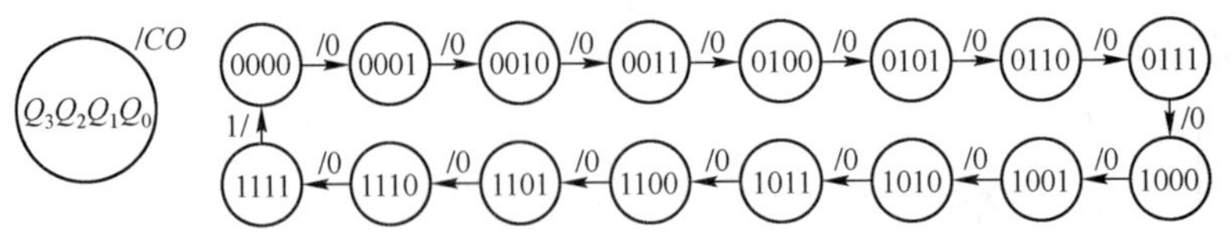

图 5-15　4 位同步二进制加法计数器状态转换图

3）检查电路的自启动能力。

经检查，该电路具备自启动能力。

4）画出电路时序图。

根据状态转换图，做出 4 位同步二进制加法计数器时序图，如图 5-16 所示。

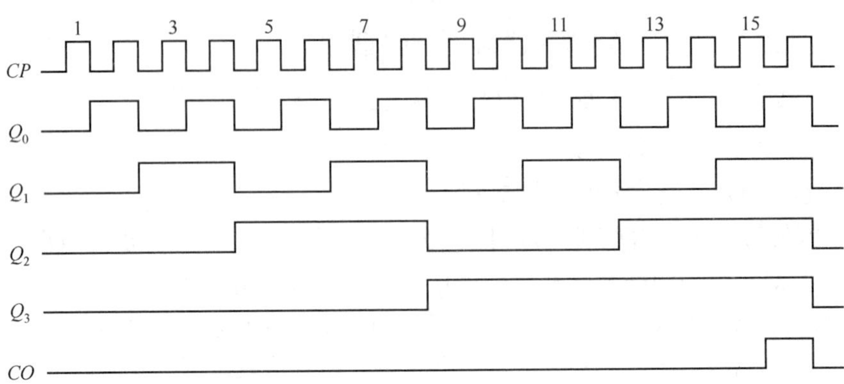

图 5-16　4 位同步二进制加法计数器时序图

5）电路逻辑功能说明。

根据以上分析知，图 5-16 所示电路在第 16 个 *CP* 计数脉冲信号作用下返回初始 0000 状态，且输出端 *CO* 输出一个进位信号。因此该电路为十六进制计数器。

2．同步二进制减法计数器

根据二进制减法计数转换规律，最低位触发器 FF_0 与加法计数器中 FF_0 相同，每来一个计数脉冲翻转一次，应有 $J_0=K_0=1$。其他触发器的翻转条件是所有低位触发器的 *Q* 端全为 0，应有 $J_0=K_0=\overline{Q_0}$、$J_1=K_1=\overline{Q_1}\,\overline{Q_0}$、$J_2=K_2=\overline{Q_2}\,\overline{Q_1}\,\overline{Q_0}$。由 3 个 JK 触发器构成的 T 触发器构成的 3 位同步二进制减法计数器电路如图 5-17 所示。图中各触发器均由同一个 *CP* 时钟脉冲控制，因此 3 个触发器的翻转就均由其输入信号的状态决定。

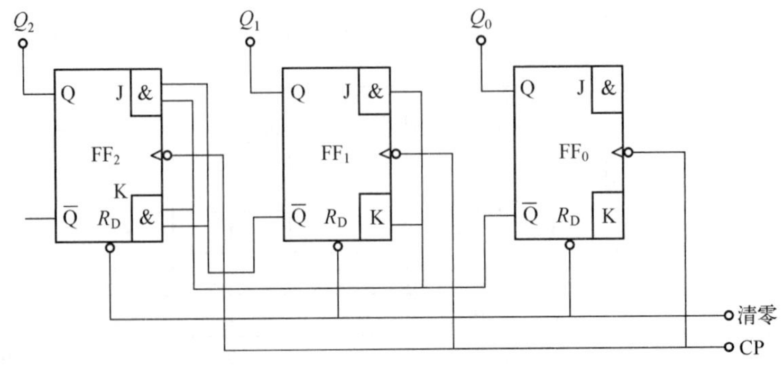

图 5-17　3 位同步二进制减法计数器

同步二进制减法计数器状态表如表 5-6 所示。

表 5-6 同步二进制减法计数器状态表

现态			次态		
Q_2^n	Q_1^n	Q_0^n	Q_2^{n+1}	Q_1^{n+1}	Q_0^{n+1}
0	0	0	1	1	1
1	1	1	0	1	0
0	1	0	0	0	1
0	0	1	0	0	0
0	0	0	1	1	1
1	1	1	0	1	0
0	1	0	0	0	1
0	0	1	0	0	0

根据状态表，可画出状态转移图和时序图，如图 5-18 所示。

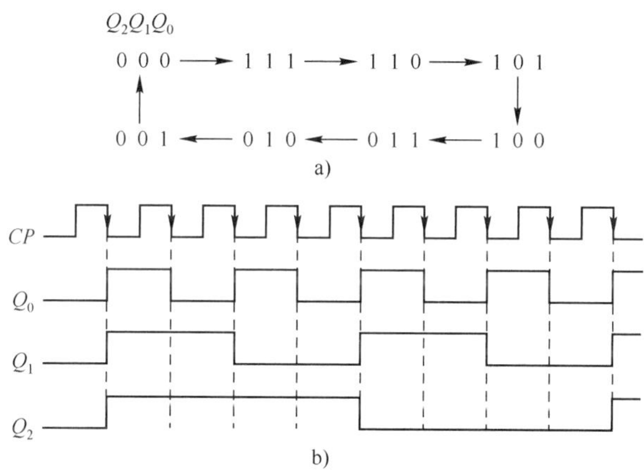

图 5-18 同步二进制减法计数器状态转移图和时序图

a) 状态转移图 b) 时序图

从状态图可知随 CP 脉冲的递增，触发器的输出 $Q_2Q_1Q_0$ 是递减的，且经过 8 个 CP 脉冲完成一个循环过程。从图 5-17b 所示时序图可知，Q_0 端输出矩形信号的周期是输入 CP 信号的周期的两倍，所以 Q_0 端输出信号的频率是输入 CP 信号频率的 1/2，对应 Q_1 端输出信号的频率是输入 CP 信号频率的 1/4，因此 N 进制计数器同时也是一个 N 分频器。所谓分频就是降低频率，N 分频器输出信号频率是其输入信号频率的 N 分之一。

3. 集成同步计数器 74LS161

74LS161 是同步 4 位二进制加法集成计数器，其引脚排列如图 5-19 所示，逻辑功能如表 5-7 所示。

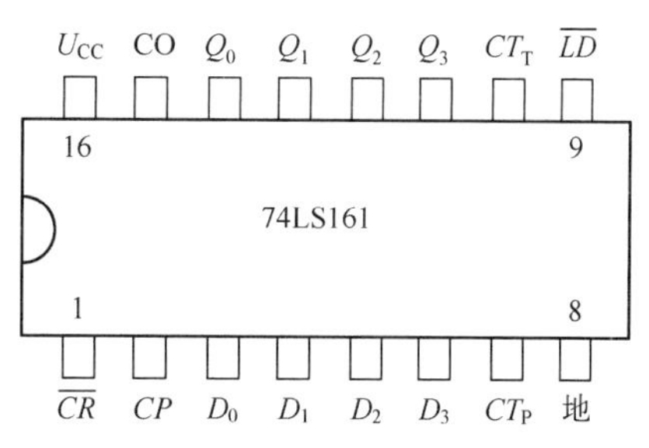

图 5-19 74LS161 引脚排列图

集成同步 4 位二进制加法集成计数器 74LS161 具有以下功能。

当复位端 $\overline{CR}=0$ 时，输出 $Q_3Q_2Q_1Q_0$ 全为零，与

CP 无关，实现异步清零功能（又称为复位功能）。

表 5-7　74LS161 逻辑功能表

$\overline{CR}$	$\overline{LD}$	CT_P	CT_T	CP	Q_3	Q_2	Q_1	Q_0
0	×	×	×	×	0	0	0	0
1	0	×	×	↑	D_3	D_2	D_1	D_0
1	1	0	×	×	Q_3	Q_2	Q_1	Q_0
1	1	×	0	×	Q_3	Q_2	Q_1	Q_0
1	1	1	1	↑	加法计数			

当 $\overline{CR}=1$、预置控制端 $\overline{LD}=0$、并且 $CP=CP\uparrow$ 时，$Q_3Q_2Q_1Q_0=D_3D_2D_1D_0$，实现同步预置数功能。

当 $\overline{CR}=\overline{LD}=1$ 且 $CT_P\cdot CT_T=0$ 时，输出 $Q_3Q_2Q_1Q_0$ 保持不变。

当 $\overline{CR}=\overline{LD}=CT_P=CT_T=1$、并且 $CP=CP\uparrow$ 时，计数器开始加法计数，实现计数功能。

4．集成十进制同步计数器 74LS160

图 5-20 所示为集成十进制同步加法计数器 74LS160。图中 $\overline{LD}$ 为同步置数控制端，$\overline{CR}$ 为异步置 0 控制端，CT_P、CT_T 为计数控制端；D_3～D_0 为并行数据输入端，Q_3～Q_0 为并行数据输出端，CO 为进位输出端。74LS160 功能表见表 5-8。

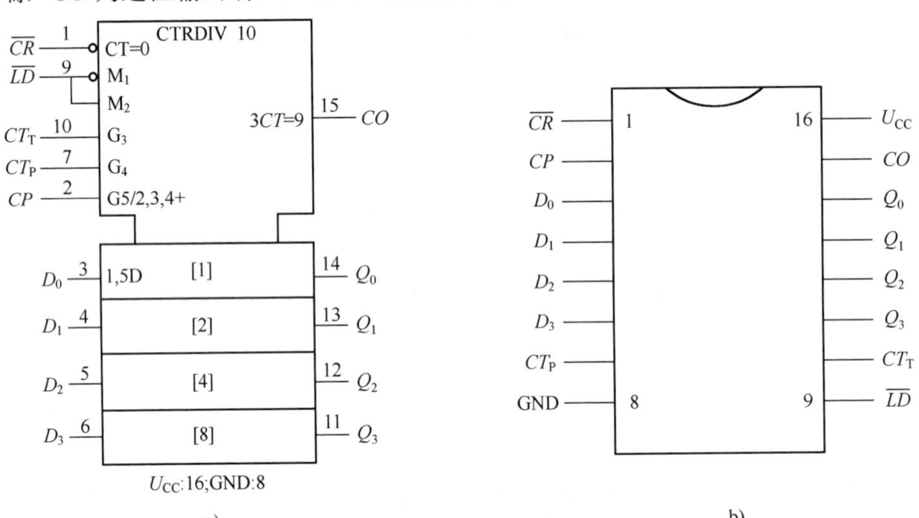

图 5-20　集成十进制同步加法计数器 74LS160

a) 逻辑符号　b) 外引线功能图

表 5-8　74LS160 功能表

输入变量									输出变量					说明
$\overline{CR}$	$\overline{LD}$	CT_P	CT_T	CP	D_3	D_2	D_1	D_0	Q_3	Q_2	Q_1	Q_0	CO	
0	×	×	×	×	×	×	×	×	0	0	0	0	0	异步置 0
1	0	×	×	↑	d_3	d_2	d_1	d_0	d_3	d_2	d_1	d_0	CO_1	$CO_1=CT_T Q_3Q_0$
1	1	1	1	↑	×	×	×	×	计　数				CO_2	$CO_2=Q_3Q_0$
1	1	0	×	×	×	×	×	×	保　持				CO_3	$CO_3=CT_T Q_3Q_0$
1	1	×	0	×	×	×	×	×	保　持				0	

主要功能如下所述。

1）异步置 0 功能。当 $\overline{CR}=0$ 时，不论有无 CP 等输入信号，计数器均被置 0，即 $Q_3Q_2Q_1Q_0=0000$。

2）同步并行置数功能。当 $\overline{CR}=1$、$\overline{LD}=0$ 时，在输入 CP 信号上升沿到来时，并行输入的数据 $d_3 \sim d_0$ 被置入计数器，即 $Q_3Q_2Q_1Q_0=d_3d_2d_1d_0$。

3）计数功能。当 $\overline{LD}=\overline{CR}=CT_P=CT_T=1$ 时，在输入 CP 信号控制下，电路按 8421BCD 码顺序进行十进制加法计数。

4）保持功能。当 $\overline{LD}=\overline{CR}=1$、且 $CT_P \cdot CT_T=0$ 时，计数器状态保持不变。这时，若 $CT_P=0$、$CT_T=1$，则 $CO=CT_T Q_3Q_0=Q_3Q_0$，即进位输出信号 CO 不变；若 $CT_P=1$、$CT_T=0$，则 $CO=CT_T Q_3Q_0=0$，即进位输出为 0。

5.3.2　异步计数器

在异步计数器内部，有的触发器只接受输入计数脉冲的控制，有的触发器则是把其他触发器的输出信号作为自己的时钟脉冲，因此各个触发器状态变换的时间先后不一。

1．异步二进制计数器

满足二进制加法计数规则的计数器称为二进制加法计数器。

图 5-21 电路用 3 个 JK 触发器构成的 T' 触发器构成了 3 位二进制异步加法计数器。T' 触发器在 CP 脉冲的下降沿接受输入信号，并使触发器翻转。图 5-20 所示的触发器在时钟信号的下降沿动作，第一位触发器的时钟信号 CP_0 是要记录的计数脉冲。最低位 Q_0 的状态变化是每来一个脉冲翻转一次；次低位 Q_1 是每来两个脉冲翻转一次，且当 Q_0 从 1 跳到 0 时，Q_1 翻转；高位 Q_2 每来 4 个脉冲翻转一次，且当 Q_0 从 1 跳到 0 时，Q_2 翻转。依次类推，如以 Q_i 代表第 i 位，则每来 2^i 个脉冲，该位 Q_i 翻转一次，且当 Q_{i-1} 从 1 跳到 0 时翻转。

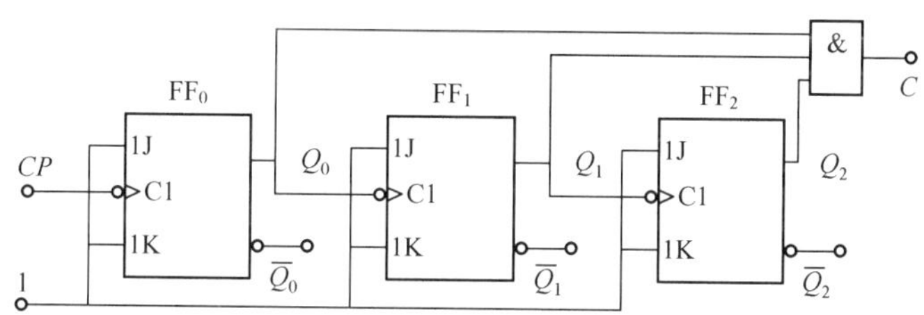

图 5-21　3 位二进制异步加法计数器

根据 T' 触发器的翻转规律，可以依次画出 Q_0、Q_1、Q_2 在 CP_0 脉冲信号作用下的波形，即 3 位二进制异步加法计数器的时序图，如图 5-22 所示。在产生进位的情况下，必须在低位触发器翻转以后高位才开始翻转。

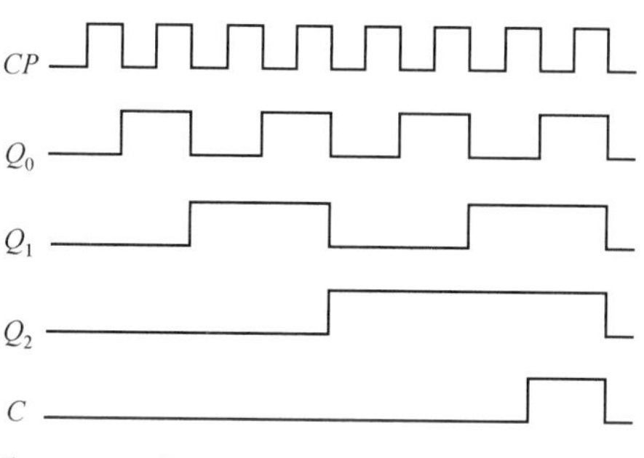

图 5-22　3 位二进制异步加法计数器的时序图

此外，由波形图还可以看到，若 CP_0 的频率为 f_0，则 Q_0、Q_1 和 Q_2 输出脉冲的频率将依次为 $\frac{1}{2}f_0$、$\frac{1}{4}f_0$ 和 $\frac{1}{8}f_0$。针对计数器的这种分频功

能，也把它叫做分频器，即相对于 CP 而言，各级依次称为 2 分频、4 分频和 8 分频。

在上述的 3 位二进制计数器中共有 $2^3=8$ 个状态，除去起始状态（$Q_0=Q_1=Q_2=0$），还有 2^3-1 个状态能用来记载输入时钟脉冲的数目。通常把一个具体的计数器能够记忆输入脉冲的数目叫做计数器的计数容量、计数长度或模。因此，n 位二进制计数器的最大计数容量为 2^n-1。

根据图 5-22 所示的时序图，可以列出电路的状态转换表。3 位二进制异步加法计数器状态转换表如表 5-9 所示。

表 5-9 3 位二进制异步加法计数器状态转换表

Q_2^n	Q_1^n	Q_0^n	Q_2^{n+1}	Q_1^{n+1}	Q_0^{n+1}	CP_2	CP_1	CP_0
0	0	0	0	0	1	0	↑	↓
0	0	1	0	1	0	↑	↓	↓
0	1	0	0	1	1	1	↑	↓
0	1	1	1	0	0	↓	↓	↓
1	0	0	1	0	1	0	↑	↓
1	0	1	1	1	0	↑	↓	↓
1	1	0	1	1	1	1	↑	↓
1	1	1	0	0	0	↓	↓	↓

用上升沿触发的 JK 触发器同样也可以组成异步二进制加法计数器，但每一级触发器的进位脉冲应改为 $\overline{Q}$ 端输出。

如果将 JK 触发器之间按二进制减法规则连接，就可以得到二进制减法计数器。

2．集成异步计数器

集成异步十进制计数器 74LS290。利用集成计数器可以方便的构成 N 进制计数器。由于集成计数器是厂家生产的定型产品，其内部关系已经固定，状态分配（即编码）不能改变，而且多为纯自然态序编码，因此，在用集成计数器构成 N 进制计数器时，需要利用清零端或置数端，让电路跳过某些状态来获得 N 进制计数器。下面简单了解集成异步计数器芯片 74LS290，其逻辑电路如图 5-23 所示。

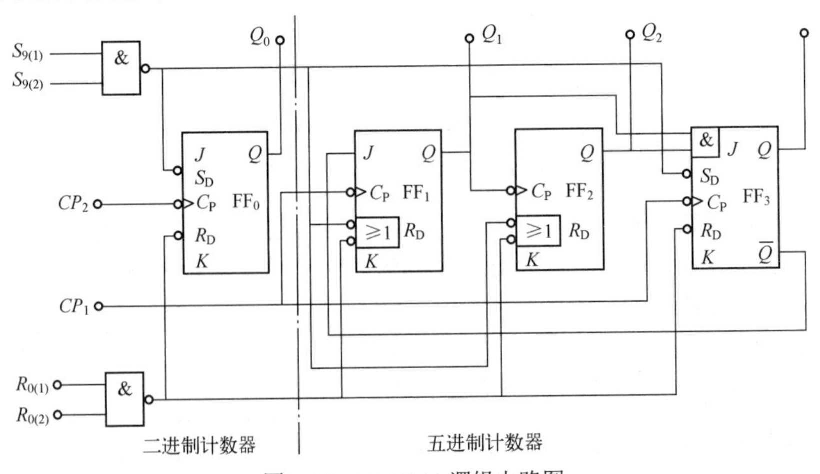

图 5-23 74LS290 逻辑电路图

图 5-24 是异步二—五—十进制计数器 74LS290 的引脚排列图。其中，$S_{9(1)}$、$S_{9(2)}$称为置“9”端，$R_{0(1)}$、$R_{0(2)}$称为置“0”端；CP_0、CP_1 端为计数时钟输入端，$Q_3Q_2Q_1Q_0$ 为输出端，NC 表示空脚。

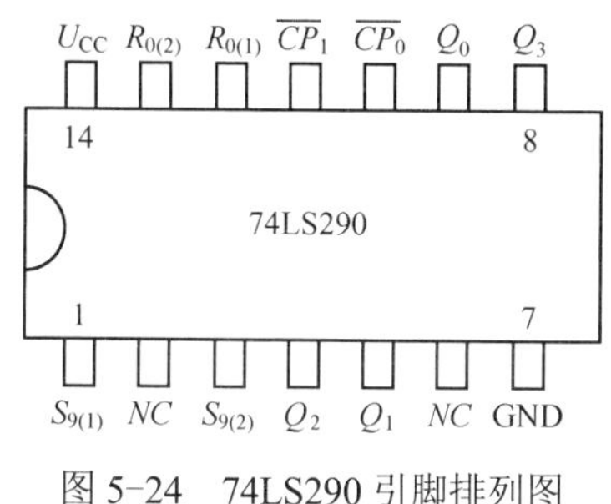

图 5-24　74LS290 引脚排列图

74L290 逻辑功能表如表 5-10 所示。

表 5-10　74LS290 逻辑功能表

$S_{9(1)}$	$S_{9(2)}$	$R_{0(1)}$	$R_{0(2)}$	CP_0	CP_1	Q_3	Q_2	Q_1	Q_0
1	1	×	×	×	×	1	0	0	1
0	×	1	1	×	×	0	0	0	0
×	0	1	1	×	×	0	0	0	0
$S_{9(1)} \cdot S_{9(2)}=0$				CP	0	二进制			
$R_{0(1)} \cdot R_{0(2)}$				0	CP	五进制			
				CP	Q_0	8421　十进制			
				Q_3	CP_3	5421　十进制			

主要功能如下所述。

1）置“9”功能。当 $S_{9(1)}=S_{9(2)}=1$ 时，不论其他输入端状态如何，计数器都输出 $Q_3Q_2Q_1Q_0=1001$，而$(1001)_2=(9)_{10}$，故又称为异步置数功能。

2）清零功能。当 $S_{9(1)}$和 $S_{9(2)}$不全为 1、并且 $R_{0(1)}=R_{0(2)}=1$ 时，不论其他输入端状态如何，计数器都输出 $Q_3Q_2Q_1Q_0 = 0000$，故又称为异步清零功能或复位功能。

3）计数功能。当 $S_{9(1)}$和 $S_{9(2)}$不全为 1、并且 $R_{0(1)}$和 $R_{0(2)}$不全为 1、输入计数脉冲 CP 时，计数器开始计数。

若把输入计数器脉冲 CP 由 CP_0 端输入，Q_0 端输出，则可构成二进制计数器，如图 5-25a 所示；若把输入计数器脉冲 CP 由 CP_1 端输入，$Q_3Q_2Q_1$ 端输出，则可构成五进制计数器，如图 5-25b 所示；若把输入计数器脉冲 CP 由 CP_0 端输入，即 $CP_0=CP$，且 Q_0 与 CP_1 相连，以 CP_0 为计数脉冲输入端，$Q_3Q_2Q_1Q_0$ 端输出，则可构成 8421 码计数器，如图 5-25c 所示；若把输入计数器脉冲 CP 由 CP_0 端输入，即 $CP_0=CP$，且 Q_3 与 CP_0 相连，以 CP_1 为计数脉冲输入端，$Q_3Q_2Q_1Q_0$ 端输出，则可构成 5421 码计数器，如图 5-25d 所示。

利用一片 74LS290 集成计数器芯片，构成十进制以内的其他进制计数器，可以采用直接清零法。用 74LS290 直接清零法构成六进制计数器，如图 5-26 所示。

获得 N 进制计数器的方法很多，感兴趣的读者可结合具体电路自行推导或查阅相关资料。

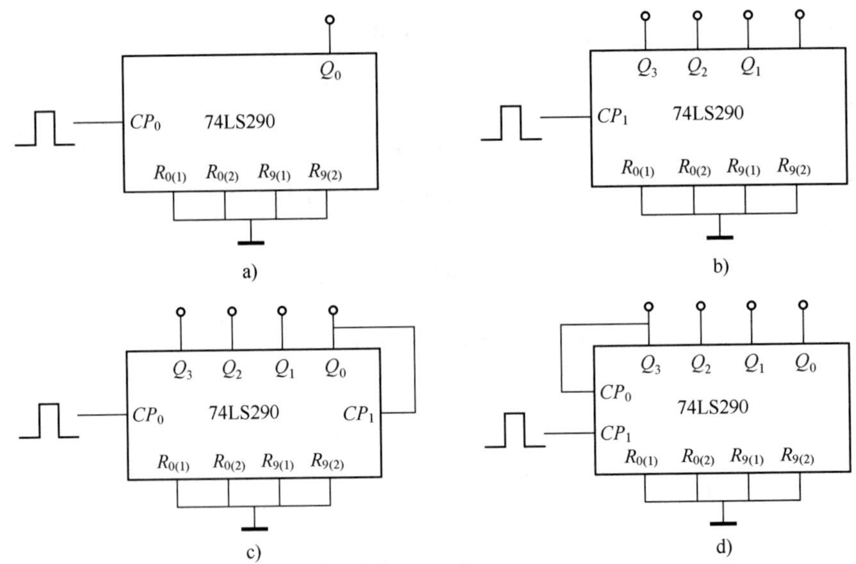

图 5-25 用 74LS290 构成二进制、五进制和十进制计数器

a) 二进制计数器 b) 五进制计数器 c) 十进制（8421）计数器 d) 十进制计数器

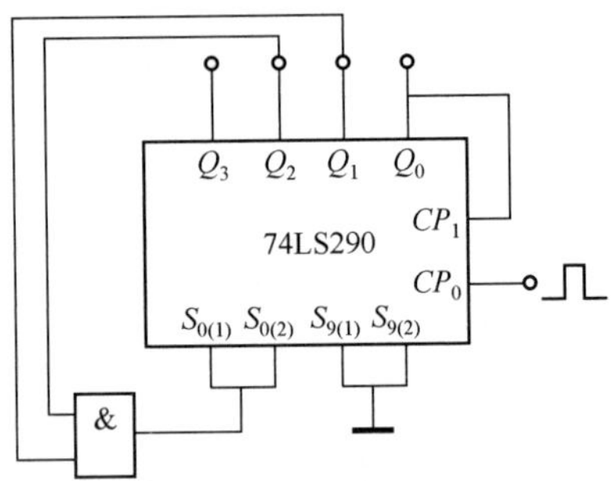

图 5-26 用 74LS290 直接清零法构成六进制计数器

5.4 本章小结

学习时序逻辑电路的基本要求如表 5-11 所示。

表 5-11 学习时序逻辑电路的基本要求

<table>
<tr><th colspan="2" rowspan="2">主要知识点</th><th colspan="3">基 本 要 求</th><th rowspan="2">重 点 难 点</th></tr>
<tr><th>熟练掌握</th><th>正确理解</th><th>一般了解</th></tr>
<tr><td colspan="2">时序逻辑电路的特点与结构</td><td>√</td><td>√</td><td></td><td rowspan="6">1．同步时序逻辑电路的分析与设计方法
2．常见时序逻辑电路的功能及典型集成电路分析</td></tr>
<tr><td rowspan="2">时序逻辑电路的分析方法</td><td>同步时序逻辑电路分析</td><td>√</td><td></td><td></td></tr>
<tr><td>异步时序逻辑电路分析</td><td></td><td>√</td><td></td></tr>
<tr><td rowspan="3">常见时序逻辑电路</td><td>寄存器</td><td>√</td><td></td><td></td></tr>
<tr><td>移位寄存器</td><td>√</td><td></td><td></td></tr>
<tr><td>计数器及其功能扩展</td><td>√</td><td></td><td></td></tr>
</table>

（续）

主要知识点		基本要求			重点难点
		熟练掌握	正确理解	一般了解	
常见时序逻辑电路	顺序脉冲发生器		√		3．计数器功能扩展 4．时序逻辑电路的自启动设计
	序列信号发生器		√		
时序逻辑电路的设计方法	同步时序逻辑电路设计	√			
	异步时序逻辑电路设计			√	

5.5 习题

1．什么是时序逻辑电路？它与组合逻辑电路有何不同？

2．时序逻辑电路由几部分组成？描述时序逻辑电路需要用几种不同的方程？

3．如何分析同步时序逻辑电路？

4．分析图 5-27 所示时序电路的逻辑功能，试写出电路的驱动方程、状态方程和输出方程，画出电路的状态转换图，说明电路能否自启动。

5．试分析图 5-28 所示时序电路的逻辑功能，试写出电路的驱动方程、状态方程和输出方程，画出电路的状态转换图。A 为输入逻辑变量。

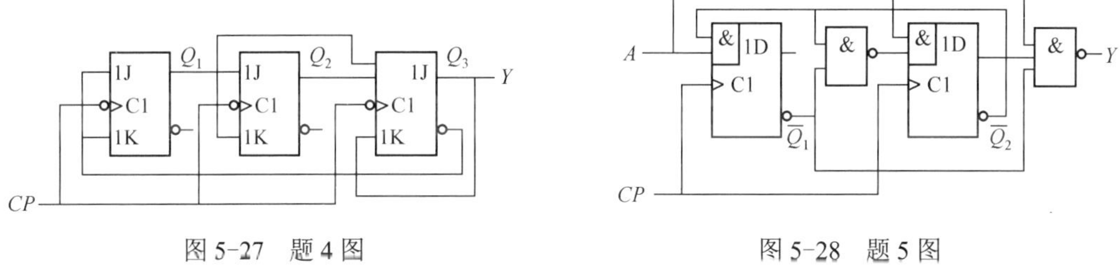

图 5-27　题 4 图　　图 5-28　题 5 图

6．试分析图 5-29 所示时序电路的逻辑功能，写出电路的驱动方程、状态方程和输出方程，画出电路的状态转换图，检查电路能否自启动。

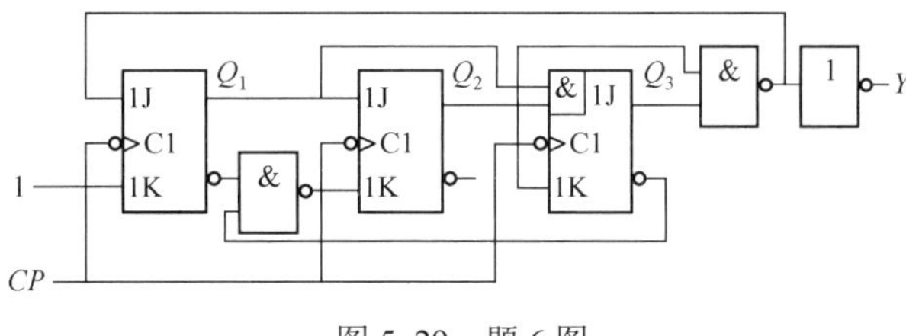

图 5-29　题 6 图

7．试分析图 5-30 所示的时序电路，画出电路的状态转换图，检查电路能否自启动，说明电路实现的功能。A 为输入变量。

8．试分析图 5-31 所示的时序逻辑电路，写出电路的驱动方程、状态方程和输出方程，画出电路的状态转换图，说明电路能否自启动。

9．试分析图 5-32 所示的计数器电路，说明这是多少进制的计数器。

10．试分析图 5-33 所示的计数器电路，画出电路的状态转换图，说明这是多少进制的计数器。

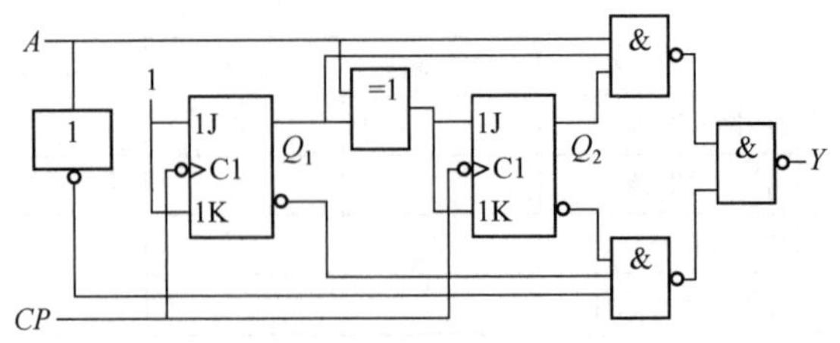

图 5-30　题 7 图

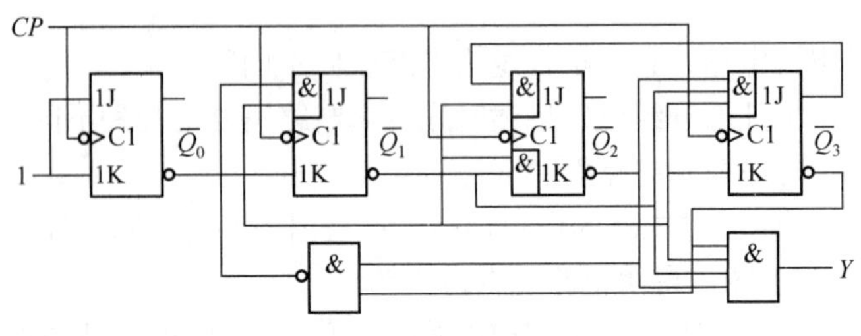

图 5-31　题 8 图

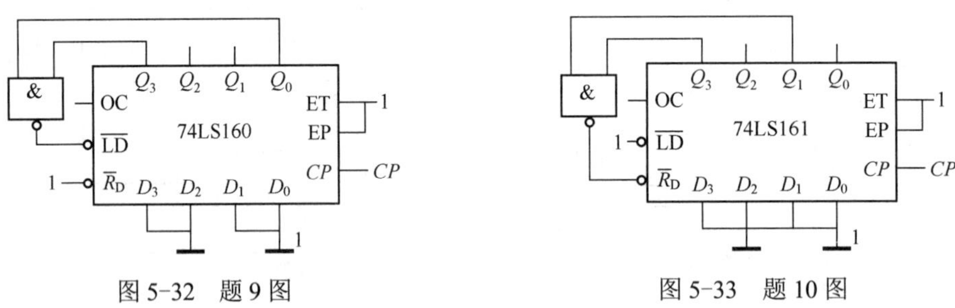

图 5-32　题 9 图　　图 5-33　题 10 图

11．图 5-34 所示电路是由两片同步十进制计数器 74160 组成的计数器，试分析这是多少进制的计数器，两片之间是几进制？

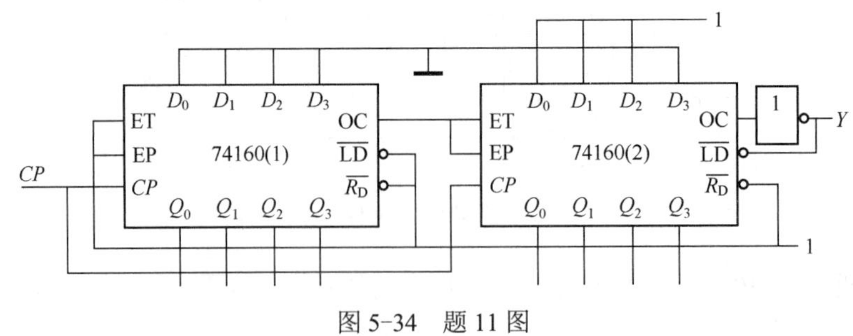

图 5-34　题 11 图

第 6 章　脉冲信号的产生与变换

【内容提要】

本章主要介绍 555 定时器电路及以其为核心构成的矩形脉冲信号的产生与变换电路。

6.1　概述

数字电路中的信号大多数是矩形脉冲信号。通常将在较短时间间隔内作用于电路的电压或电流信号称为脉冲信号。而这个时间间隔可以与电路过渡过程的持续时间（3τ～5τ）相比拟，如同步时序逻辑电路中 *CP* 时钟脉冲信号质量的高低，对电路正常工作就起着非常重要的作用。图 6-1 所示为数字电路中常见的脉冲信号波形。

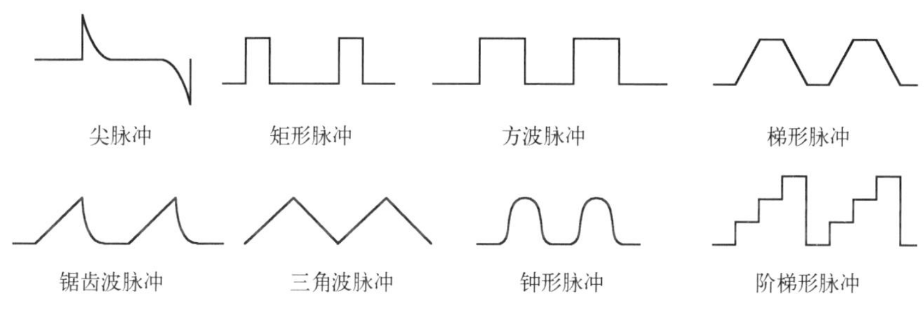

图 6-1　数字电路中常见的脉冲信号波形图

图 6-1 中所示的矩形脉冲信号波形是理想的，即波形的上升沿与下降沿均是跳变的且波形幅度保持不变，一直保持幅度为 V_m。而实际的矩形脉冲信号波形无理想跳变，顶部也不平坦，如图 6-2 所示。

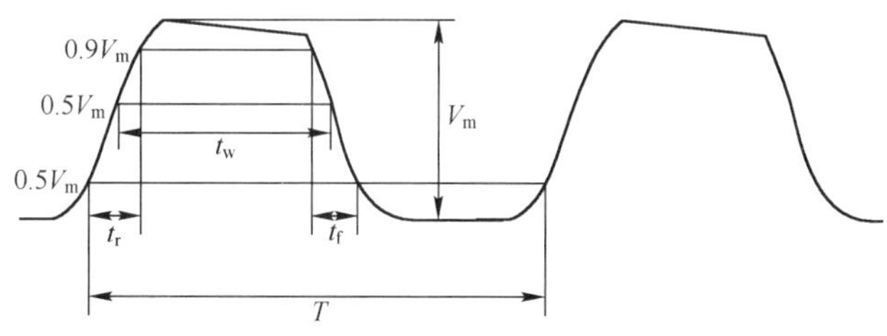

图 6-2　实际的矩形脉冲信号波形图

为衡量实际矩形脉冲信号的优劣，经常使用以下参数对其进行描述。

1）脉冲幅度 V_m。矩形脉冲信号的最大变化量称为脉冲幅度，用 V_m 表示。

2）上升时间 t_r（Rise Time）。矩形脉冲信号上升沿由 0.1V_m 上升到 0.9V_m 所需要的时间称为上升时间。用 t_r 表示。

3）下降时间 t_f（Fall Time）。矩形脉冲信号下降沿由 $0.9V_m$ 下降到 $0.1V_m$ 所需要的时间称为下降时间。用 t_f 表示。

4）脉冲宽度 t_w。矩形脉冲信号上升沿与下降沿 $0.5V_m$ 之间的宽度，称为脉冲宽度或半值脉冲宽度。用 t_w 表示。有时，也可以用脉冲信号上升沿与下降沿 $0.1V_m$ 之间的宽度表示脉冲信号宽度。

5）脉冲周期 T。对于重复性脉冲信号，在两个相邻脉冲波形相应点之间的时间间隔称为脉冲周期，用 T 表示。$f=\frac{1}{T}$，为信号的频率，即单位时间内脉冲信号的重复次数。

6）脉宽比 $\frac{t_w}{T}$。矩形脉冲信号的宽度与周期之比称为脉宽比，有时也称为占空比。

以上参数是描述矩形脉冲信号时经常要用到的。除此之外，描述矩形脉冲信号的参数还有脉冲信号前/后沿产生的振荡与过冲、信号幅度的稳定性、前/后沿与信号频谱之间的关系等，需要具体问题具体分析。

在数字电路中，获得矩形脉冲信号的方法主要有两种：一种是利用各种形式的多谐振荡电路，配以适当的电路参数，直接产生所需要的周期性矩形脉冲信号；另一种是利用脉冲信号的变换电路，如施密特触发器电路和单稳态触发器电路，将现有的脉冲信号变换成所需要的矩形脉冲信号，在这种方法中，电路本身不产生脉冲信号，而仅仅起脉冲波形的变换作用。

6.2 555 定时器

555 定时器电路是一种介于数字电路与模拟电路之间的混合电路，是将模拟电路和开关电路结合起来的器件。最早由美国 Sginetics 公司于 1972 年开发研制。该电路功能强大，连接使用方便、灵活，俗称为“万能块”。除了可以将 555 电路组成定时电路之外，还可以将其组成单稳态触发器、施密特触发器和多谐振荡电路等典型电路。同时，以 555 电路为核心的各种应用电路也非常多，在控制系统、报警等电路中均有广泛应用。

鉴于 555 电路的实用性，各电子器件的主要生产厂家相继生产了各自的 555 产品。一般可将这些产品分为双极型和 CMOS 型两类。双极型产品的最后 3 位均为 555，CMOS 产品的最后 4 位均为 7555。它们的功能和外引线排列完全一致，分别为由双极型和 CMOS 电路组成的双定时器电路。

6.2.1 555 电路结构

555 电路的逻辑符号、外引线功能和内部等效电路如图 6-3 所示。

根据图 6-3 可知，555 电路主要由以下几部分构成。

1．一个 RS 触发器

该触发器由高电平触发，即当 R=1 时，$Q=0$，$\overline{Q}=1$；当 S=1 时，$Q=1$，$\overline{Q}=0$。若复位端 $\overline{R}=0$，则触发器直接被复位。

2．两个电压比较电路

比较电路由两个电压比较器 C_1、C_2 及 3 个分压电阻 R 构成。C_1、C_2 是由两个高增益运算放大器构成的电压比较电路：当放大器的同相输入大于反相输入时，运算放大器输出高电平信号；反之，则输出低电平信号。3 个电阻 R 构成串联分压电路，在电压比较器 C_1 反相输入端未加控制电压的情况下，3 个电阻 R 对 U_{CC} 分压的结果是，C_1 反相输入端电压为 $\frac{2}{3}V_{CC}$、C_2 同相输入端电压为 $\frac{1}{3}V_{CC}$。

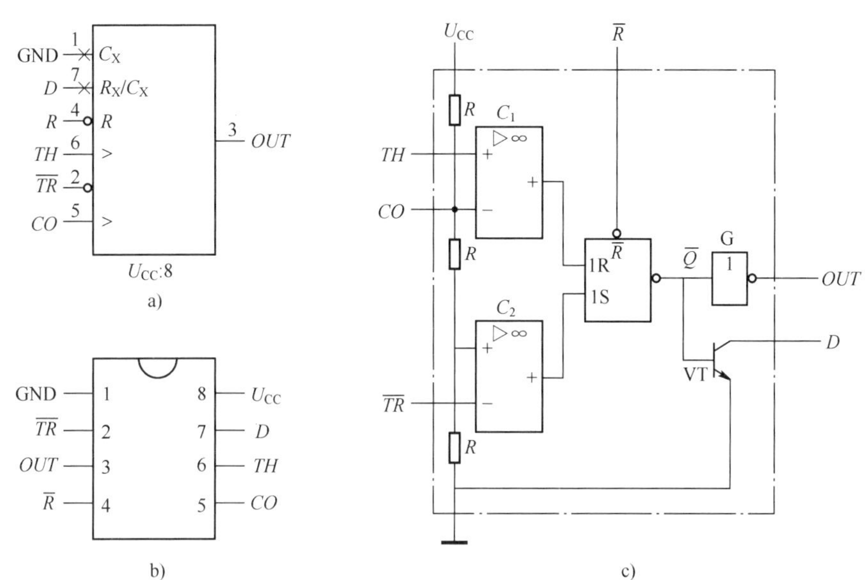

图 6-3　555 电路的逻辑符号、外引线功能图和内部等效电路图

a) 逻辑符号　b) 外引线功能图　c) 内部等效电路图

3．放电开关与反相输出

VT 作为一个放电开关，状态受 RS 触发器输出的控制。当触发器的输出 $Q=0$、$\overline{Q}=1$ 时，放电开关导通；当 $Q=1$、$\overline{Q}=0$ 时，放电开关截止。

反相器 G 的作用是输出缓冲，提高带负载能力，起到隔离作用。

6.2.2　555 定时器功能描述

在使用 555 电路时，应重点掌握 555 电路的功能端。555 集成电路端口介绍见表 6-1。

表 6-1　555 集成电路端口介绍表

引　脚	表 示 方 法	作　　用
2	触发输入端 $\overline{TR}$	决定电压比较器 C_2 的反相输入电压
5	电压控制端 CO	决定电压比较器 C_1 的反相输入电压
6	阈值输入端 TH	决定电压比较器 C_1 的同相输入电压
7	放电端口 D	作为 VT 的集电极开路输出，并提供放电通路

通常情况下，若在电压控制端 CO 上外加控制电压，则可改变两个电压比较器 C_1、C_2 的参考电压。但在较多使用场合下，该端口是通过串接一个消除高频干扰的小电容（如 0.01μF）接地。在这种情况下，555 定时器的功能表见表 6-2

表 6-2　555 定时器的功能表

阈值电压 TH	触发输入 $\overline{TR}$	复位 $\overline{R}$	放电管 VT	输出 OUT
×	×	0	导通	0
$>\frac{2}{3}U_{CC}$	$>\frac{1}{3}U_{CC}$	1	导通	0
$<\frac{2}{3}U_{CC}$	$>\frac{1}{3}U_{CC}$	1	原状态	原状态
×	$<\frac{1}{3}U_{CC}$	1	截止	1

单纯由 555 电路的功能表，很难直接看出它的用途。但是根据 555 电路输入变量的不同状态组合，在附加外围 RC 电路后，就可以方便地以 555 电路为核心构成各种应用电路。

6.3　单稳态触发器（Monostable Multivibrator）

单稳态触发器是具有一个稳态的触发器。它具有一个稳态和一个暂稳态两种状态。没有触发信号，电路始终处于稳态；在外加触发脉冲信号的作用下，单稳态触发器能够产生具有一定宽度和幅度的矩形脉冲信号，进入暂稳态；但经过一段时间后，电路会自动返回原来所处的稳态。电路暂稳态持续时间的长短，与外加触发脉冲信号的宽度没有关系，仅取决于电路本身定时元器件的参数值。

单稳态触发器既可以由分立元器件构成，又可以通过门电路和 RC 元件构成；既可以通过集成单稳态电路外接 RC 元件来实现，又可以使用 555 定时器电路来实现。其中，RC 元件组成的电路部分称为定时电路，由电容的充放电时间决定单稳态触发器暂稳态持续时间的长短。根据 RC 电路连接方式的不同，单稳态电路分为微分型单稳和积分型单稳。若根据电路及工作状态的不同，则单稳态电路又分为非可重触发电路和可重触发电路两种。

6.3.1　由 555 电路构成的单稳态触发器

利用 555 电路，可以方便地构成单稳态触发器电路，如图 6-4a 所示。

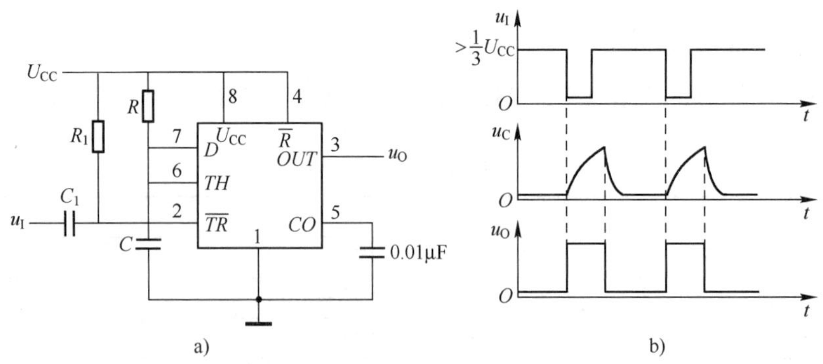

图 6-4　利用 555 电路构成单稳态触发器电路及其工作波形图

a) 单稳态触发器电路　b) 工作波形图

在接通电路后，触发输入信号 u_I 为高电平（$>\frac{1}{3}U_{CC}$），这时没有有效触发输入信号，电路工作于稳态。此时对 555 定时器电路而言，电压比较器 C_1 输出高电平、C_2 输出为低电平，放电管 VT 导通。555 定时器电路输出为低电平，电容 C 两端电压 u_c 为 0。

当触发输入信号 U_I 由高电平变为低电平时，555 定时器内部电压比较器 C_1 输出变为低电平、C_2 输出为高电平，放电管 VT 截止。555 定时器电路输出变为高电平，电源通过 R 对 C 开始充电，电路进入暂稳态。随着充电进行，电容 C 两端的电压 u_c 逐渐升高，当 $u_c=\frac{2}{3}U_{CC}$ 时，555 定时器内部电压比较器 C_1 输出再次变为高电平，C_2 输出再次变为低电平。555 定时器电路输出再次变为低电平。随着放电管 VT 的导通，电容 C 迅速放电，电路恢复稳态。电路工作波形如图 6-4b 所示。

应当注意的是，为保证电路的正常工作，触发输入信号 U_i 必须为窄的负脉冲，即它的有效触发输入信号持续时间应小于暂稳态的持续时间 t_w。t_w 是电容电压由 0 上升至 $\frac{2}{3}U_{CC}$ 的时间，它的长短取决于电路中 R 与 C 的大小。

$$t_w = RC\ln\frac{V_{CC}-0}{V_{CC}-\frac{2}{3}V_{CC}} = RC\ln 3 = 1.1RC$$

6.3.2 集成单稳态触发器

单稳态触发器应用比较广泛。集成单稳态触发器具有温度特性好、抗干扰能力强、电源稳定性好、输出脉宽调节范围大和外围元器件少等优点。集成单稳态触发器分为两大类，即可重触发单稳态电路和不可重触发单稳态电路。可重触发单稳态电路指触发器电路进入暂稳态、尚未完全回到原来稳态之前，可以再次输入触发脉冲信号，以延长暂稳态持续的时间，这时，输出脉冲将再继续维持一个 t_w 的宽度。不可重触发单稳态电路指触发器电路稳态完全恢复之前，电路不接受新的触发脉冲信号请求。另外，在部分集成单稳态触发器产品中，设有清零端，通过该端口上所加的有效电平信号，可以立即结束暂稳态过程，恢复稳态。

在集成单稳态触发器电路中，74122、74LS122、74123、74LS123、74LS422 和 74LS423 均为可重触发单稳态触发器；74121、74221 和 74LS221 均为不可重触发单稳态触发器。下面，以不可重触发单稳态触发器 74121 为例进行介绍。

1. 电路介绍

74121 是一种典型的 TTL 集成不可重触发单稳态触发器，其逻辑符号与外引线功能如图 6-5 所示。74121 功能见表 6-3。

根据 74121 功能表，触发信号可以加在触发输入 A_1、A_2、B 三者中的任意一端。其中 A_1、A_2 端为下降沿触发，B 端为上升沿触发。所以，该电路触发方式可以概括为以下 3 种。

1）在 A_1 或 A_2 端使用触发脉冲信号的下降沿触发。此时，另外两个触发输入端必须为高电平。

2）在 A_1、A_2 端同时使用触发脉冲信号的下降沿触发。要求 B 端为高电平。

3）在 B 端用触发脉冲信号的上升沿触发，且 A_1、A_2 所加信号中至少有一个是低电平。

根据该功能表获得的 74121 工作波形如图 6-6 所示。

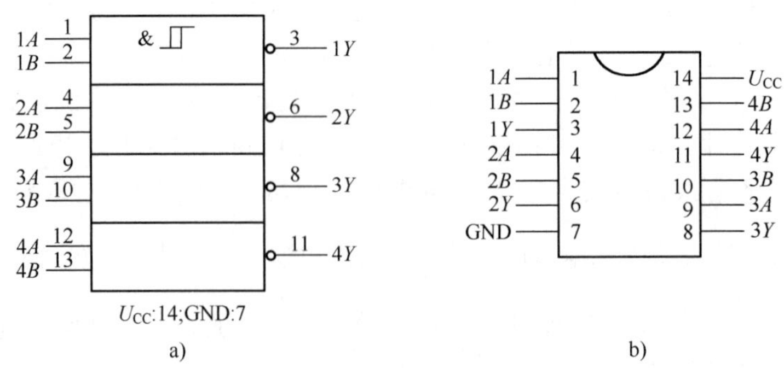

图 6-5　TTL 集成不可重触发单稳态触发器 74121 的逻辑符号和外引线功能图

a) 逻辑符号　b) 外引线功能图

表 6-3　74121 功能表

输　入			输　出	
A_1	A_2	B	Q	$\overline{Q}$
0	×	1	0	1
×	0	1	0	1
×	×	0	0	1
1	1	×	0	1
1	↓	1	⊓	⊔
↓	1	1	⊓	⊔
↓	↓	1	⊓	⊔
0	×	↑	⊓	⊔
×	0	↑	⊓	⊔

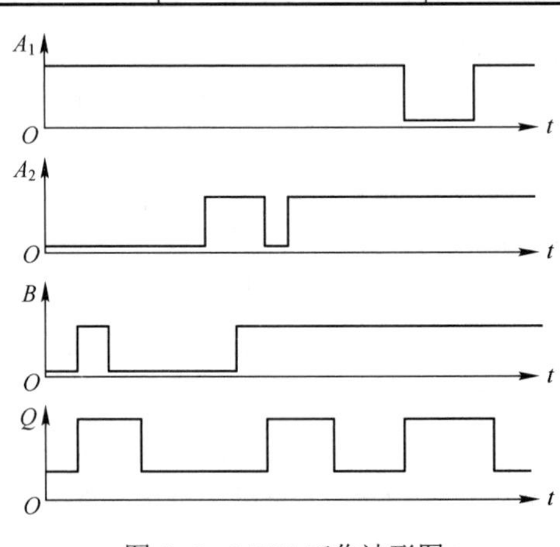

图 6-6　74121 工作波形图

2. 电路连接方式

74121 的输出脉冲宽度取决于电路中定时元件 RC 的值。根据想要获得脉冲宽度的不同，可以外接定时电阻，也可以使用电路内部固定的定时电阻，以获得较宽的输出脉冲信号。由 74121 组成的单稳态电路连接实例如图 6-7 所示。

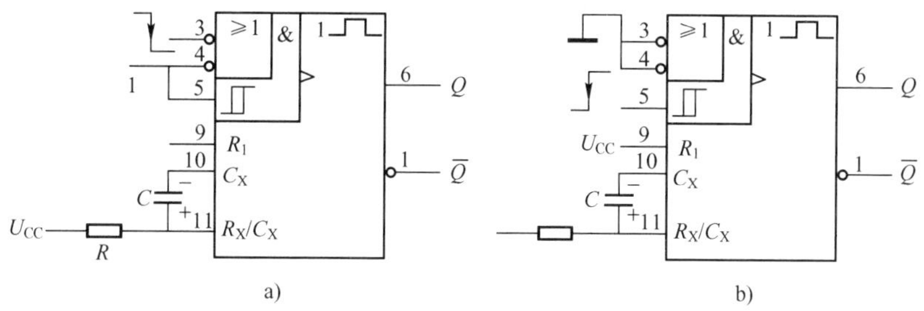

图 6-7　由 74121 组成的单稳态电路连接实例图

6.3.3　单稳态电路的应用

1．脉冲信号整形

将一列不规则的脉冲信号加至单稳态电路的触发输入端，在电路输出端就可以得到一组幅度和宽度一致的、规则的矩形脉冲信号。单稳态电路的整形作用如图 6-8 所示。

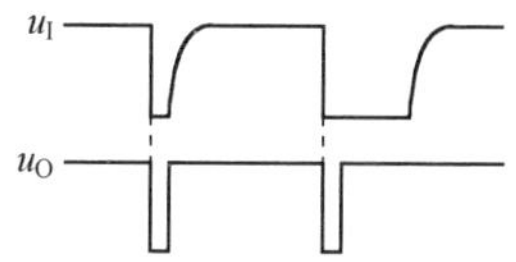

图 6-8　单稳态电路的整形作用

若将不规则脉冲信号加至电路的触发输入 A_1 或 A_2 端，则从 $\overline{Q}$ 端可以获得经过整形的脉冲信号。

2．脉冲信号延时

将两级单稳态触发器电路首尾相连，以被延时信号作为第一级电路的触发信号，适当调整两级电路的外接 *RC* 元件，就可以相应调整该信号的延时时间和输出宽度，在第二级电路输出端获得需要的脉冲信号。单稳态电路的延时作用如图 6-9 所示。

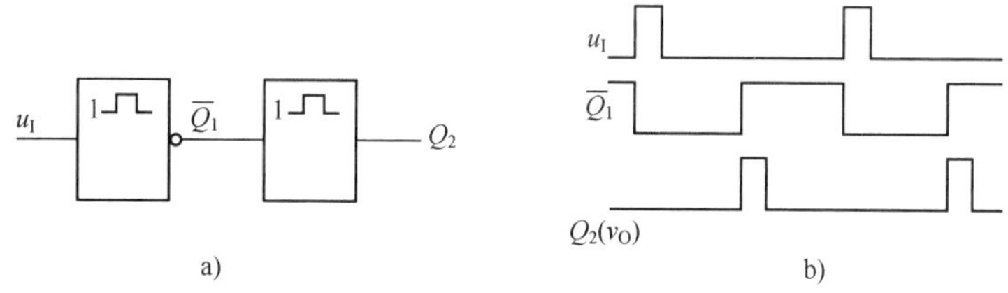

图 6-9　单稳电路的延时作用

3．脉冲信号定时

将单稳态电路的输出接至与门的输入，将另一列脉冲序列信号也同时接至与门的输入端。当单稳态电路处于暂稳态、输出高电平时，与门打开，脉冲序列信号能够通过与门传递；当单稳态电路回到稳态、输出变为低电平时，与门关闭。单稳态电路可以控制脉冲序列信号传递的时间和个数，如图 6-10 所示。利用单稳态电路的定时功能，还可以构成电路噪声消除电路。噪声信号多表现为窄脉冲，而正常信号有一定的宽度，通过单稳态电路，将其输出信号脉宽调整到宽于噪声信号而窄于正常信号，就会起到消除噪声的作用。

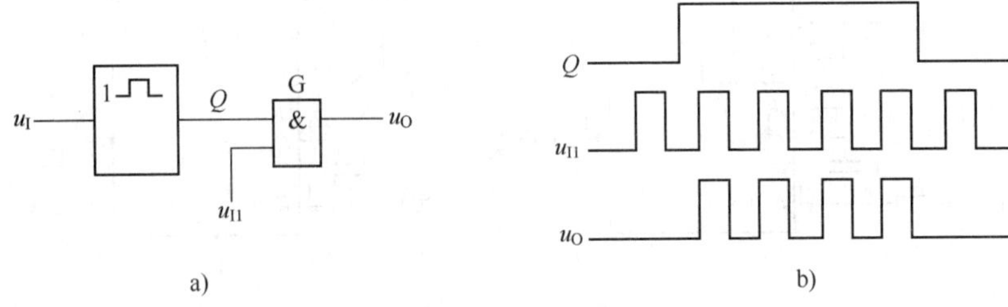

图 6-10　单稳电路的定时作用

6.4　施密特触发器（Schmitt Trigger）

施密特触发器是一种常用的脉冲信号整形电路。该电路具有两个稳态，是一种特殊的双稳态时序逻辑电路。同时，该触发器属于电平触发型，可以根据输入信号电压幅度的变化来触发和维持电路状态。施密特触发器可以由分立元器件、门电路、专用集成电路或 555 定时器电路构成。

6.4.1　由 555 电路构成的施密特触发器

由 555 定时器电路构成的施密特触发器如图 6-11a 所示。

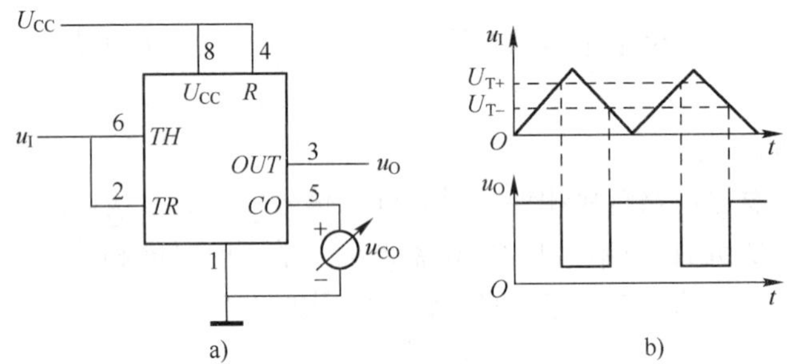

图 6-11　由 555 定时器电路构成的施密特触发器及其工作波形

a) 施密特触发器　b) 工作波形

在接通电路电源后，由于 $TH<\frac{2}{3}U_{CC}$，$\overline{TR}<\frac{1}{3}U_{CC}$，所以放电管 VT 截止，触发器置 1，电路输出高电平。随着输入电压 u_i 的上升，当输入电压在 $\frac{1}{3}U_{CC}<u_i<\frac{2}{3}U_{CC}$ 范围内变化时，电路仍维持原状态，输出保持高电平不变。当输入电压 $u_i>\frac{2}{3}U_{CC}$ 时，VT 导通，触发器置 0，电路输出变为低电平，状态发生翻转。随着输入电压的变化，在其由高电平向下变化的过程中，当 $\frac{1}{3}U_{CC}<u_i<\frac{2}{3}U_{CC}$ 时，电路维持原态，仍然输出低电平。随输入电压下降，当 $u_i<\frac{1}{3}U_{CC}$ 时，VT 截止，触发器再次置 1，电路输出又变为高电平。其工作波形如图 6-11b 所示。

如前所述，将电路由一种逻辑状态变化至另一种逻辑状态时所对应的输入电压称为阈值电压。而对于施密特触发器电路而言，引起电路逻辑状态发生变化的阈值电压不是一个，而是两个。

在输入电压 u_i 由低电平向高电平变化的过程中，当 $u_i > \frac{2}{3}U_{CC}$ 时，会引起电路状态的变化，将此时的输入电压 u_i 称为上限触发电平，用 U_{T+} 表示（也可以称为正向阈值电压或高电平阈值电压）。所以，该电路的 $U_{T+} = \frac{2}{3}U_{CC}$。

在输入电压 u_i 由高电平向低电平变化的过程中，当 $u_i < \frac{2}{3}U_{CC}$ 时，电路状态并不发生变化，只有当 $u_i < \frac{1}{3}U_{CC}$ 时，电路的状态才会再次发生变化。将此时的输入电压称为下限触发电平，用 U_{T-} 表示（也可以称为负向阈值电压或低电平阈值电压）。所以，该电路的 $U_{T-} = \frac{1}{3}U_{CC}$。

可见，对施密特触发器电路而言，上限触发电平 U_{T+} 不等于下限触发电平 U_{T-}，这导致电路状态发生变化的输入信号的值大小不相等。将该电路的 $\Delta U = U_{T+} - U_{T-}$ 定义为施密特触发器电路的回差电压。施密特触发器所具有的 $U_{T+} \neq U_{T-}$ 的特性，称为回差特性或者回滞特性。

根据电路工作过程，可以绘出施密特触发器电路的电压传输特性曲线，也称为回差特性曲线，如图 6-12 所示。

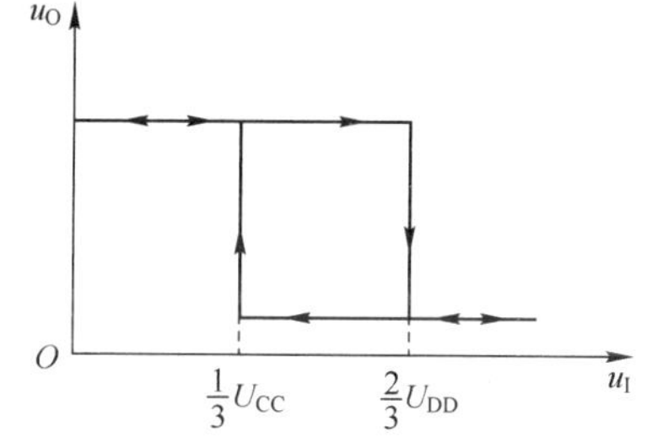

图 6-12　施密特触发器电路的电压传输特性曲线

在电压控制端 CO（端口 5）加上可调电压 u_{co}，可以改变比较器 C_1、C_2 的参考电压，以方便调节回差电压大小。

带有施密特触发器的反相器和与非门逻辑符号如图 6-13 所示。

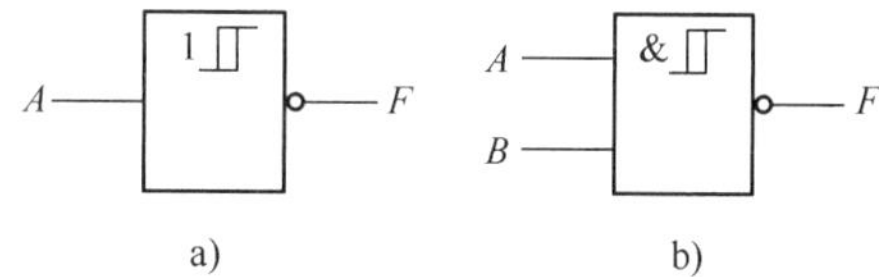

图 6-13　带有施密特触发器的反相器和与非门逻辑符号

a) 反相器　b) 与非门逻辑符号

6.4.2　集成施密特触发器

施密特触发器应用比较广泛。在数字集成电路中，多种产品带有施密特触发器。图 6-14 所示为带施密特触发器的 42 输入与非门电路 74LS132。

该电路内部集成了 4 个 2 输入的施密特触发器，每个触发器在基本电路的基础上，在输入端增加了与的功能，在输出端增加了反相器，也可以将其称为施密特触发与非门。该电路输出与输入之间的关系为 $F = \overline{AB}$；两个输入中有一个低于 U_{T-}，输出就为高电平；只有两个输入同时高于U_{T+}时，输出才为低电平。

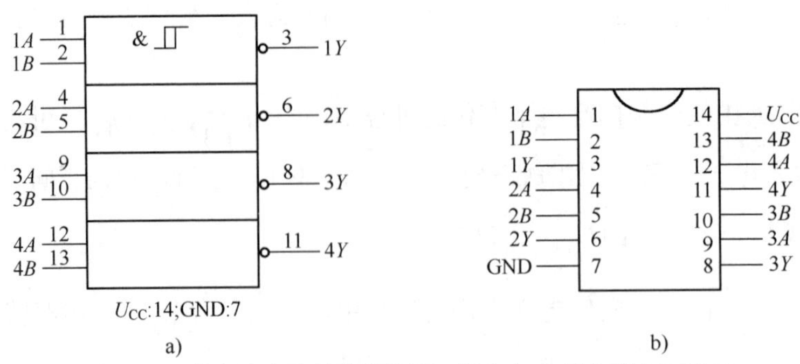

图 6-14　带有施密特触发器的四 2 输入与非门电器 74LS132

a) 逻辑符号　b) 外引线功能图

集成施密特触发器电路 74LS132 的上限触发电平U_{T+}在 1.5～2V，下限触发电平U_{T-}在 0.6～1.1V。回差电压ΔU的典型值为 0.8V。

6.4.3　施密特触发器的应用

1．波形变换

根据施密特触发器的特点，可以将输入变化缓慢的脉冲波形变换为理想矩形脉冲信号加以输出。其波形变换作用如图 6-15 所示。

2．波形整形

在数字系统中，矩形脉冲信号经过传输后，往往会发生失真，这主要表现在以下方面，即波形边沿变缓、边沿产生振荡、叠加干扰脉冲。利用施密特触发器，可以方便地实现波形整形，将不规则的波形变化成规则的矩形脉冲。施密特触发器的波形整形作用如图 6-16 所示。

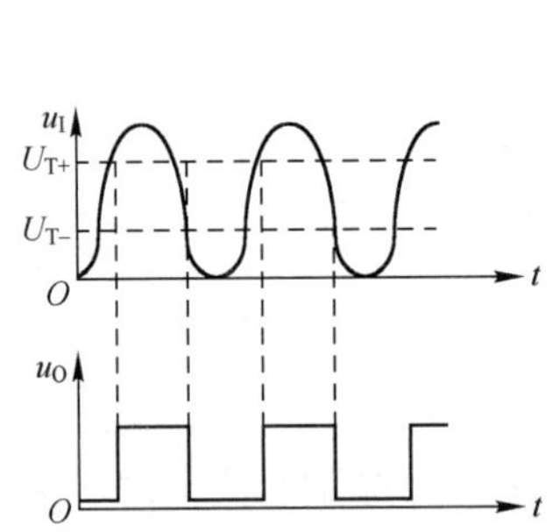

图 6-15　施密特触发器的波形变换作用

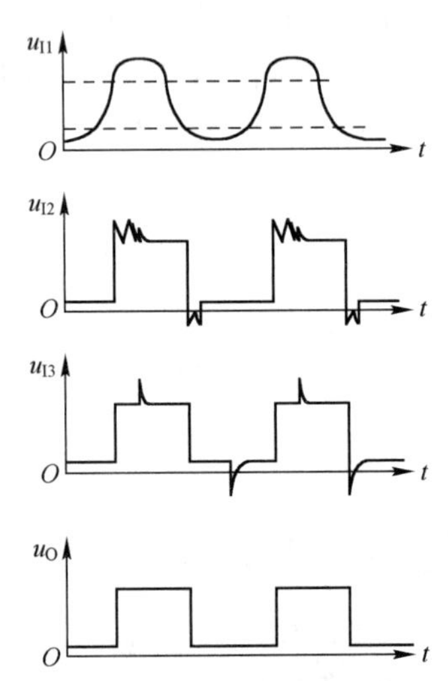

图 6-16　施密特触发器的波形整形作用

3．信号鉴幅

在施密特触发器输入端输入不同幅度的信号时，只有输入信号幅度达到U_{T+}或低于U_{T-}

时，才能够使电路状态发生变化，使输出端产生脉冲信号。施密特触发器的览幅作用如图 6-17 所示。

4．构成单稳态触发器

利用施密特触发器的回差特性，可以构成单稳态触发器电路，如图 6-18 所示。

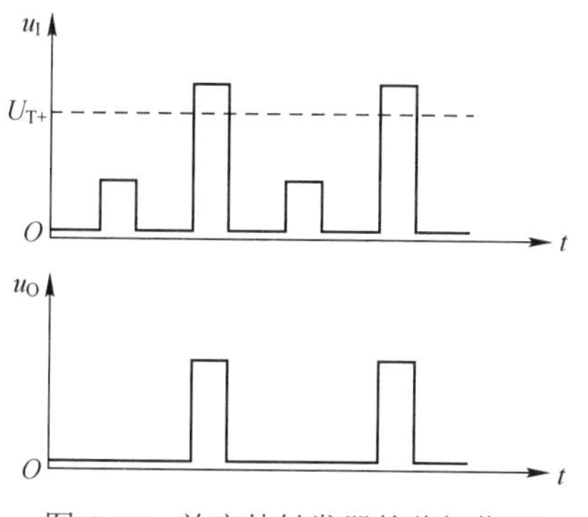

图 6-17　施密特触发器的鉴幅作用

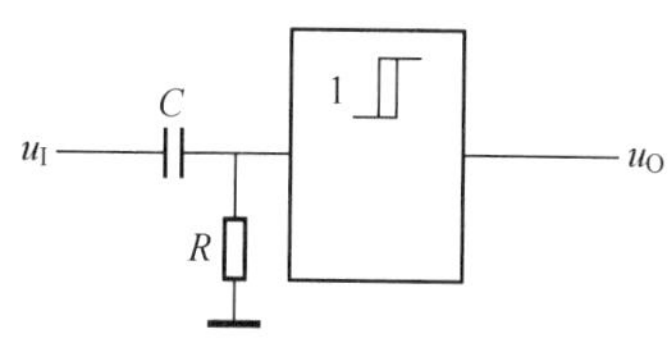

图 6-18　由施密特触发器构成的单稳态触发器电路图

当 u_i 为低电平时，u_o 也为低电平，处于稳态；当 u_i 发生正跳变时，u_R 随着发生跳变，若跳变超过 U_{T+}，则电路状态发生翻转，输出变为高电平，电路进入暂稳态，电容 C 随之被充电；随充电进行，u_R 下降，当其降至 U_{T-}，电路状态再次发生翻转，u_o 为低电平，回到稳态。

6.5　多谐振荡器（Multividrator）

多谐振荡器与单稳态触发器、施密特触发器不同，它是一种自激振荡电路。它无需外加触发脉冲信号作用，接通电源，就能够在两种状态之间相互转换，产生矩形脉冲信号。该电路经常用做脉冲信号源。由于矩形脉冲信号中含有丰富的谐波分量，所以习惯上将产生矩形脉冲的振荡电路称为多谐振荡器。由于要产生自激振荡，所以多谐振荡器电路没有稳定的状态，它是一种无稳态电路。在电路工作时仅具有相互转换的两种暂稳态状态。常见的多谐振荡器有 555 定时器组成的多谐振荡器、石英晶体振荡器等。

6.5.1　由 555 定时器构成的多谐振荡器

由 555 定时器构成的多谐振荡器及其波形如图 6-19 所示。

在接通电路电源后，电容 C 两端电压较低，放电管 VT 截止，555 电路输出高电平，处于第一暂稳态。随着电源电压 U_{CC} 对 C 充电的进行，当 $u_c > \frac{2}{3}U_{CC}$ 时，放电管 VT 导通，触发器置 0，输出变为低电平，电路进入第二暂稳态。此时，电容 C 开始通过电阻 R_2 和导通的放电管 VT 放电，u_c 下降，当 $u_c < \frac{1}{3}U_{CC}$ 时，触发器又被置 1，VT 重新截止，电路输出翻转为高电平，回到第一暂稳态。U_{CC} 又开始对电容 C 充电，重复以上过程。

通过上述分析可知，当电路稳定工作时，两种暂稳态持续的时间分别是电容 C 充电和放电持续的时间。电容 C 充电的时间 $t_1 = 0.7(R_1 + R_2)C$；电容 C 放电的时间 $t_2 = 0.7R_2C$；电路输出矩形脉冲信号的周期为$T = t_1 + t_2$。

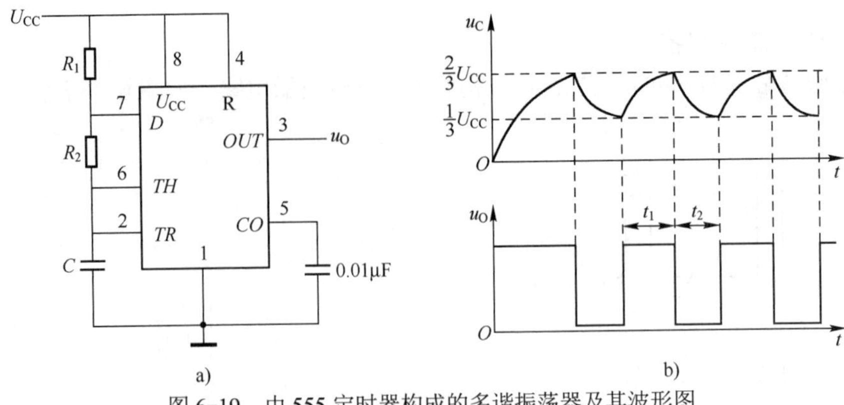

图 6-19　由 555 定时器构成的多谐振荡器及其波形图

a) 多谐振荡器　b) 波形图

以上多谐振荡器电路输出的矩形脉冲信号波形不能成为方波脉冲信号，因为电阻 R_1 不能为零。若要输出方波信号，则需要对上述电路进行改进，组成输出脉冲信号的占空比可以进行调整的改进型多谐振荡器，如图 6-20 所示。

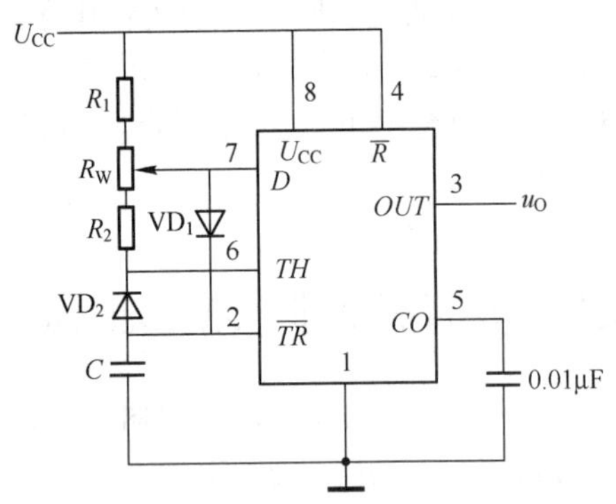

图 6-20　由 555 定时器构成的改进型多谐振荡器

对于上述电路，在忽略二极管导通电阻的情况下，电容 C 充电的时间 $t_1 = 0.7R_1C$；电容 C 放电的时间 $t_2 = 0.7R_2C$。若使电阻 $R_1 = R_2$，则 $t_1 = t_2$。电路输出方波脉冲信号。

由 555 定时器电路构成的多谐振荡器，优点是电路简单，但存在振荡频率较低、振荡频率稳定性不高、容易受到温度等外界因素干扰等缺点。而在许多场合对电路振荡频率的稳定性都有严格的要求，如在数字时钟电路中，脉冲基准信号来源的频率稳定性直接关系到计时的准确性，这时就应该使用石英晶体多谐振荡器。

6.5.2　石英晶体多谐振荡器

在一片薄石英晶片的两侧镀上两个电极，就可以制成石英晶体谐振器。在其两端加上电压信号，随电压信号频率的不同，石英晶体的阻抗也不同。当信号频率 f 等于石英晶体本身的固有谐振频率 f_0 时，信号容易通过石英晶体，石英晶体阻抗最小。当 $f > f_0$ 时，石英晶体呈现感性阻抗；当 $f < f_0$ 时，石英晶体呈现容性阻抗。因此，当信号频率 f 偏离石英晶体的固有谐振频率 f_0 时，石英晶体的阻抗会迅速增大，石英晶体符号及其阻抗频率特性曲线如图 6-21 所示。

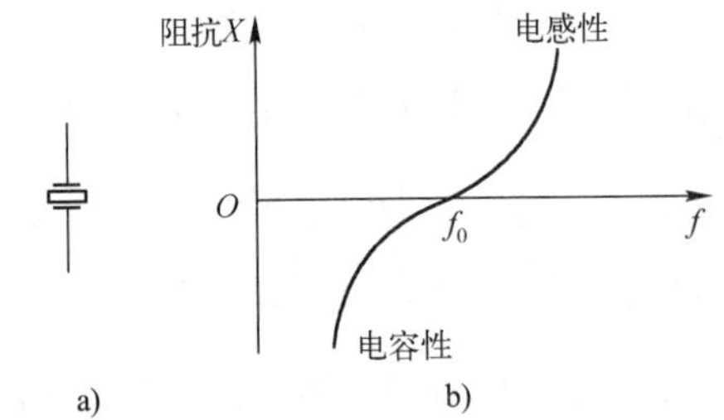

图 6-21　石英晶体符号及其阻抗频率特性曲线

a) 石英晶体符号　b) 阻抗频率特性曲线

石英晶体的固有谐振频率 f_0 只与晶体本身的几何尺寸（石英晶体的厚度）有关。由 CMOS 门电路和石英晶体共同组成的石英晶体多谐振荡器如图 6-22 所示。

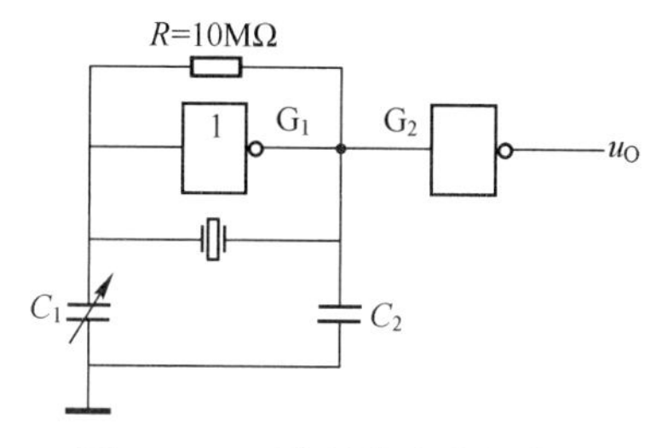

图 6-22　石英晶体多谐振荡器

图中，反相器 G_1 产生振荡，G_2 用于整形，以获得较理想的矩形脉冲信号。电阻 R 为反相器 G_1 提供适当的静态工作点，电容 C_1 用于频率微调，C_2 为温度校正电容。

石英晶体振荡器的优点是频率稳定度非常高，一般用于高精度时基的数字系统。

6.5.3　由施密特触发器组成的多谐振荡器

利用施密特触发器特有的电压回滞特性也可以组成多谐振荡器，如图 6-23 所示。

在接通电源后，电容未被充电，电路输出高电平。此后，输出的高电平通过 R 对 C 充电，u_c 上升，当 u_c 上升至 U_{T+} 时，电路输出变为低电平，电容 C 放电，u_c 随之下降。当 u_c 降至 U_{T-} 时，电路状态再次发生翻转，输出高电平。重复以上过程。

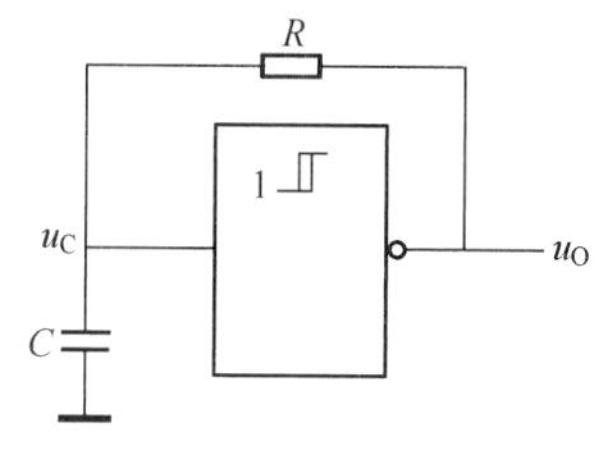

图 6-23　由施密特触发器组成的多谐振荡器

6.5.4　环形振荡器

与电路中依靠正反馈产生自激振荡相反，环形振荡器是利用电路中的延迟负反馈来产生振荡的。环形振荡器是利用门电路的传输延迟时间，将奇数个反相器首尾相连而构成的。最简单的环形振荡器由 3 个反相器首尾相连构成，如图 6-24a 所示。

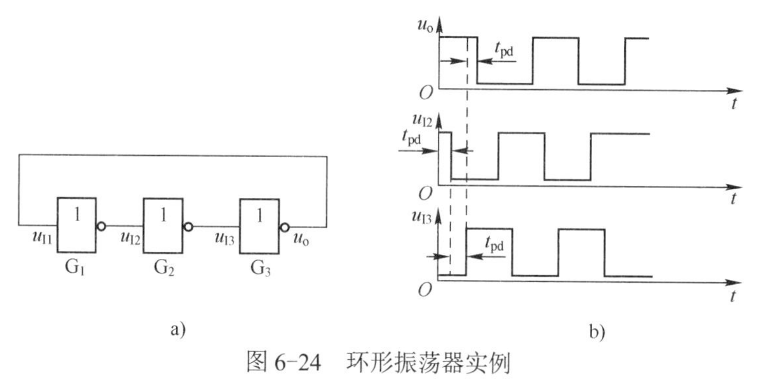

图 6-24　环形振荡器实例

a) 环形振荡器　b) 环形振荡器工作波形

该电路产生自激振荡的过程如下所述。

设一级反相器电路产生的传输延迟时间为 t_{pd}。在接通电源后，假设 u_{i1} 发生微小的正跳变，经过 G_1 后，在 t_{pd} 时间后会使 u_{i2} 产生一个幅度相对较大的负跳变。同样，经过 t_{pd} 时间后，会使 u_{i3} 产生一个幅度更大的正跳变，经 t_{pd} 延迟后，在电路输出端得到更大的负跳变，并反馈到整个电路的输入端。所以，在总共经过 $3t_{pd}$ 延迟时间后，u_{i1} 变为低电平。依此类推，再经过 $3t_{pd}$ 延迟时间后，u_{i1} 又将变为高电平，从而产生自激振荡。环形振荡器工作波形如图 6-24b 所示。由图可知，该电路振荡周期为 $T=6t_{pd}$。因此，将大（等）于 3 的奇数个反相器首尾相连就可构成环形振荡器，产生自激振荡，且振荡周期为 $T=2nt_{pd}$。n 为反相器的个数。图 6-25 是在上述电路基础上改进得到的实用型环形振荡器。其中，R_1C 组成电路的延迟环节，R_2 是保护电阻。

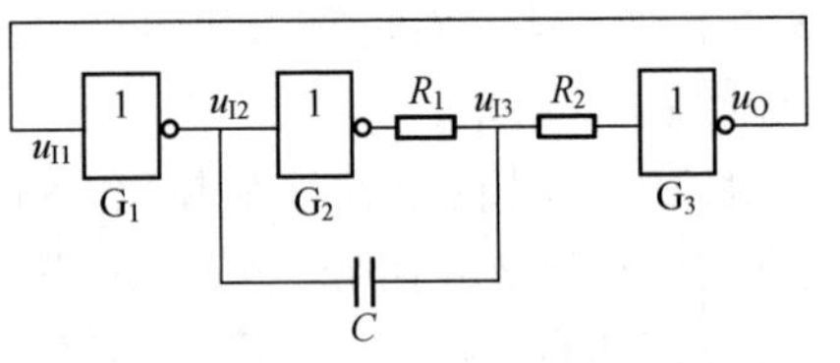

图 6-25　实用型环形振荡器

6.6　本章小结

学习脉冲信号的产生与变换的基本要求如表 6-4 所示。

表 6-4　学习脉冲信号的产生与变换的基本要求

主要知识点		基本要求			重点难点
		熟练掌握	正确理解	一般了解	
常见脉冲信号波形				√	1. 555 电路的工作原理及其各种应用 2. 各种矩形脉冲信号波形产生与变换电路关键点工作波形
矩形脉冲信号的主要参数			√		
555 时基电路的分类				√	
555 时基电路的特点和引脚排列			√		
555 时基电路的工作原理		√			
单稳态触发器	555 构成的单稳态触发器	√			
	集成单稳态触发器	√			
	单稳态触发器的应用	√			
施密特触发器	555 构成的施密特触发器	√			
	集成施密特触发器	√			
	施密特触发器的应用	√			
多谐振荡器	555 构成的多谐振荡器	√			
	石英晶体多谐振荡器			√	
	环形振荡器		√		

6.7　习题

1．衡量矩形脉冲信号的主要参数有哪些？获得矩形脉冲信号的方法有几种？

2．555 定时器电路主要由几部分构成？简述它的工作原理。

3．集成单稳态触发器的特点是什么？可以将单稳态触发器分为几类？根据图 6-26a 所示的输入和输出波形，试画出在图 6-26b 所示输入波形作用下，各种不同类型单稳态电路的输出波形。

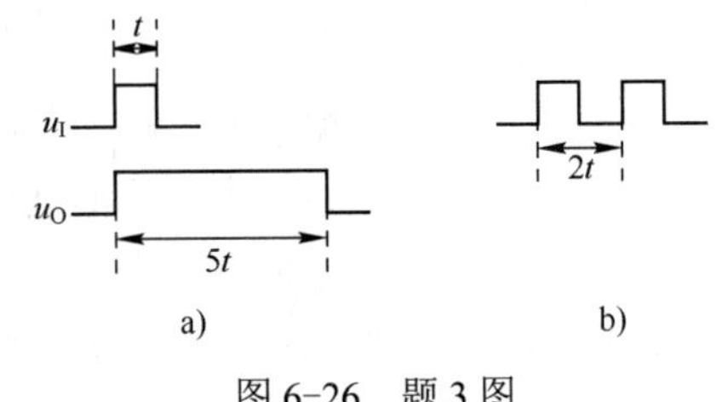

图 6-26　题 3 图

4．已知 555 定时器构成的单稳态电路，输出脉

宽 t_W 与哪些参数有关？若设 R=10kΩ，C=6200pF，t_W 是多少？若 CO 端（端口 5）接 4V 参考电压，R、C 的值不变，则试求出 t_W 的值。

5．利用施密特触发器进行鉴幅，输入和输出波形如图 6-27 所示。试画出电路图，并求出 V_{CO} 的值。

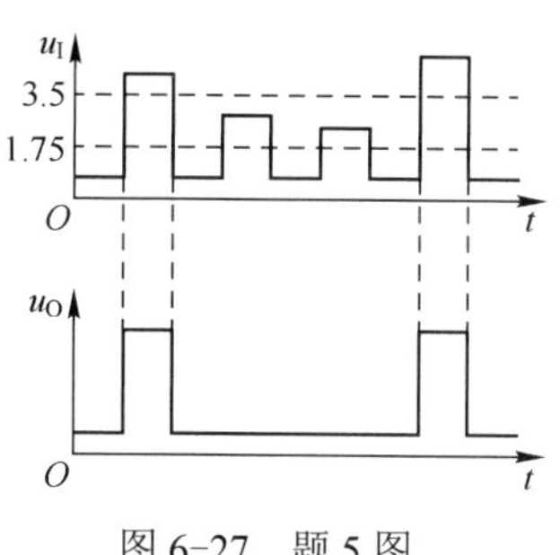

图 6-27　题 5 图

6．已知 555 定时器构成的施密特触发器电路，当 $U_{CC}=12V$ 、$U_{CO}=0$ 和 $U_{CC}=9V$ 、$U_{CO}=5V$ 时，U_{T+} 、U_{T-} 、ΔU 的值各为多少？

7．电路如图 6-28 所示。

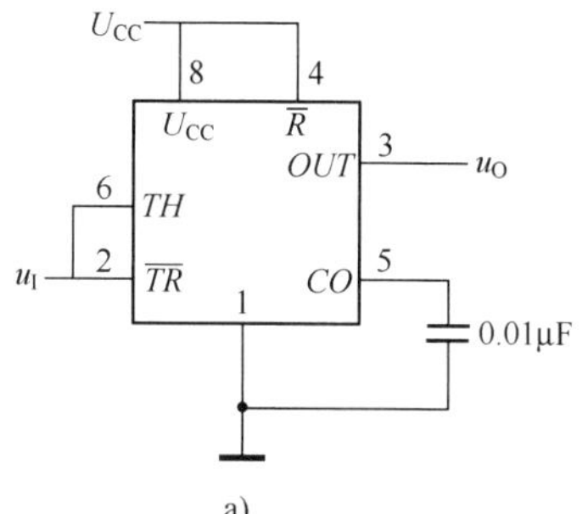

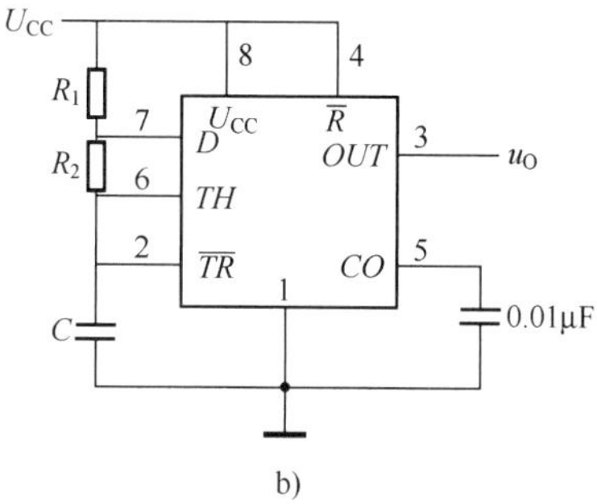

图 6-28　题 7 图 1

（1）指出电路名称，在图 6-28a 中，如 U_{CC}=5V，则 VT+、VT−、△U 为多少？如 U_{CO}=4V，则 VT+、VT−、△U 为多少？

（2）已知图 6-28a 所示电路的输入波形如图 6-29 所示，定性画出电路的输出波形。

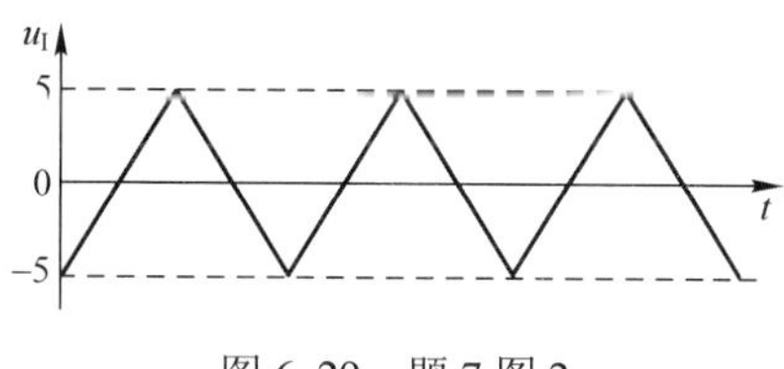

图 6-29　题 7 图 2

（3）在图 6-28b 中，如 U_{CC}=5V，R_1=15kΩ，R_2=25kΩ，C=0.033μF，则输出波形的振荡频率为多少？若 U_{CO}=4V，则输出波形的振荡频率又为多少？

8．已知 555 定时器构成的多谐振荡器电路，$R_1=R_2=5.1\text{k}\Omega$ ，$C=0.01\mu\text{F}$ ，$U_{CC}=12\text{V}$，试求电路的振荡频率。

9．晶体与晶振有什么区别？石英晶体多谐振荡器的振荡频率由什么决定？

第 7 章　数/模转换与模/数转换

【内容提要】

本章介绍数字信号和模拟信号相互转换的基本原理和常见转换电路。

在自然界中，许多物理量是模拟量，电子系统中的输入、输出信号多数也是模拟信号。数字系统处理的数字信号具有抗干扰能力强、易处理等优点，利用数字系统处理模拟信号的情况越来越普遍。由于数字系统只能对数字信号进行处理，所以要根据实际情况对模拟信号和数字信号进行相互转换。

随着计算机技术和数字信号处理技术的快速发展，在通信、自动控制等许多领域，常常需要将输入到电子系统的模拟信号转换成数字信号后，再由系统进行相应的处理；而数字系统输出的数字信号，还要再转换为模拟信号后，才能控制相关的执行机构。这样，就需要在模拟信号与数字信号之间建立一个转换接口电路，即模/数转换器和数/模转换器。

将模拟信号转换为数字信号的过程称为模/数转换（Analog to Digital）或 A/D 转换。能够完成这种转换的电路称为模/数转换器（Analog Digital Converter），简称为 A/D。将数字信号转换为模拟信号的过程称为数/模转换（Digital to Analog）或 D/A 转换。能够完成这种转换的电路称为数/模转换器（Digital Analog Converter）简称为 D/A。随着集成电路技术的发展，目前单片集成的 A/D 和 D/A 芯片已有数百种，可以满足不同应用场合的需求。

许多连续变化的物理量（如温度、速度、压力和位移等）都是非电量。在对这类信号进行处理时，需要首先利用传感器将其转换为连续变化的模拟电信号，然后再实现与数字信号之间的转换。

7.1　数/模转换器（D/A）

D/A 的作用是将输入的数字信号转换成与其成正比的模拟信号输出（电压或电流）。

7.1.1　D/A 转换原理

D/A 原理框图如图 7-1 所示。在 D/A 转换过程中，输入的数字信号是二进制编码。通过转换，将该编码按每位权的大小换算成相应的模拟量，然后将代表各位数字的模拟量相加，得到的和就是与输入的数字信号成正比的模拟量。

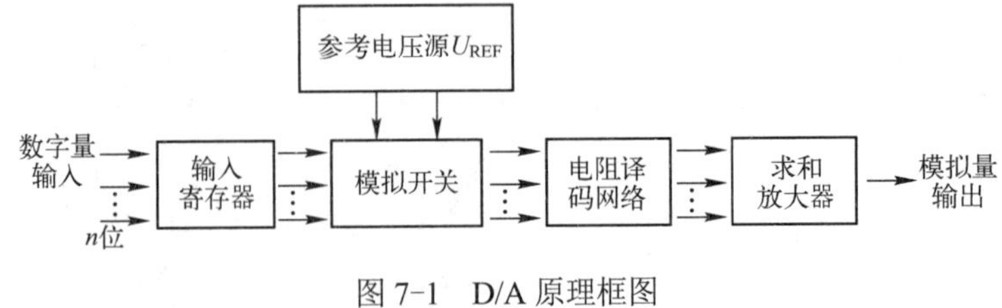

图 7-1　D/A 原理框图

实现 D/A 的电路种类很多，电路结构基本相同。主要包括输入寄存器、模拟开关、电阻译码网络、求和放大器、参考电压源及逻辑控制电路等。输入的数字信号有串行输入与并行输入两种方式，输入寄存器用于暂时存储输入的数字信号，输入寄存器输出的数字信号控制相应的模拟开关，使电阻译码网络输出一定的模拟量，并送至求和放大器，通过求和放大器的作用，在电路输出端就得到与输入的数字信号对应的模拟量。

以电路输出电压量为例，D/A 的输出电压 U_O 与输入数字信号 D 之间的关系为

$$U_O = KDU_{REF} = KU_{REF}\sum_{i=0}^{n-1} d_i 2^i \tag{7-1}$$

式中，K 为比例系数，不同的 D/A 电路，K 值各不相同；D 为输入的数字信号，是 n 位无符号的二进制代码，$D=\sum_{i=0}^{n-1} d_i 2^i$；$U_{REF}$ 为实现数/模转换所需要的参考电压。

由式（7-1）可知，D/A 电路输出的模拟量与输入的数字信号在幅度上成正比。

【例 7-1】 已知 8 位二进制 D/A，当输入数字量 $D_1 = 10000001_2$ 时，电路输出模拟电压为 $U_{O1} = 1.2\text{V}$。当输入数字量 $D_2 = 10101011_2$ 时，电路输出的模拟电压 U_{O2} 是多少？

解：由于 D/A 输出的模拟量与输入的数字信号成正比，且 $D_1 = 10000001_2 = 129$；$D_2 = 10101011_2 = 171$。所以有

$$\frac{1.2}{129} = \frac{U_{O2}}{171}$$

得

$$U_{O2} = 0.66\text{V}$$

7.1.2 常见 D/A 电路

常见的 D/A 电路有多种，在此，仅对应用较多的权电阻网络 D/A、T 形电阻网络 D/A 和倒 T 形电阻网络 D/A 进行介绍。

1．权电阻网络 D/A（Weighted Resistance D/A）

如前所述，在多位二进制数中，每一位的 1 对应的数值大小称为该位的权。图 7-2 所示为 4 位权电阻网络 D/A。主要包括 4 部分，即参考电压源 U_{REF}、模拟开关 S_3～S_0、电阻译码网络及求和放大器。

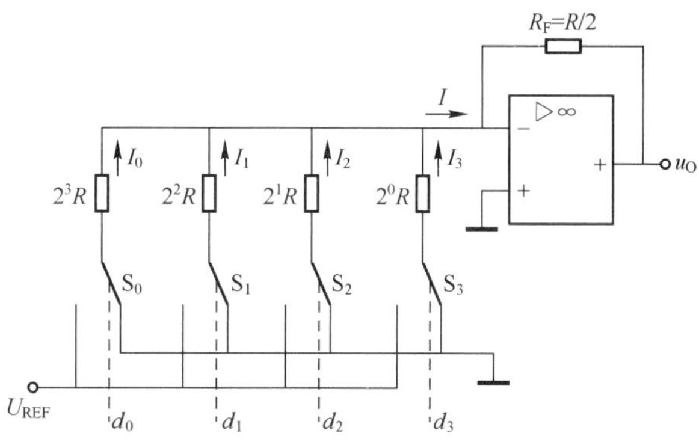

图 7-2 4 位权电阻网络 D/A

设在该电路输入端输入一个 4 位二进制代码 $D=d_3d_2d_1d_0$，S_3～S_0 是受 d_3、d_2、d_1、d_0 控制的双向模拟开关。根据图 7-2 所示，流入求和放大器输入端的电流为

$$I=I_3+I_2+I_1+I_0=\frac{U_{\mathrm{REF}}}{R}d_3+\frac{U_{\mathrm{REF}}}{2R}d_2+\frac{U_{\mathrm{REF}}}{2^2R}d_1+\frac{U_{\mathrm{REF}}}{2^3R}d_0$$

$$=\frac{U_{\mathrm{REF}}}{2^3R}(2^3d_3+2^2d_2+2^1d_1+2^0d_0)$$

若取求和放大器反馈电阻 $R_{\mathrm{F}}=\frac{R}{2}$，则该电路输出电压为

$$U_{\mathrm{O}}=-IR_{\mathrm{F}}=-\frac{U_{\mathrm{REF}}}{2^4}(2^3d_3+2^2d_2+2^1d_1+2^0d_0)$$

所以，电路输出电压 U_{O} 与输入 4 位二进制代码 D 成正比，$K=-\frac{1}{2^4}$。

依此类推，n 位权电阻网络 D/A 的求和放大器输入端电流、输出电压表达式分别为

$$I=\frac{U_{\mathrm{REF}}}{2^{\mathrm{n}-1}R}(2^{\mathrm{n}-1}d_{\mathrm{n}-1}+\cdots+2^1d_1+2^0d_0)$$

$$U_{\mathrm{O}}=-IR_{\mathrm{F}}=-\frac{U_{\mathrm{REF}}}{2^n}(2^{\mathrm{n}-1}d_{\mathrm{n}-1}+\cdots+2^1d_1+2^0d_0)$$

式中，比例系数 $K=-\frac{1}{2^{\mathrm{n}}}$。

若输入的 4 位二进制代码 $D=d_3d_2d_1d_0=1010$，转换成十进制数为 10，则根据上述权电阻网络 D/A 电路转换原则，电路输出电压为

$$U_{\mathrm{O}}=-IR_{\mathrm{F}}=-\frac{U_{\mathrm{REF}}}{2^4}(2^3+2^1)=-\frac{10}{16}U_{\mathrm{REF}}$$

由此可知，输入 n 位二进制代码的取值范围为 $\underbrace{0\cdots0}_{n}$ 到 $\underbrace{1\cdots1}_{n}$，相应输出电压 U_{O} 的取值范围为 0～$-\frac{2^{\mathrm{n}}-1}{2^{\mathrm{n}}}U_{\mathrm{REF}}$。

该电路的优点是电路结构简单，使用电阻数量较少；各位数码同时转换，速度较快。缺点是电阻译码网络中的电阻种类较多，取值相差较大，随着输入信号位数的增多，电阻网络中电阻取值的差距加大；在相当宽的范围内保证电阻取值的精度较困难，对电路的集成化不利，该电路比较适用于输入信号位数较低的场合。

2．T 形电阻网络 D/A（T type D/A）

图 7-3 所示为 4 位 T 形电阻网络 D/A。由图可知，它与权电阻网络 D/A 的主要区别是电阻网络不同。在电阻网络中仅有阻值为 R 和 $2R$ 的两种电阻，克服了电阻取值分散的缺点。

该电路的结构特点是，从任一节点向左或向右看，其等效电阻均为 $2R$，从任一开关到地的等效电阻均为 $3R$。

模拟开关 S_3～S_0 受输入二进制代码 d_3、d_2、d_1、d_0 的控制。

当输入数码 $d_{\mathrm{i}}=1$ 时，参考电压 U_{REF} 在该支路产生的电流为 $\frac{U_{\mathrm{REF}}}{3R}$，且该电流在流向求和放大器输入端的过程中，每经过一个节点，电流就被分成相等的两部分。例如，当输入 4

位二进制代码 $D=d_3d_2d_1d_0=0001$ 时，模拟开关 S_0 接 U_{REF}，其余开关均接地。流经开关 S_0 的支路电流为 $\frac{U_{REF}}{3R}$，该电流在流向求和放大器输入端的过程中，需经过 A、B、C、D 这 4 个节点。如上所述，最终流向求和放大器的电流为 $I_0=\frac{1}{2^4}\frac{U_{REF}}{3R}$。

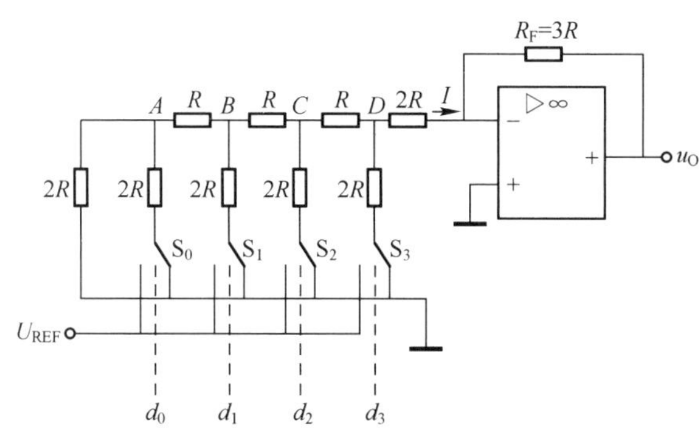

图 7-3　4 位 T 形电阻网络 D/A

当 $D=d_3d_2d_1d_0$ 分别为 0010、0100、1000 时，参考上面的分析可知，最终流向求和放大器的电流分别为 $I_1=\frac{1}{2^3}\frac{U_{REF}}{3R}$、$I_2=\frac{1}{2^2}\frac{U_{REF}}{3R}$、$I_3=\frac{1}{2^1}\frac{U_{REF}}{3R}$。

当 $D=d_3d_2d_1d_0=1111$ 时，根据叠加原理，流入求和放大器输入端的电流为

$$I=I_3+I_2+I_1+I_0=\frac{1}{2^1}\frac{U_{REF}}{3R}+\frac{1}{2^2}\frac{U_{REF}}{3R}+\frac{1}{2^3}\frac{U_{REF}}{3R}+\frac{1}{2^4}\frac{U_{REF}}{3R}=\frac{U_{REF}}{3R}\left(\frac{1}{2^1}+\frac{1}{2^2}+\frac{1}{2^3}+\frac{1}{2^4}\right)$$

由于 S_3～S_0 受 d_3、d_2、d_1、d_0 控制，所以根据输入二进制代码的不同，上式可表示为

$$I=\frac{U_{REF}}{3R}\left(\frac{d_3}{2^1}+\frac{d_2}{2^2}+\frac{d_1}{2^3}+\frac{d_0}{2^4}\right)=\frac{1}{2^4}\frac{U_{REF}}{3R}(2^3d_3+2^2d_2+2^1d_1+2^0d_0)$$

设求和放大器反馈电阻 $R_F=3R$，输出电压 U_O 为

$$U_O=-IR_F=-\frac{U_{REF}}{2^4}(2^3d_3+2^2d_2+2^1d_1+2^0d_0)$$

依此类推，n 位 T 形电阻网络 D/A 的求和放大器输入端电流、输出电压表达式可分别为

$$I=\frac{1}{2^n}\frac{U_{REF}}{3R}(2^{n-1}d_{n-1}+\cdots+2^1d_1+2^0d_0)$$

$$U_O=-IR_F=-\frac{U_{REF}}{2^n}(2^{n-1}d_{n-1}+\cdots+2^1d_1+2^0d_0)$$

在 T 形电阻网络 D/A 中，只用到阻值为 R 和 $2R$ 的两种电阻，同时各开关支路上电流均相同，所以转换速度较快；但这种形式的电路在电阻译码网络中各支路存在传输时间差异。该电路比较适用于位数较高且转换速度较快的场合。

3．倒 T 形电阻网络 D/A（Inverted T type D/A）

4 位倒 T 形电阻网络 D/A 如图 7-4 所示。

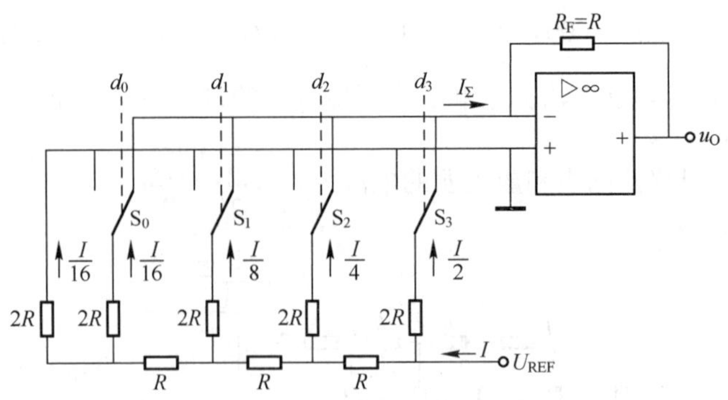

图 7-4　4 位倒 T 形电阻网络 D/A

该电路与 T 形电阻网络 D/A 的区别是接入模拟开关的位置不同。不管输入代码 d_i 的数值如何，对应的模拟开关接地或虚地，各节点对地的等效电阻均为 R，所以从参考电压源 U_{REF} 流入倒 T 形电阻网络的电流为 $\frac{U_{REF}}{R}$，每个支路上的电流分别为 $\frac{I}{2}$、$\frac{I}{4}$、$\frac{I}{8}$、$\frac{I}{16}$。

参考对 T 形电阻网络 D/A 的分析，可以求出倒 T 形电阻网络 D/A 中流入求和放大器输入端的电流 I_Σ 为

$$I_\Sigma = \frac{U_{REF}}{2^4 R}(2^3 d_3 + 2^2 d_2 + 2^1 d_1 + 2^0 d_0)$$

若设求和放大器反馈电阻 $R_F = R$，则输出电压 u_O 为

$$u_O = -I_\Sigma R_F = -\frac{U_{REF}}{2^4}(2^3 d_3 + 2^2 d_2 + 2^1 d_1 + 2^0 d_0)$$

依此类推，n 位倒 T 形电阻网络 D/A 输出电压表达式为

$$u_O = -IR_F = -\frac{U_{REF}}{2^n}(2^{n-1} d_{n-1} + \cdots + 2^1 d_1 + 2^0 d_0)$$

该电路的优点是，不管输入信号如何变化，流过参考电压源、模拟开关及各电阻支路的电流均不变，电路中各节点电压也保持不变，有效地提高了电路的转换速度；在电阻译码网络中只用到阻值为 R 和 $2R$ 的两种电阻；电路中不存在各支路传输时间差异。该电路比较适用于位数较高且转换速度较快的场合。这种电路已经成为集成 D/A 中采用较多的转换电路。

除了上面介绍的这 3 种 D/A 电路之外，常见的 D/A 电路还包括权电容网络 D/A（Weighted Capacitive D/A）、权电流（电流输出）型 D/A（Current Output D/A）、开关树形 D/A（Switch Tree Type D/A）等。

7.1.3　D/A 的主要性能指标

1．转换精度

集成 D/A 的转换精度通常使用分辨率和转换误差这两个指标进行描述。

（1）分辨率。分辨率指 D/A 电路能够分辨最小电压（电流）的能力，用来描述 D/A 在理论上达到的精度。一般将其定义为D/A 最小输出电压（电流）与电压（电流）输出量程之比。对 n 位电压输出的D/A，其分辨率为 $\frac{1}{2^n-1}$。

D/A 的分辨率与其位数 n 有关。随着输入数字信号位数的增多，D/A 的分辨率相应提高。有时也可以直接用输入二进制代码的位数作为D/A 的分辨率。如输入二进制代码为8位的D/A，输出电压能够区分输入代码 2^8 种状态，确定 2^8 种不同等级的输出模拟电压，该D/A 的分辨率就是8位。

（2）转换误差。转换误差是衡量 D/A 输出的模拟信号理论值与实际值之间差别的一项指标，主要描述D/A 的实际误差。主要包括如下所述。

当输入数字信号一定时，参考电压源的偏差 ΔU_{REF} 导致输出电压变化 ΔU_O，二者成正比，称为比例系数误差。因求和放大器的零点漂移而造成输出电压的误差，称为漂移误差或平移误差。该误差的产生与输入数字量的大小无关，其结果使输出电压特性曲线向上或向下平移。

模拟开关存在导通内阻和导通压降，且不同开关的导通压降不同，模拟开关接地和接参考电压源的压降也不同，它们的存在导致输出电压产生误差。同时，在电阻译码网络中电阻值存在偏差，且不同位置电阻值的偏差对输出电压的影响程度不一样。以上这两种性质的偏差，均属于非线性误差。

为了描述转换误差，需要了解D/A 的最小输出值和输出量程的概念。

① 最小输出值 LSB（Least Significant Bit）。包括最小输出电压 U_{LSB} 和最小输出电流 I_{LSB}。它是当输入数字量只有最低有效位为 1 时，D/A 输出的模拟信号（电压或电流）的值。以输出电压量为例，n 位 D/A 电路，最小输出电压 $U_{LSB}=\frac{|U_{REF}|}{2^n}$。

② 最出量程 FSR（Full Scale Range）。包括电压最出量程 U_{FSR} 和电流最出量程 I_{FSR}。它是指 D/A 输出模拟信号的最大变化范围。对于 n 位电压输出的 D/A，$U_{FSR}=\frac{2^n-1}{2^n}|U_{REF}|$。

通常转换误差的表示方法有绝对误差与相对误差两种。

绝对误差指电路实际值与理论值之间的最大差别，通常使用最小输出值 LSB 的倍数表示。例如，转换误差为 $\frac{1}{2}$LSB，说明输出信号的实际值与理论值之间的最大差别是最小输出值 LSB 的 $\frac{1}{2}$。

相对误差指电路的绝对误差与D/A 输出量程FSR 的比。例如，转换误差为0.02%FSR，说明输出信号的实际值与理论值之间的最大差别是输出量程FSR 的0.02%。

2. 转换速度

转换速度表示从数字信号加入到相应的输出信号达到稳定值所需要的时间，也称为输出建立时间或转换时间。电路输入的数字量变化越大，D/A 的输出建立时间就越长。一般将输入的数字量由全 0 突变为全 1（或相反）开始，到输出模拟信号转换到规定误差范围内所用的时间，称为输出建立时间。误差范围一般取$\frac{1}{2}$LSB。输出建立时间的倒数称为转换速率，即每秒钟D/A电路完成的转换次数。

根据输出建立时间 t 的大小，可以将D/A分为超高速型（t<0.01μs）、高速型（0.01<t<10μs）、中速型（10<t<300μs）、低速型（t>300μs）等几种类型。

识图1　D/A转换器0832

D/A0832是含有倒T形电阻网络的8位数/模转换器，采用CMOS制造工艺。由于内部具有TTL接口电路，所以输入数字信号和控制信号均与CMOS、TTL电平兼容。图7-5所示为D/A0832的控制原理框图。除转换电路外，D/A0832内部还具有两个8位锁存器，可以实现数字输入和数/模转换分时进行的双缓冲工作模式。控制信号分别为ILE、$\overline{CS}$、$\overline{WR}1$（控制输入缓冲锁存器），$\overline{WR}2$和$\overline{XFER}$（控制第二级缓冲锁存器）。当两个锁存器中任一个被固定选通时，D/A0832工作在单缓冲模式；而当两个锁存器都被固定选通时（所有控制信号直接接有效电平），D/A0832工作在直通模式。MSB二进制数中的最高加权位。

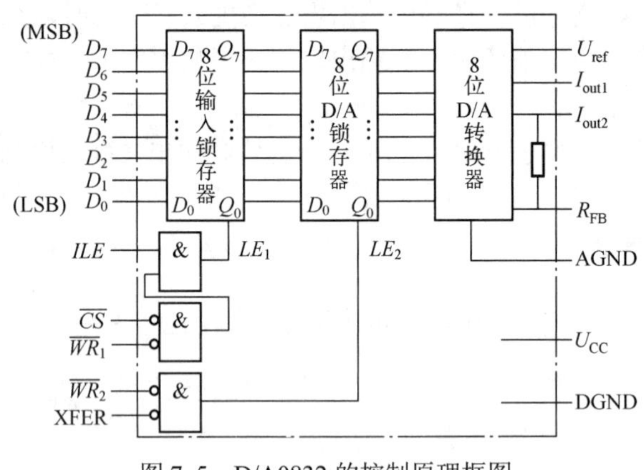

图7-5　D/A0832的控制原理框图

图7-6所示为D/A0832内部D/A转换器原理图。这是倒T形电阻网络，输出端为I_{out1}、I_{out2}和R_{FB}，运算放大器需外接，反馈电阻$R_F(=R)$内含。

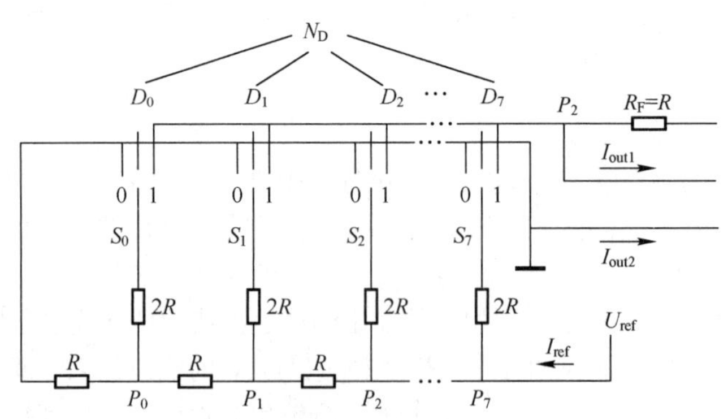

图7-6　D/A0832内部D/A转换器原理图

7.2 模/数转换器（A/D）

A/D 的作用是将输入的模拟信号（一般为模拟电压信号）转换成与其成正比的数字信号输出。

7.2.1 A/D 转换原理

A/D 原理框图和图 7-7 所示。由于输入的模拟信号在时间上连续变化，而输出的数字信号在时间上离散变化，所以在信号的转换过程中只能在选定的瞬间对模拟信号取样，并通过 A/D 电路将取样值转换成相应的数字量输出。

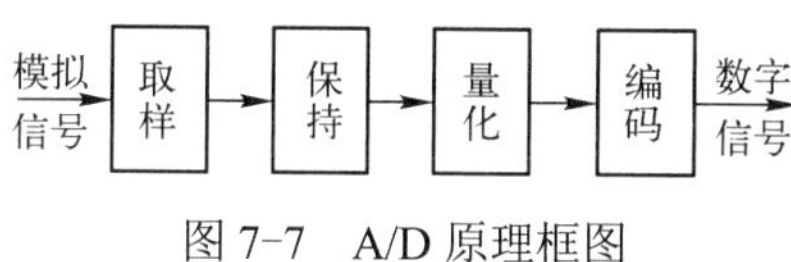

图 7-7 A/D 原理框图

实现模拟信号的 A/D 转换需要经过 4 个过程，即取样、保持、量化和编码。

A/D 电路输入的电压信号 U_I 与输出的数字信号 D 之间的关系为

$$D = K\frac{U_I}{U_{REF}}$$

式中，K 为比例系数，不同的 A/D 电路，K 各不相同；U_{REF} 为实现 A/D 转换所需要的参考电压源。

由上式可以看出，A/D 电路输出的数字信号与输入的模拟信号在幅度上成正比。

1. 取样与保持

取样是将时间上连续变化的模拟信号定时加以检测，取出某一时间的值，以获得时间上断续的信号。取样的作用是将在时间和幅度上连续变化的模拟信号在时间上离散化。

取样过程可以用一个受控开关形象表示，如图 7-8 所示。

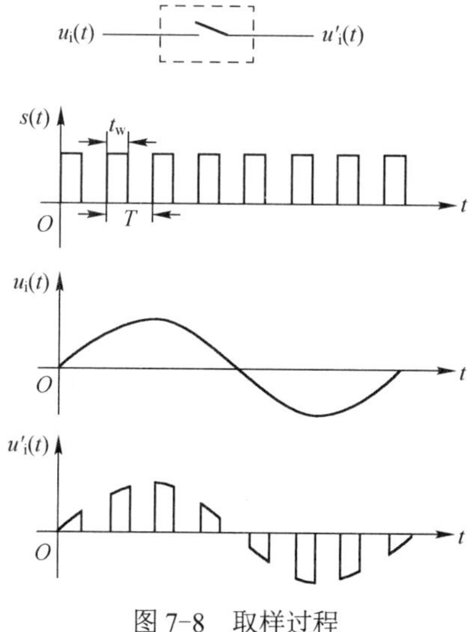

图 7-8 取样过程

图中，u_I 为输入模拟电压信号，虚框内的开关受脉冲宽度为 t_w、周期为 T 的取样矩形脉冲 $s(t)$的控制。在 t_w 时间段内，受控开关的输出电压 $u_I' = u_I$；在其余时间内，$u_I' = 0$。

取样后的信号与输入的模拟信号相比，发生了很大变化。为了保证取样后的信号 u_I' 能够正确反映输入信号 u_I 而不丢失信息，要求取样脉冲信号必须满足取样定理，即

$$f_s \geqslant 2f_{max}$$

式中，f_s 为取样脉冲信号 $s(t)$的频率；f_{max} 为输入模拟信号 u_I 中的最高频率分量的频率，一般取 $f_s=(3\sim5)f_{max}$。

为了获得一个稳定的取样值，以便进行 A/D 转化过程中的量化与编码工作，需要将取样后得到的模拟信号保留一段时间，直到下一个取样脉冲到来，这就是保持。

经过保持后的信号波形不再是脉冲串，而是阶梯型脉冲信号。

取样和保持两个过程，通常是使用取样-保持电路一次完成的。图 7-9 所示为取样-保持原理电路。图中，VT 是受取样脉冲信号 $s(t)$控制的模拟开关，由 N 沟道增强型 MOSFET 构成；电容 C 的作用是保持取样值；运算放大器接成电压跟随器，起缓冲作用。其工作过程如下所述。

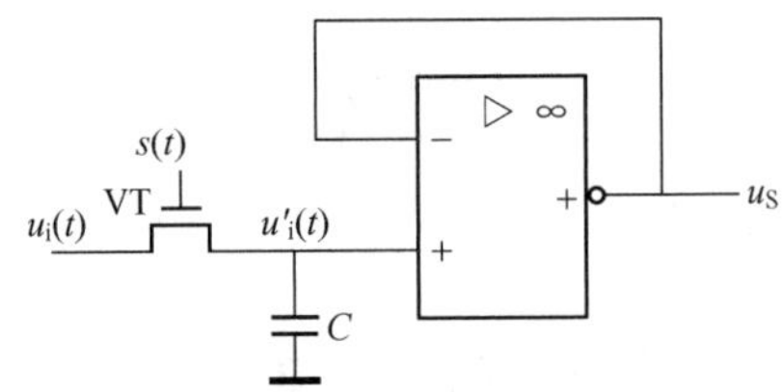

图 7-9　取样-保持原理电路图

在取样脉冲信号 $s(t)$的 t_w 时间段内，VT 导通，开关闭合。u_I 经过模拟开关对电容 C 充电，若设电容充电时间常数远小于脉冲宽度 t_w，则可以认为在 t_w 期间，u_I' 的变化与 u_I 的变化同步，即 $u_I'=u_I$。而在取样脉冲信号 $T_S\sim t_w$ 期间内，VT 截止，开关断开，在忽略电容漏电流的情况下，电容 C 上的电压 u_I' 将保持取样脉冲结束前瞬间 u_I 的值，并保持到下一个取样脉冲到来。通常将 T_S 称为取样周期，t_w 称为取样时间。

2．量化与编码

数字信号取值在时间上、幅度上均是离散变化的，故数字信号的值必须是某个规定的最小数字单位的整数倍。为了将取样保持后的模拟信号转换成数字信号，还需对其进行量化与编码。

量化就是将取样保持后在时间上离散、幅度上连续变化的模拟信号取整变为离散量的过程，即将取样保持后的信号转换为某个最小单位电压 Δ 整数倍的过程。将量化后的信号数值用二进制代码表示，即为编码。对于单极性的模拟信号，一般采用自然二进制码表示；对于双极性的模拟信号，通常使用二进制补码表示。经编码后的结果即 A/D 的输出。

由于 A/D 输入的模拟电压信号是连续变化的，而 n 位二进制代码只能表示 2^n 种状态，所以取样保持后的信号不可能与最小单位电压 Δ 的整数倍完全相等，只能接近某一量化电

平，这就是量化误差。

划分量化电压有只舍不入法和有舍有入法两种方法。

（1）只舍不入法

当 $0 \leqslant u_S < \Delta$ 时，u_S 的量化值取 0；

当 $\Delta \leqslant u_S < 2\Delta$ 时，u_S 的量化值取 Δ；

当 $2\Delta \leqslant u_S < 3\Delta$ 时，u_S 的量化值取 2Δ；

⋮

依此类推。

可见，采用只舍不入的量化方法，最大量化误差近似为一个最小量化单位 Δ。

（2）有舍有入法

当 $0 \leqslant u_S < \frac{1}{2}\Delta$ 时，u_S 的量化值取 0；

当 $\frac{1}{2}\Delta \leqslant u_S < \frac{3}{2}\Delta$ 时，u_S 的量化值取 Δ；

当 $\frac{3}{2}\Delta \leqslant u_S < \frac{5}{2}\Delta$ 时，u_S 的量化值取 2Δ；

⋮

依此类推。

可见，采用有舍有入的量化方法，最大量化误差不会超过 $\frac{1}{2}\Delta$。

例如，将 0～1V 之间的模拟电压信号转换为 3 位二进制代码。

1）利用只舍不入法。取 $\Delta=\frac{1}{8}$ V，在 0～$\frac{1}{8}$ V 之间的模拟电压用二进制代码 000 表示；在 $\frac{1}{8}$～$\frac{2}{8}$ V 之间的模拟电压用二进制代码 001 表示……，它们之间的对应关系如图 7-10a 所示。这种量化方法存在的最大量化误差为 $\Delta=\frac{1}{8}$ V。

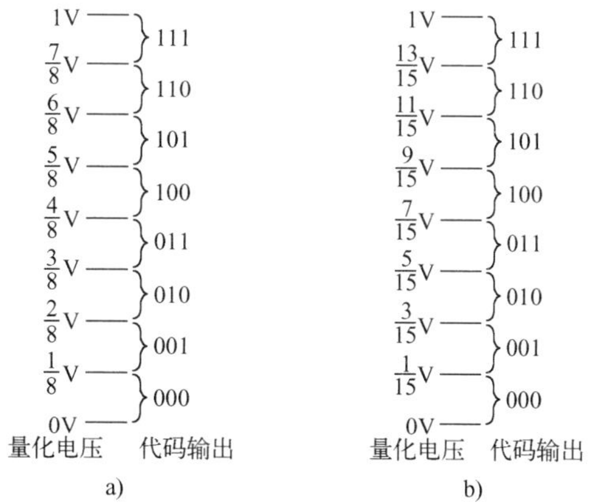

图 7-10　划分量化电压的两种方法

a) 只舍不入法　b) 有舍有入法

2）利用有舍有入法。取$\Delta=\frac{2}{15}$ V，在 0～$\frac{1}{15}$ V 之间的模拟电压用二进制代码 000 表示；在$\frac{1}{15}$～$\frac{3}{15}$ V 之间的模拟电压用二进制代码 001 表示……，它们之间的对应关系如图 7-10b 所示。这种量化方法存在的最大量化误差为$\frac{1}{2}\Delta=\frac{1}{15}$ V。

量化误差不可能完全被消除，只能减少。有舍有入法的量化误差比只舍不入法小。很明显，量化单位Δ不同，分成的量化级别就不一样。量化单位越小，量化级别就越多，编码位数就越多，电路就越复杂。

7.2.2 常见 A/D 电路

A/D 电路主要分为两大类，即直接 A/D 和间接 A/D。直接 A/D 将模拟信号直接转换为数字信号，主要包括并行比较型 A/D 和逐次逼近型 A/D。间接 A/D 先将模拟信号转换成某一中间量（如时间、频率等），然后再将中间量转换成数字信号。间接 ADC 主要包括双积分型 A/D 和 V—F 型 A/D。在单片集成 A/D 中应用比较广泛的是逐次逼近型 A/D 和双积分型 A/D。

1．并行比较型 A/D（Parallel Comparator A/D）

并行比较型 A/D 如图 7-11 所示，电路由电阻分压器、电压比较器和编码器 3 部分组成。其中，分压器用来确定量化电压，比较器用来确定取样电压的量化值，编码器对比较器的输出进行编码，以输出二进制代码。

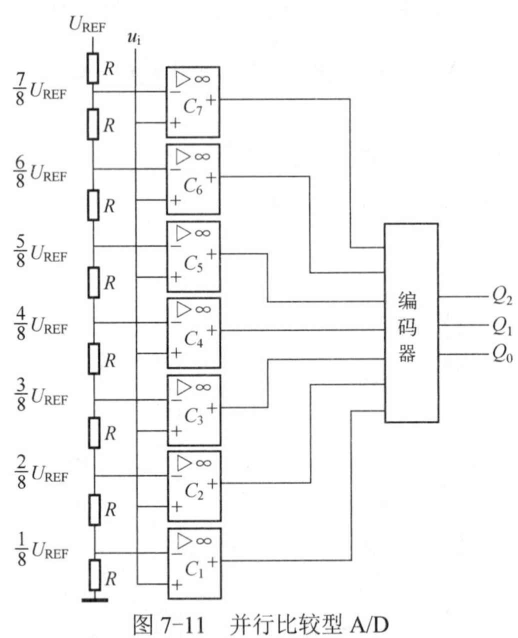

图 7-11　并行比较型 A/D

参考电压源 U_{REF} 经电阻分压器分压，形成 7 个比较电平，分别为$\frac{1}{8}U_{REF}$、$\frac{2}{8}U_{REF}$、…$\frac{7}{8}U_{REF}$，接至比较器 C_1、C_2、…、C_7 的反相输入端，当电路输入电压u_I大于比较

器的比较电压时，该比较器输出 1，反之输出 0。比较器将输出的结果送入编码器，经编码后输出二进制代码。允许输入的模拟电压最大变化范围是 0～U_{REF}。并行比较型 A/D 编码关系表见表 7-1。

表 7-1　并行比较型 A/D 编码关系表

输入模拟电压 u_I	比较器输出							编码输出		
	C_7	C_6	C_5	C_4	C_3	C_2	C_1	Q_2	Q_1	Q_0
$0<u_I<\frac{1}{8}U_{REF}$	0	0	0	0	0	0	0	0	0	0
$\frac{1}{8}U_{REF}\leqslant u_I<\frac{2}{8}U_{REF}$	0	0	0	0	0	0	1	0	0	1
$\frac{2}{8}U_{REF}\leqslant u_I<\frac{3}{8}U_{REF}$	0	0	0	0	0	1	1	0	1	0
$\frac{3}{8}U_{REF}\leqslant u_I<\frac{4}{8}U_{REF}$	0	0	0	0	1	1	1	0	1	1
$\frac{4}{8}U_{REF}\leqslant u_I<\frac{5}{8}U_{REF}$	0	0	0	1	1	1	1	1	0	0
$\frac{5}{8}U_{REF}\leqslant u_I<\frac{6}{8}U_{REF}$	0	0	1	1	1	1	1	1	0	1
$\frac{6}{8}U_{REF}\leqslant u_I<\frac{7}{8}U_{REF}$	0	1	1	1	1	1	1	1	1	0
$\frac{7}{8}U_{REF}\leqslant u_I<U_{REF}$	1	1	1	1	1	1	1	1	1	1

并行比较型 A/D 的转换结果精度主要受量化电压划分结果的影响，Δ越小，转换精度越高，但转换电路越复杂。

这种转换电路的优点是并行转换，速度较快；缺点是使用电压比较器的数量较多，若输出 n 位二进制代码，则需 2^n 个分压电阻、2^n-1 个电压比较器，导致该电路很难达到很高的转换精度。

2．逐次逼近型 A/D（Successive Approximation A/D）

逐次逼近型 A/D 也称为逐位比较型 A/D，如图 7-12 所示。该电路主要由取样保持电路、电压比较器、控制电路、逐次逼近寄存器 SAR、D/A 转换电路和输出电路等 6 部分组成。

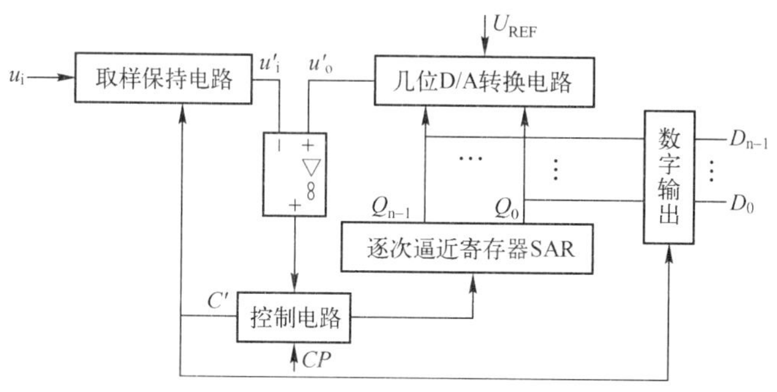

图 7-12　逐次逼近型 A/D

逐次逼近型 A/D 进行 A/D 转换的指导思想是，从转换结果的最高位开始，从高到低逐位确定每位数码的值。电路工作过程如下所述。

首先将逐位逼近寄存器SAR清零。

在第一个 CP 脉冲作用下，将SAR最高位置1，使其输出 $\underbrace{10,\cdots,0}_{n}$，并利用D/A转换电路将其转换成对应的模拟电压信号 u_O'，然后将该值与A/D输入模拟电压信号的取样值 u_I' 同时送入电压比较器进行比较。若 $u_O' > u_I'$，则比较器输出1，说明这个数字量过大，控制电路将SAR最高位复位；若 $u_O' < u_I'$，则比较器输出0，说明这个数字量较小，SAR最高位保持1不变。从而确定了输出数字量的值。

在第二个 CP 脉冲作用下，控制电路在上面比较结果的基础上先将SAR次高位置1，并将D/A转换结果送入电压比较器，以确定SAR次高位的输出是1还是0。

依此类推，在 CP 脉冲作用下，从高到低逐位进行比较，直至确定最低位的值。此时SAR中寄存的值就是本次A/D转换的结果。

控制电路在控制SAR的同时，还输出一路转换控制信号 C'，以控制取样保持电路的工作。当 $C'=1$ 时，取样保持电路进行取样工作，$u_I'=u_I$。此时，A/D转换电路停止转换，仅将上次转换结果输出；当 $C'=0$ 时，取样保持电路停止工作，输出电路禁止输出，A/D转换电路工作，完成输入模拟电压信号取样值的转换工作。

与并行比较型A/D相比，逐次逼近型A/D的转换精度较高，但转换速度较慢。在逐次逼近型A/D中只使用了一个比较器，芯片占用的面积很小，在速度要求不高的场合，具有很高的性价比。这种电路在集成A/D芯片中用得较多。

以上介绍了两种直接A/D，下面再介绍两种间接A/D。间接A/D基本可以分为电压—时间（U—T）变换型和电压—频率（U—F）变换型两类。

3．双积分型A/D

双积分型A/D属于 U—T变换型A/D。它首先将输入模拟信号变换成与其成正比的时间间隔，在此时间间隔内对固定频率的时钟脉冲信号进行计数，所获得的计数值即为正比于输入模拟信号的数字量。

图7-13所示为双积分型A/D电路原理框图。主要由积分器、比较器、计数器、逻辑控制电路和计数器等部分组成。

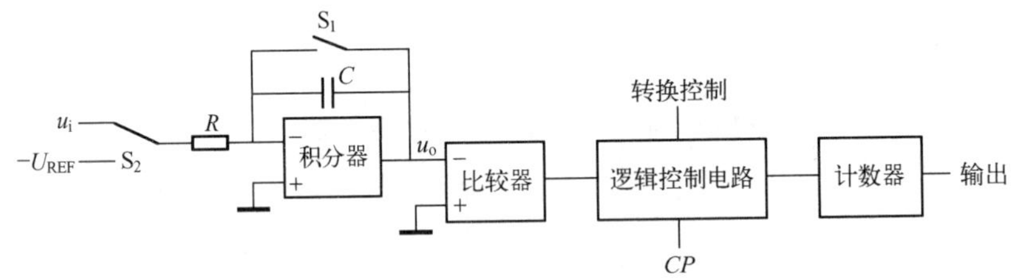

图7-13　双积分型A/D电路原理框图

当电路进行工作时，开关 S_1 闭合，S_2 断开。电容 C 完全放电，计数器同时清零。

第一步，取样阶段。

开关 S_2 接输入模拟信号 u_I，u_I 通过 R 对 C 充电，积分器输出 u_O 开始由0下降，当 t=T 时，

因为
$$u_O=\frac{1}{C}\int_0^T -\frac{u_I}{R}\mathrm{d}t=-\frac{1}{RC}\int_0^T u_I\mathrm{d}t$$

$$\overline{u_I}=\frac{1}{T}\int_0^T u_I \mathrm{d}t$$

所以

$$u_O=-\frac{T}{RC}\overline{u_I}$$

式中，$\overline{u_I}$为 0～T 时间间隔内 u_I 的平均值。

通过上式可见，u_O 与 $\overline{u_I}$ 成正比，当 $u_O<0$ 时，比较器输出 1，控制电路允许在 CP 信号作用下计数。

第二步，量化编码阶段。

当 $t\geqslant T$ 时，取样结束，开关 S_2 接参考电源 $-U_{REF}$，通过 R 对 C 反向充电，u_O 逐渐上升，当 $t=T_1$ 时，$u_O=0$。所以有

$$u_O=\frac{1}{C}\int_T^{T_1}\frac{U_{REF}}{R}\mathrm{d}t-\frac{T}{RC}\overline{u_I}=0$$

$$\frac{T_1-T}{RC}U_{REF}=\frac{T}{RC}\overline{u_I}$$

$$T_1-T=\frac{T}{U_{REF}}\overline{u_I}$$

由上式可知，反向积分时间与输入模拟电压信号的平均值成正比。设计数器在 T_1～T 这段时间内对频率固定为 f_C（$f_C=\frac{1}{T_C}$）的 CP 时钟信号计数，则计数结果也一定与 $\overline{u_I}$ 成正比。即

$$D=\frac{T_1-T}{T_C}=\frac{T}{T_C U_{REF}}\overline{u_I}$$

式中，D 为表示计数结果的数字量。若取 T 为 T_C 的整数倍，即 $T=NT_C$，则 D 为

$$D-\frac{N}{U_{REF}}\overline{u_I}$$

双积分型 A/D 的特点是工作性能稳定，输出的数字量与积分器时间常数无关，对积分元器件精度要求不高，同时电路抗干扰能力较强；主要缺点是电路转换速度较慢。

4. *U*—F 型 A/D

U—F 型 A/D 组成框图如图 7-14 所示。它由压控振荡器、寄存器、计数器和时钟控制等部分组成。

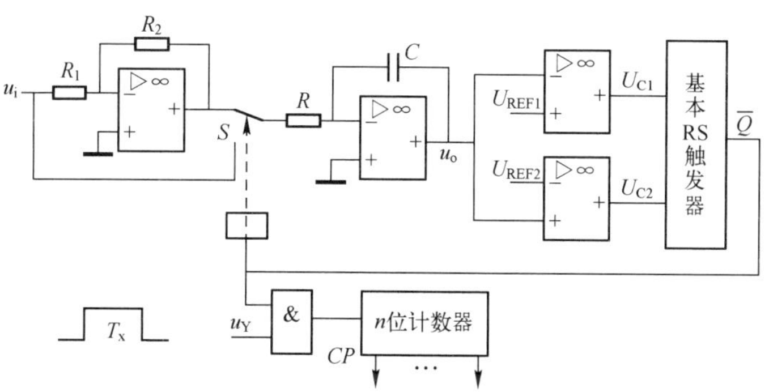

图 7-14 *U*—F 型 A/D 组成框图

压控振荡器（Voltage Controlled Oscillator，VCO）是一种频率可控的振荡器，其输出信号的频率 f 随输入模拟电压 u_I 的变化而变化。

U—F 型 A/D 的特点是抗干扰能力较强，但转换精度较低，转换速度较慢。

7.2.3 A/D 的主要性能指标

衡量 A/D 电路性能的指标主要包括以下 3 个。

1．输入模拟电压范围

输入模拟电压范围是指 A/D 允许的最大输入模拟电压范围，超出这个范围 A/D 将不能正常工作。

输入模拟电压范围与参考电压源的大小有关，一般输入模拟电压的最大幅度不超过 $(2^n-1)\frac{|U_{REF}|}{2^n}$，有时也可以用 $|U_{REF}|$ 近似表示。

2．转换精度

A/D 的转换精度一般使用分辨率和转换误差进行描述。

1）分辨率也称为分解度，用输出数字量的位数 n 表示 A/D 对输入模拟信号的分辨能力，用以描述 A/D 在理论上能够达到的最大精度。从理论上讲，n 位二进制输出的 A/D 能够区分输入模拟电压的 2^n 个等级，能够区分输入电压的最小差异为满量程输入的 $\frac{1}{2^n}$，即 $\frac{FSR}{2^n}$。输出数字量的位数越多，说明误差越小，转换精度越高。

2）转换误差主要指量化误差，即由于使用有限数字对连续的输入模拟信号进行离散取值而产生的误差。量化误差主要取决于量化方法。对于只舍不入、有舍有入的量化方法，转换误差分别为 LSB 和 $\frac{LSB}{2}$。提高分辨率可以降低量化误差。

由于转换精度是包含分辨率和转换误差两个方面的综合指标，所以 A/D 的转换精度用实际输出数字量与理论输出数字量之间的最大差值进行综合描述。

3．转换速度

完成一次 A/D 转换操作需要的时间，称为转换速度。它是指从输入转换控制信号到输出端得到稳定的数字信号所需要的时间。

不同类型的 A/D，转换速度相差很大。并行比较型 A/D 转换速度最快，可以达到 50ns；逐次逼近型 A/D 次之，转换速度在 10～100μs；间接 A/D 转换速度较慢，在数十到数百毫秒之间。

识图 2　A/D 转换器 0809

目前，集成 A/D 种类繁多，其中 ADC0809 是一种逐次逼近型的 A/D 集成电路。其外引线功能如图 7-15 所示。

（1）引脚排列

1）START：启动 A/D 转换。当其为高电平时，开始转换。

2）EOC：转换结束信号。当完成 A/D 转换时发出一个高电平信号，表示转换结束。

A，B，C：模拟通道选择器地址输入端。C 为最高位，A 为最低位，根据其值选择一路进行 A/D 转换。

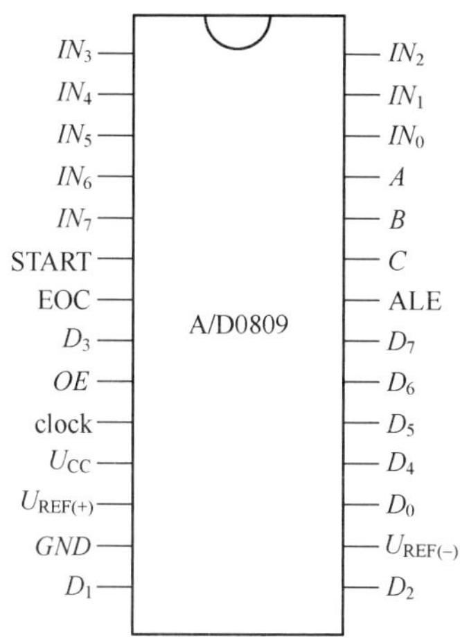

图 7-15　A/D0809 外引线功能图

3）ALE：地址锁存信号。高电平有效，当 ALE=1 时，选中 CBA 选择的一路，并将其代表的模拟信号接入 A/D 转换器之中。

4）D_0～D_7：8 路数字量输出。

5）$U_{REF(+)}$和 $U_{REF(-)}$：参考电压端，提供 D/A 转换器权电阻的标准电平，$U_{REF(+)}$=5V，$U_{REF(-)}$=0V。

6）U_{CC}：电源端，U_{CC}=5V。

7）GND。地。

（2）设计 ADC 的考虑因素

在设计模/数转换系统时，主要应根据设计指标要求，从输入模拟信号的性质和对转换精度、分辨率、转换时间的要求及其他因素全面考虑，选择性价比最合适的器件。一般从以下几个方面进行考虑。

1）被测模拟信号的性质，包括输入信号的极性（单极性还是双极性）、变化率（信号频谱的最高有效频率分量）、输入方式（单端输入或双端差动输入）。

2）系统对转换分辨率、线性度、相对精度及转换时间的要求。

3）系统对输出数字量的要求，包括数字量的码制及格式、输出电平（TTL 电平、CMOS 电平或 ECL 电平等）、输出方式（三态输出、缓冲或锁存等）。

4）A/D 芯片需要的控制信号及其时序关系。

5）环境条件、功耗、体积和成本等非逻辑因素。

7.3　本章小结

学习数/模转换与模/数转换的基本要求如表 7-2 所示。

表 7-2　学习数/模转换与模/数转换的基本要求

主要知识点		基本要求			重点难点
		熟练掌握	正确理解	一般了解	
数/模转换器（D/A）	D/A 工作原理	√	√		1. T 形电阻网络 D/A、倒 T 形电阻网络 D/A 的工作原理 2. 逐次逼近型 A/D、双积分型 A/D 的工作原理 3. 相关性能指标的理解
	主要性能指标	√			
	权电阻网络 D/A		√		
	T 形电阻网络 D/A		√		
	倒 T 形电阻网络 D/A		√		
模/数转换器（A/D）	A/D 工作原理	√	√		
	主要性能指标	√			
	并行比较型 A/D		√		
	逐次逼近型 A/D		√		
	双积分型 A/D		√		
	U—F 型 A/D		√		

7.4　习题

1．什么是 D/A、A/D？

2．说明影响 D/A 转换器精度的主要原因是什么？

3．取样-保持电路的基本形成是怎样的？工作原理是什么？

4．A/D 转换器产生转换误差的主要原因是什么？

5．某个数/模转换器，要求 10 位二进制数能代表 0～50V，试问此二进制数的最低位代表几伏？

6．在图 7-16 所示的 T 形电阻网络数/模转换器电路中，若 $U_R = +5\text{V}$，$R_f = 3R$，则其最大输出电压 u_o 是多少？

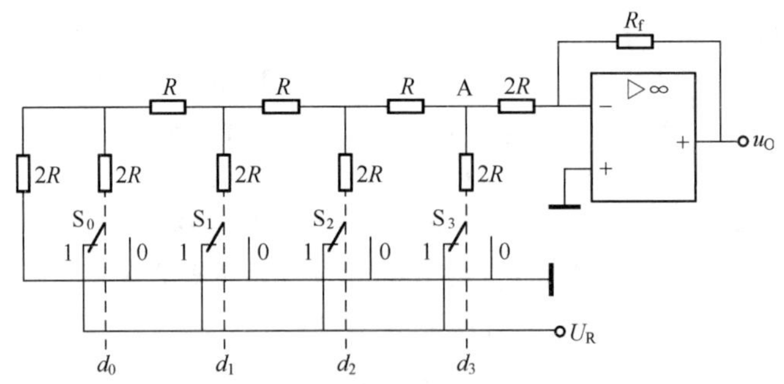

图 7-16　T 形电阻网络数/模转换器题 6 图

7．一个 8 位的 T 形电阻网络数/模转换器，设 $U_R = +5\text{V}$，$R_f = 3R$，试求 d_7～d_0 分别为 11111111、11000000、00000001 时的输出电压 u_o。

8．一个 8 位的 T 形电阻网络数/模转换器，$R_f = 3R$，若 d_7～d_0 为 11111111 时的输出电

压 $u_o = 5\,\text{V}$，则 $d_7 \sim d_0$ 分别为 11000000、00000001 时 u_o 各为多少？

9．图 7-17 所示电路是 4 位二进制数权电阻网络数/模转换器的原理图。已知 $U_R = 10\text{V}$，$R = 10\,\text{k}\Omega$，$R_f = 5\,\text{k}\Omega$。试推导输出电压 u_o 与输入的数字量 d_3、d_2、d_1、d_0 的关系式，并求当 $d_3d_2d_1d_0$ 为 0110 时输出模拟电压 u_o 的值。

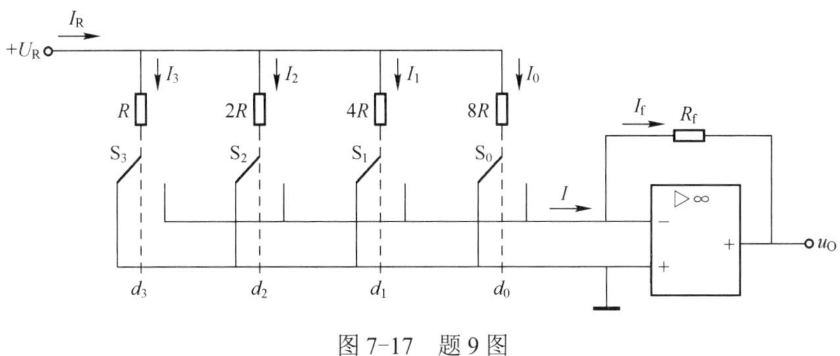

图 7-17　题 9 图

10．电路如图 7-18 所示，试画出输出电压 u_o 随计数脉冲 C 变化的波形，并计算 u_o 的最大值。

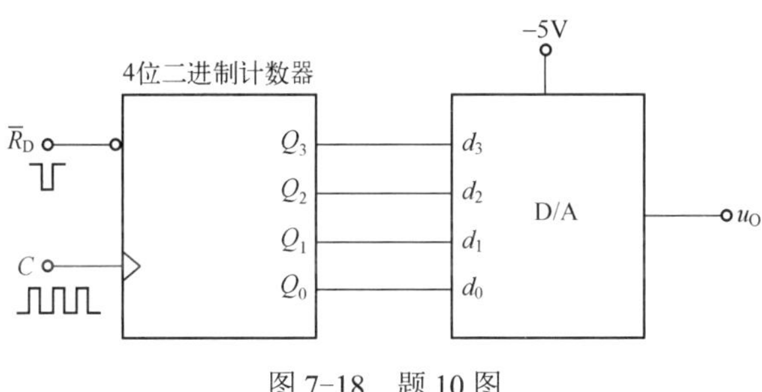

图 7-18　题 10 图

第 8 章　仿真软件——Proteus ISIS

【内容提要】

本章介绍数字电路的一种仿真软件 Proteus ISIS、其编辑环境、编辑原理图、仿真电路以及基本操作。

8.1　Proteus ISIS 简介

Proteus ISIS 是英国 Labcenter 公司开发的电路分析与实物仿真软件。它运行于 Windows 操作系统，可以仿真、分析（SPICE）各种模拟器件和集成电路。该软件的特点是：①实现了单片机仿真和 SPICE 电路仿真相结合。具有模拟电路仿真、数字电路仿真、单片机及其外围电路组成的系统的仿真、RS-232 动态仿真、I^2C 调试器、SPI 调试器、键盘和 LCD 系统仿真的功能；有各种虚拟仪器，如示波器、逻辑分析仪和信号发生器等。②支持主流单片机系统的仿真。目前支持的单片机类型有 68000 系列、8051 系列、AVR 系列、PIC12 系列、PIC16 系列、PIC18 系列、Z80 系列、HC11 系列以及各种外围芯片。③提供软件调试功能。在硬件仿真系统中具有全速、单步和设置断点等调试功能，同时可以观察各个变量、寄存器等的当前状态，支持第三方的软件编译和调试环境，如 Keil C51 uVision2 等软件。④具有强大的原理图绘制功能。

设计和仿真软件 Proteus ISIS 是一个很有用的工具，它可以帮助学生和专业人士提高其模拟和数字电路的设计能力；允许对电路设计采用图形环境，在这种环境中，可以使用一个特定符号来代替元器件，并完成不会对真实电路造成任何损害的电路仿真操作；可以仿真仪表以及可描述在仿真过程中所获得的信号的图表。在设计综合性方案中,也可以利用 ARES 开发印制电路板。总之，该软件是一款集单片机和 SPICE 分析于一身的仿真软件，功能极其强大。

8.2　Proteus ISIS 的编辑环境

8.2.1　进入和退出 Proteus ISIS 编辑环境

1．进入 Proteus ISIS

在安装完 Proteus ISIS 后，双击桌面上的 ISIS 6 Professional 图标或者单击屏幕左下方的“开始”→“程序”→“Proteus 6 Professional”→“ISIS 6 Professional”，就会出现图 8-1 所示的启动时的界面，表明已进入 Proteus ISIS 集成环境。

2．退出 Proteus ISIS

在主窗口中选取菜单项 File/Exit（文件/退出），屏幕中央会出现提问框，问用户是否想关闭 Proteus ISIS，若是，则单击“OK”（确定）按钮即可关闭 Proteus ISIS。如果当前电路图修改后尚未存盘，在提问框出现前就还会询问用户是否存盘。

图 8-1　Proteus ISIS 启动时的界面

8.2.2　认识 Proteus ISIS 的编辑环境

Proteus ISIS 的工作界面是一种标准的 Windows 界面，如图 8-2 所示。包括标题栏、主菜单、标准工具栏、绘图工具栏、状态栏、对象选择按钮、预览对象方位控制按钮、仿真进程控制按钮、预览窗口、对象选择器窗口和图形编辑窗口。下面简单介绍各部分的功能。

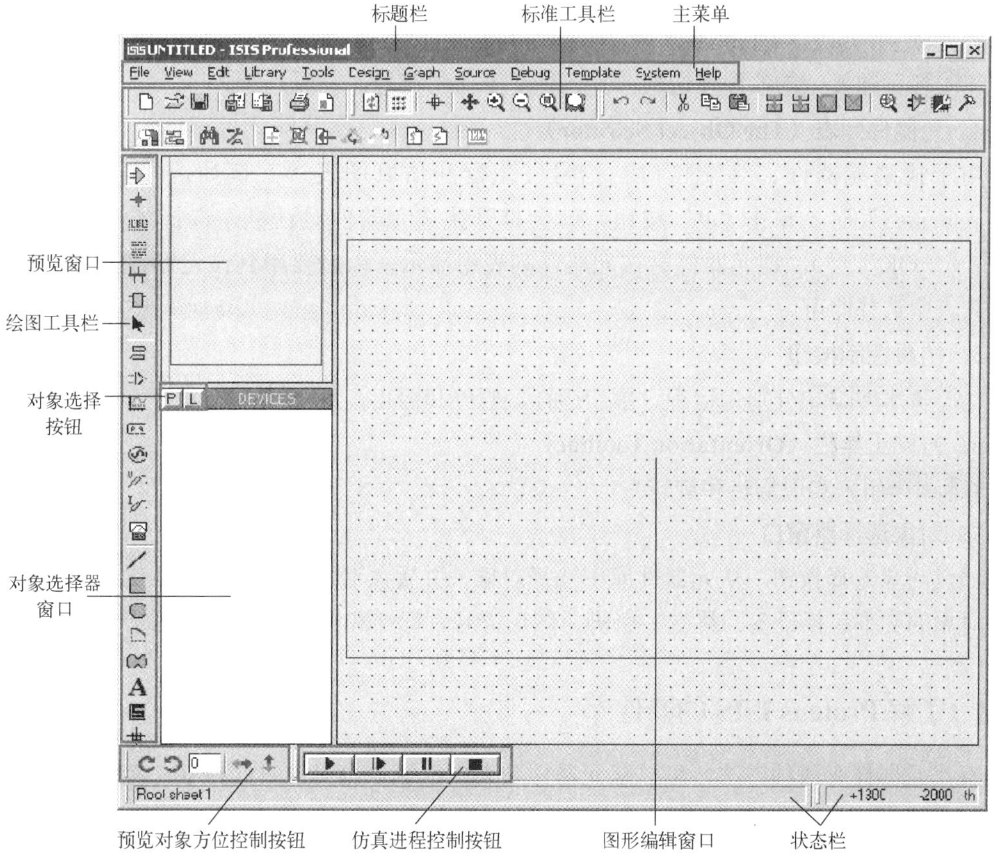

标题栏　标准工具栏　主菜单

预览窗口

绘图工具栏

对象选择按钮

对象选择器窗口

预览对象方位控制按钮　仿真进程控制按钮　图形编辑窗口　状态栏

图 8-2　Proteus ISIS 的工作界面

1．原理图预览窗口（The Editing Window）

原理图预览窗口是用来绘制原理图的。蓝色方框内为可编辑区，要将元器件放到它里面。注意，这个窗口是没有滚动条的，可用预览窗口来改变原理图的可视范围。

2．图形编辑窗口

在图形编辑窗口内完成电路原理图的编辑和绘制。为了方便做图，设置了坐标系统（CO-ORDINATE SYSTEM）。Proteus ISIS 中坐标系统的基本单位是 10nm，主要是为了与 Proteus ARES 保持一致。但坐标系统的识别（read-out）单位被限制在 1th。坐标原点被默认在图形编辑区的中间，图形的坐标值能够被显示在屏幕的右下角的状态栏中。

3．模型选择工具栏（Mode Selector Toolbar）

1）主要模型（Main Modes）分别是：①选择元器件（components）（默认选择的）；②放置连接点；③放置标签（用总线时会用到）；④放置文本；⑤绘制总线；⑥放置子电路；⑦即时编辑元器件参数（先单击该图标，再单击要修改的元器件）。

2）配件（Gadgets）分别是：①终端接口（terminals），有 V_{CC}、地、输出和输入等接口；②器件引脚，用于绘制各种引脚；③仿真图表（graph），用于各种分析，如 Noise Analysis；④录音机，⑤信号发生器（generators）；⑥电压探针，使用仿真图表时要用到；⑦电流探针，使用仿真图表时要用到；⑧虚拟仪表，有示波器等。

3）2D 图形（2D Graphics），分别是：①各种直线；②各种方框；③各种圆；④各种圆弧；⑤各种多边形；⑥各种文本；⑦符号；⑧原点等。

4．元器件列表（The Object Selector）

用于挑选元器件、终端接口、信号发生器和仿真图表等。例如，当选择“元器件（components）”时，单击“P”按钮，就会打开挑选元器件对话框，选择了一个元器件后（单击了“OK”后），该元器件会在元器件列表中显示，以后要用到该元器件时，只需在元器件列表中选择即可。

5．仿真控制按钮

分别为运行、单步运行、暂停和停止。

6．方向工具栏（Orientation Toolbar）

用来实现翻转和旋转。

7．对象选择器窗口

通过对象选择按钮，从元器件库中选择对象，并置入对象选择器窗口，供绘图时使用。显示对象的类型包括设备、终端、引脚、图形符号、标注和图形。

8.2.3 了解 Proteus ISIS 的器件库

查找元器件有两种方法，可以从元器件列表中选择，也可以直接搜索。搜索方法是，直接键入关键字，比如电阻是 RES，电容是 CAP 等。下面列出一些 Proteus ISIS 常用元器件名称对照，见表 8-1。

表 8-1 Proteus ISIS 常用元器件名称对照表

元件名称	中文名
7407	驱动门
IN914	二极管
74LS00	与非门
74LS04	非门
74LS08	与门
74LS390	TTL 双十进制计数器
7SEG	4 针 BCD-LED，输出从 0～9 对应于 4 根线的 BCD 码
7SEG	3-8 译码器电路 BCD-7SEG[size=+0]转换电路
ALTERNATOR	交流发电机
AMMETER-MILLI	mA 安培计
AND	与门
BATTERY	电池/电池组
BUS	总线
CAP	电容
CAPACITOR	电容器
CLOCK	时钟信号源
CRYSTAL	晶振
D-FLIPFLOP	D 触发器
FUSE	熔丝
GROUND	地
LAMP	灯
LED-RED	红色发光二极管
LM016L	2 行 16 列液晶
LOGIC ANALYSER	逻辑分析器
LOGICPROBE	逻辑探针
LOGICPROBE[BIG]	逻辑探针，用来显示连接位置的逻辑状态
LOGICSTATE	逻辑状态，用鼠标单击，可改变该方框连接位置的逻辑状态
LOGICTOGGLE	逻辑触发
MASTERSWITCH	按钮
MOTOR	电动机
OR	或门
POT-LIN	三引线可变电阻器
POWER	电源
RES	电阻
Miscellaneous	各种器件，如 AERIAL-天线、ATAHDD、ATMEGA64、BATTERY、CELL、CRYSTAL-晶振、FUSE、METER-仪表等
Modelling Primitives	各种仿真器件
Optoelectronics	各种发光器件，如发光二极管、LED 和液晶等
PLDs & FPGAs	

（续）

元件名称	中文名
Resistors	各种电阻
Simulator Primitives	常用的器件
Switches & Relays	开关、继电器、键盘
Switching Devices	晶闸管
Transistors	晶体管，场效应晶体管
TTL 74 series	
TTL 74ALS series	
TTL 74AS series	
TTL 74F series	
TTL 74HC series	
TTL 74HCT series	
TTL 74LS series	
TTL 74S series	
Analog Ics	模拟电路集成芯片
Capacitors	电容集合
CMOS 4000 series	
Connectors	排座，排插
Data Converters	A/D，D/A
Debugging Tools	调试工具
ECL 10000 Series	

8.3 用 Proteus ISIS 编辑原理图

8.3.1 图形编辑的基本操作

1．对象放置（Object Placement）

放置对象的步骤如下所述（To place an object）。

1）根据对象的类别在工具箱选择相应模式的图标（mode icon）。

2）根据对象的具体类型，选择子模式图标（sub-mode icon）。

3）如果对象类型是元器件、端点、引脚、图形和符号或标记，那么就从选择器（selector）里选择想要的对象的名字。对于元器件、端点、引脚和符号，可能首先需要从库中调出。

4）如果对象是有方向的，就将在预览窗口显示出来。此时，可以通过预览对象方位按钮对对象进行调整。

5）最后，指向编辑窗口并单击鼠标左键放置对象。

2．选中对象（Tagging an Object）

用鼠标指向对象并单击鼠标右键可以选中该对象。该操作选中对象，并使其高亮显示，然后即可对其进行编辑。

当选中对象时，该对象上的所有连线同时被选中。

要选中一组对象，可以通过依次在每个对象用鼠标右键单击选中每个对象的方式，也可以通过右键拖出一个选择框的方式，但只有完全位于选择框内的对象才可以被选中。

在空白处单击鼠标右键可以取消所有对象的选择。

3．删除对象（Deleting an Object）

用鼠标指向选中的对象并单击鼠标右键可以删除该对象，同时删除该对象的所有连线。

4．拖动对象（Dragging an Object）

用鼠标指向选中的对象，并用左键拖曳可以拖动该对象。该方式不仅对整个对象有效，而且对对象中单独的 labels 也有效。

如果 Wire Auto Router 功能被使用，被拖动对象上所有的连线就将会重新排布或者“fixed up”。这将花费一定的时间（10s 左右），尤其在对象有很多连线的情况下，这时鼠标指针将显示为一个沙漏。

如果误拖动一个对象，所有的连线就都变成了一团糟，此时可以使用 Undo 命令撤销操作，恢复到原来的状态。

5．拖动对象标签（Dragging an Object Label）

许多类型的对象有一个或多个属性标签附着。例如，每个元器件有一个“reference”标签和一个“value”标签。可以很容易地移动这些标签，以使电路图看起来更美观。

移动标签的步骤如下所述（To move a label）。

1）选中对象。

2）用鼠标指向标签，按下鼠标左键。

3）拖动标签到需要的位置。如果想要定位更精确，就可以在拖动时改变捕捉的精度（使用〈F4〉、〈F3〉、〈F2〉、〈Ctrl+F1〉键）。

4）释放鼠标。

6．调整对象大小（Resizing an Object）

可以调整子电路（Sub-circuits）、图表、线、框和圆的大小。当选中这些对象时，对象周围会出现黑色小方块，这个黑色小方块叫做“手柄”，可以通过拖动这些“手柄”来调整对象的大小。

调整对象大小的步骤如下所述（To resize an object）。

1）选中对象。

2）如果可以调整对象的大小，对象周围就会出现叫做“手柄”的黑色小方块。

3）用鼠标左键拖动这些“手柄”到新的位置，就可以改变对象的大小。在拖动的过程中，手柄会消失，以避免与对象的显示混叠。

7．调整对象的朝向（Reorienting an Object）

许多类型的对象可以调整朝向为 0°、90°、270°和 360°，或通过 x 轴 y 轴镜像。在该类型对象被选中后，“Rotation and Mirror”图标会从蓝色变为红色，然后就可以改变对象的朝向了。

调整对象朝向的步骤如下所述（To reorient an object）。

1）选中对象。

2）用鼠标左键单击 Rotation 图标，可以使对象逆时针旋转；用鼠标右键单击 Rotation

图标，可以使对象顺时针旋转。

3）用鼠标左键单击 Mirror 图标，可以使对象按 x 轴镜像；用鼠标右键单击 Mirror 图标，可以使对象按 y 轴镜像。

当 Rotation and Mirror 图标是红色时，操作它们将会改变某个对象，即便当前没有看到它，实际上，这种颜色的指示在想对将要放置的新对象操作时是格外有用的。当图标是红色时，首先取消对象的选择，此时图标会变成蓝色，这说明现在可以“安全”调整新对象了。

8．编辑对象（Editing an Object）

许多对象具有图形或文本属性，这些属性可以通过一个对话框进行编辑，这是一种很常见的操作，它有多种实现方式。

1）编辑单个对象的步骤（To edit a single object using the mouse）如下所述。

① 选中对象。

② 用鼠标左键单击对象。

2）连续编辑多个对象的步骤（To edit a succession of objects using the mouse）如下所述。

① 选择 Main Mode 图标，再选择 Instant Edit 图标。

② 依次用鼠标左键单击各个对象。

3）以特定的编辑模式编辑对象的步骤（To edit an object and access special edit modes）如下所述。

① 指向对象。

② 使用键盘按〈CTRL+E〉组合键。

对于文本脚本来说，这将启动外部的文本编辑器。如果鼠标没有指向任何对象，该命令就将对当前的图进行编辑。

4）通过元器件的名称编辑元器件的步骤如下所述（To edit a component by name）。

① 按〈E〉键。

② 在弹出的对话框中输入元器件的名称（part ID）。

确定后会弹出该项目中任何元器件的编辑对话框，并非只限于当前 sheet 的元器件。编辑完后，画面将会以该元器件为中心重新显示。可以通过该方式来定位一个元器件，即便并不想对其进行编辑。

9．编辑对象标签（Editing an Object Label）

元器件、端点、线和总线标签都可以像元器件一样编辑。

1）编辑单个对象标签的步骤（To edit a single object label using the mouse）如下所述。

① 选中对象标签。

② 用鼠标左键单击对象。

2）连续编辑多个对象标签的步骤（To edit a succession of object labels using the mouse）如下所述。

① 选择 Main Mode 图标，再选择 Instant Edit 图标。

② 依次用鼠标左键单击各个标签。

任何一种方式，都将弹出一个带有 Label and Style 栏的对话框窗体。可以参照软件指南中 Editing Local Styles 这一节得到编辑 local 文本类型的详细内容。

10．复制所有选中的对象（Copying all Tagged Objects）

复制一整块电路的方式（To copy a section of circuitry）

1）选中需要的对象，具体的方式参照上文的“选中对象（Tagging an Object）”部分。

2）用鼠标左键单击 Copy 图标。

3）把复制的轮廓拖到需要的位置，单击鼠标左键放置复制。

4）重复步骤 3）放置多个复制。

5）单击鼠标右键结束。

在一组元器件被复制后，它们的标注自动重置为随机态，用来为下一步的自动标注做准备，以防止出现重复的元器件标注。

11．移动所有选中的对象（Moving all Tagged Objects）

移动一组对象的步骤（To move a set of objects）：如下所述。

1）选中需要的对象，具体的方式参照上文的“选中对象（Tagging an Object）”部分。

2）把轮廓拖到需要的位置，单击鼠标左键放置。

可以使用块移动的方式来移动一组导线，而不移动任何对象。

12．删除所有选中的对象（Deleting all Tagged Objects）

删除一组对象的步骤（To delete a group of objects）：如下所述。

1）选中需要的对象，具体的方式参照上文的“选中对象（Tagging an Object）”部分。

2）用鼠标左键单击 Delete 图标。

如果错误删除了对象，就可以使用 Undo 命令来恢复原状。

8.3.2　连线

1．画线（Wiring Up）

Proteus ISIS 没有画线的图标按钮。这是因为 Proteus ISIS 的智能化足以在人们想要画线的时候进行自动检测，这就省去了选择画线模式的麻烦。

在两个对象间连线（To connect a wire between two objects）的步骤如下所述。

1）用鼠标左键单击第一个对象连接点。

2）如果想让 ISIS 自动定出走线路径，就只需用鼠标左键单击另一个连接点；而如果想自己决定走线路径，就只需在想要拐点处单击鼠标左键。

用一个连接点可以精确的连到一根线。在元器件和终端的引脚末端都有连接点。一个圆点从中心出发有 4 个连接点，可以连 4 根线。

一般都希望能连接到现有的线上，Proteus ISIS 也将线视为连续的连接点。此外，一个连接点意味着 3 根线汇于一点，ISIS 提供了一个圆点，以避免由于错漏点而引起的混乱。在此过程的任何一个阶段，都可以按〈Esc〉键放弃画线。

2．线路自动路径器（Wire Auto-Router）

线路自动路径器（WAR）省去了必须标明每根线具体路径的麻烦，该功能默认是打开的，但可通过两种途径方式略过该功能。

如果只是在两个连接点用鼠标左键单击，WAR 就将选择一个合适的线径。但如果点了一个连接点，然后点一个或几个非连接点的位置，ISIS 就将认为在手工定线的路径，让单击线的路径的每个角。路径是通过用鼠标左键单击另一个连接点来完成的。

WAR 可通过使用工具菜单里的命令关闭。这个功能在两个连接点间直接定出对角线时是很有用的。

3．重复布线（Wire Repeat）

假设要连接一个 8 字节 ROM 数据总线到电路图主要数据总线，已将 ROM、总线和总线插入点如图 8-3 所示放置。

首先用鼠标左键单击 *A*，然后用鼠标左键单击 *B*，在 *A*、*B* 间画一条水平线。双击 *C*，重复布线功能会被激活，自动在 *C*、*D* 间布线。双击 *E*、*F*，以下类同。

重复布线完全复制了上一根线的路径。如果上一根线已经是自动重复布线，那么就将仍旧自动复制该路径；如果上一根线为手工布线，那么就将精确复制用于新的线。

4．拖线（Dragging Wires）

尽管对于线一般使用连接和拖的方法，但也有一些特殊方法可以使用。如果拖动线的一个角，那么该角就随着鼠标指针移动。如果鼠标指向一个线段的中间或两端，就会出现一个角，然后可以拖动。

注意：为了使后者能够工作，线所连的对象不能有标示，否则 ISIS 会认为拖该对象，也可使用块移动命令来移动线段或线段组。

5．移动线段或线段组（To move a wire segment or a group of segments）

1）在移动的线段周围拖出一个选择框。该“框”为一个线段旁的一条线，也是可以的。

2）用鼠标左键单击“移动”图标（在工具箱里）。

3）如图 8-4 所示的相反方向垂直于线段移动“选择框”（tag-box）。

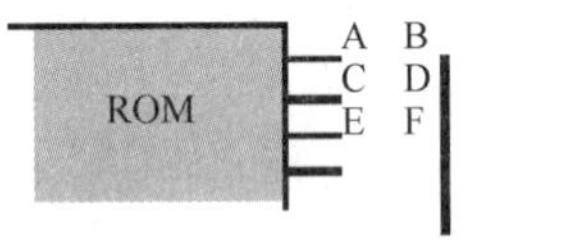

图 8-3　ROM、总线和总线插入点

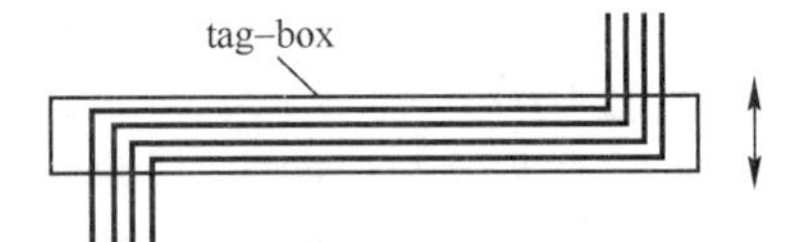

图 8-4　垂直于线段移动“选择框”

4）用鼠标左键单击结束。

如果操作错误，就可使用 Undo 命令返回。

由于对象被移动后节点可能仍留在对象原来位置的周围，所以 ISIS 提供一项技术来快速删除线中不需要的节点。

6．从线中移走节点（To remove a kink from a wire）

1）选中（tag）要处理的线。

2）用鼠标指向节点一角，按下左键。

3）拖动该角与自身重合。

4）松开鼠标左键。Proteus ISIS 将从线中移走该节点。

主窗口是一个标准 Windows 窗口，除具有选择执行各种命令的顶部菜单和显示当前状态的底部状态条外，菜单下方有两个工具条，包含与菜单命令一一对应的快捷按钮，窗口左部还有一个工具箱，包含添加所有电路元器件的快捷按钮。工具条、状态条和工具箱均可隐藏。这里的两个图分别是中文和英文主窗口。

8.3.3 编辑区域的缩放

Proteus ISIS 的缩放操作多种多样，极大地方便了设计。常见的几种方式有完全显示（或者按〈F8〉键）、放大按钮（或者按〈F6〉键）和缩小按钮（或者按〈F7〉键），拖放、取景、找中心（或者按〈F5〉键）。

8.3.4 显示和隐藏点状栅格及刷新

编辑区域的点状栅格，是为了方便元器件定位用的。当鼠标指针在编辑区域移动时，移动的步长就是栅格的尺度，称为 Snap（捕捉）。这个功能可使元器件依据栅格对齐。

1．显示和隐藏点状栅格

点状栅格的显示和隐藏可以通过工具栏的按钮或者按快捷键〈G〉来实现。在鼠标移动的过程中，在编辑区的下面将出现栅格的坐标值，即坐标指示器，它显示横向的坐标值。当坐标的原点在编辑区的中间时，有的地方的坐标值比较大，不利于进行比较。此时可通过单击菜单命令“View”下的“Origin”命令，也可以单击工具栏的按钮或者按快捷键〈O〉来自己定位新的坐标原点。

2．刷新

编辑窗口显示正在编辑的电路原理图，可以通过执行菜单命令“View”下的“Redraw”命令来刷新显示内容，也可以单击工具栏的刷新命令按钮或者快捷键〈R〉，与此同时预览窗口中的内容也将被刷新。它的用途是当执行一些命令导致显示错乱时，可以使用该命令恢复正常显示。

8.3.5 对象的放置和编辑

1．对象的添加和放置

单击工具箱的元器件按钮，使其被选中，再单击 Proteus ISIS 对象选择器左边中间的置 P 按钮，出现“Pick Devices”对话框。

在这个对话框里，可以选择元器件和一些虚拟仪器。以添加单片机 PIC16F877 为例来说明如何把元器件添加到编辑窗口。在“Gategory（器件种类）”下面，找到“Micoprocessor IC”选项，用鼠标左键单击一下，在对话框的右侧，会发现这里有大量常见的各种型号的单片机。找到单片机 PIC16F877，双击“PIC16F877”。

这样在左边的对象选择器就有了 PIC16F877 这个元器件了。单击一下这个元器件，然后把鼠标指针移到右边的原理图编辑区的适当位置，再单击鼠标左键，就把 PIC16F877 放到原理图区上了。

2．放置电源及接地符号

会发现许多器件没有 Vcc 和 GND 引脚，其实它们被隐藏了，在使用的时候可以不用加电源。如果需要加电源可以单击工具箱的接线端按钮，这时对象选择器就会出现一些接线端。

在器件选择器里单击 GROUND，将鼠标移到原理图编辑区，用鼠标左键单击一下即可放置接地符号；同理也可以把电源符号 POWER 放到原理图编辑区中。

3．对象的编辑

对于调整对象的位置和放置方向以及改变元器件的属性等，有选中、删除和拖动等基本操作，方法很简单，不再详细说明。其他操作如下所述。

1）拖动标签。许多类型的对象有一个或多个属性标签附着。可以很容易地移动这些标签使电路图看起来更美观。移动标签的步骤如下所述：首先单击鼠标右键选中对象，然后用鼠标指向标签，按下鼠标左键。一直按着左键就可以拖动标签到需要的位置，释放鼠标即可。

2）对象的旋转。许多类型的对象可以调整旋转为 0°、90°、270°、360°或通过 x 轴 y 轴镜像旋转。在该类型对象被选中后，“旋转工具按钮”图标会从蓝色变为红色，然后就可以改变对象的放置方向。旋转操作的具体方法是，首先单击鼠标右键选中对象，然后根据要求用鼠标左键单击旋转工具的 4 个按钮。

3）编辑对象的属性。对象一般都具有文本属性，这些属性可以通过一个对话框进行编辑。编辑单个对象的具体方法是，先用鼠标右键单击选中对象，然后用鼠标左键单击对象，此时出现属性编辑对话框。也可以单击工具箱的按钮，再单击对象，也会出现编辑对话框。可以改变电阻的标号、电阻值、PCB 封装以及是否把这些东西隐藏等，修改完毕，单击“OK”按钮即可。

8.3.6 绘制原理图

1．画导线

Proteus ISIS 的智能化使人们可以在想要画线的时候进行自动检测。当鼠标的指针靠近一个对象的连接点时，跟着鼠标的指针就会出现一个“×”号，用鼠标左键单击元器件的连接点，移动鼠标（不用一直按着左键），就出现粉红色的连接线变成了深绿色。如果想让软件自动定出线路径，只需用鼠标左键单击另一个连接点即可。这就是 Proteus ISIS 的线路自动路径功能（简称为 WAR）。如果只是在两个连接点用鼠标左键单击，WAR 就将选择一个合适的线径。WAR 可通过使用工具栏里的“WAR”命令按钮来关闭或打开，也可以在菜单栏的“Tools”下找到这个图标。如果想自己决定走线路径，那么只需在想要的拐点处单击鼠标左键即可。在此过程的任何时刻，都可以按 ESC 或者单击鼠标右键来放弃画线。

2．画总线

为了简化原理图，可以用一条导线代表数条并行的导线，这就是所谓的总线。单击工具箱的总线按钮，即可在编辑窗口画总线。

3．画总线分支线

单击工具的按钮，可画总线分支线，它是用来连接总线和元器件引脚的。画总线的时候为了与一般的导线区分，一般用斜线来表示分支线，但是这时 WAR 功能“打开”是不行的，需要把 WAR 功能关闭。画好分支线还需要给分支线起个名字。鼠标右键单击分支线选中它，接着用鼠标左键单击选中的分支线，就会出现分支线编辑对话框，同端是连接在一起的，放置方法是用鼠标单击连线工具条中的图标或者执行 Place→Net Label 菜单命令，这时光标变成十字形并且将有一虚线框在工作区内移动，再按一下键盘上的〈Tab〉键，系统弹出“网络标号属性”对话框，在 Net 项定义网络标号（比如 PB0），单击“OK”按钮，将设置好的网络标号放在短导线上（注意一定是上面），单击鼠标左键即可将之定位。

放置总线将各总线分支连接起来，方法是，单击放置工具条中图标或执行 Place→Bus 菜单命令，这时工作平面上将出现十字形光标，将十字光标移至要连接的总线分支处单击鼠标左键，系统弹出十字形光标并拖着一条较粗的线，然后将十字光标移至另一个总线分支处，单击鼠标左键，一条总线就画好了。当电路中多根数据线、地址线、控制线并行时，使用总线设计。

4. 跨接线

跨接线在印制电路板设计中经常使用，但在一般的书中往往没有谈及这个问题，只有靠设计者在设计中自己去摸索。跨接线，简单地说就是在印制电路板中用一根将两焊盘连接的导线，多用于单面板、双面板设计中，特别是单面板设计中使用得更多。在单面板的设计中，有些铜膜线无法连接，即使用 Protel 99 SE 连通了，进行电气检查也是错的，系统会显示错误标志。通常解决的办法是使用跨接线，跨接线的长度应该选择 6mm、8mm 和 10mm。放置跨接线的方法是在布线层（底层布线）用人工布线的方式放置，当遇到相交线的时候，就用过孔走到背面（顶层）进行布线，跳过相交线然后回到原来层面（底层）布线。值得说明的是，为了便于识别，最好在顶层的印丝层（Top Overlay）做上标志。在 PCB 安装元器件的时候，跨接线就用短的导线或就用剪下元器件引脚上多余的部分安装。

5. 放置线路节点

如果在交叉点有电路节点，就认为两条导线在电气上是相连的，否则就认为它们在电气上是不相连的。ISIS 在画导线时能够智能地判断是否要放置节点。但在两条导线交叉时是不放置节点的，这时要想两个导线电气相连，只有手工放置节点了。单击工具箱的节点放置按钮+，当把鼠标指针移到编辑窗口、指向一条导线的时候，会出现一个“×”号，单击鼠标左键就能放置一个节点。

Proteus ISIS 可以同时编辑多个对象，即整体操作。常见的有整体复制、整体删除、整体移动和整体旋转几种操作方式。

8.4 实例绘制

1. 实例 1：绘制交流电供电仿真电路图

1）单击“Pick Devices”按钮（该按钮是位于工作区左边面板中的那个“P”按钮，如图 8-5 所示），会打开标题为“Pick Devices”的对话框，如图 8-6 所示。

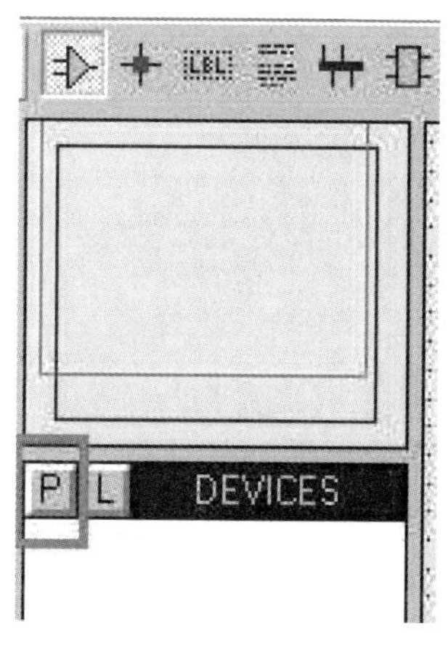

图 8-5 位于工作区左边面板中的“P”按钮

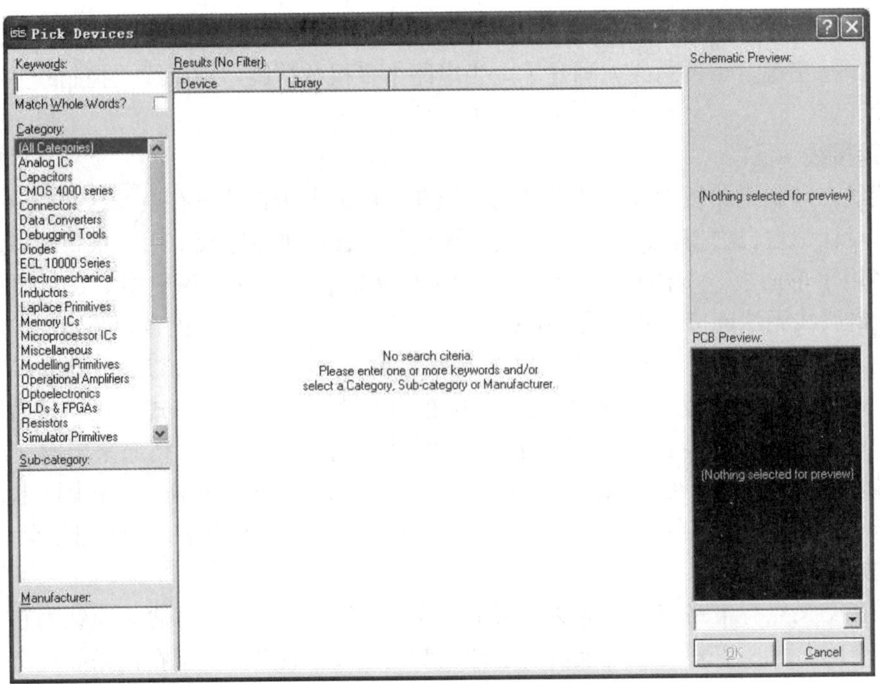

图 8-6 “Pick Devices”的对话框

2）在Category列表框中 (位于左边) 找到Simulator Primitives，这时会在Results中列出该类的所有元器件（如果该类有太多元器件，就可利用 Sub-Category 列表框过滤），ALTERNATOR就是要找的交流电电源，如图 8-7 所示。

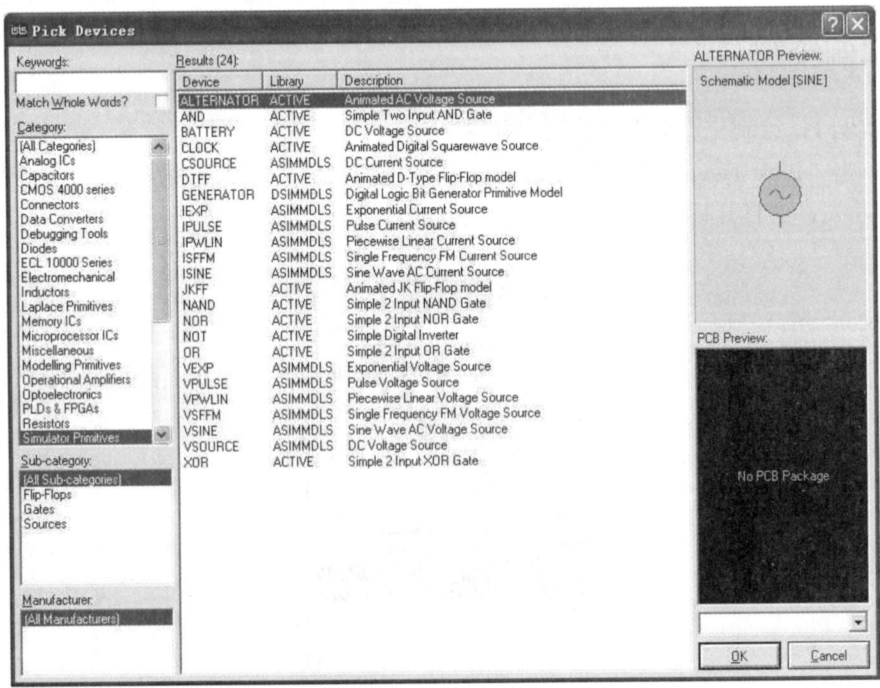

图 8-7 在 Pick Devices 对话框中的 ALTERNATOR

3）在Results中双击 ALTERNATOR，会在 The Object Selector（元器件列表框）中列出 ALTERNATOR，如图 8-8 所示。

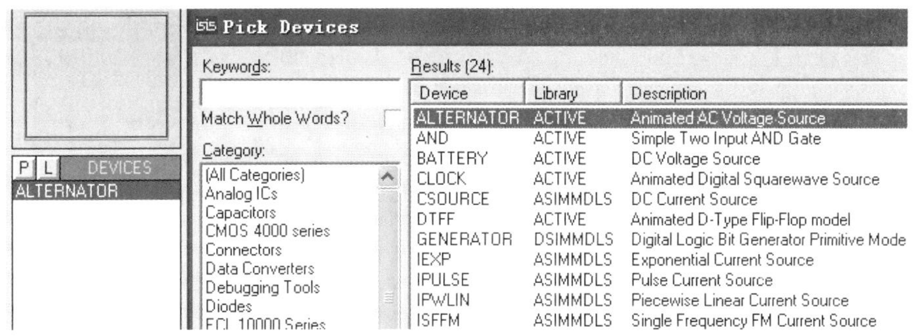

图 8-8　The Object Selector（元器件列表框）

4）同样的方法添加LAMP，在Category→Optoelectronics→LAMP，如图 8-9 所示。

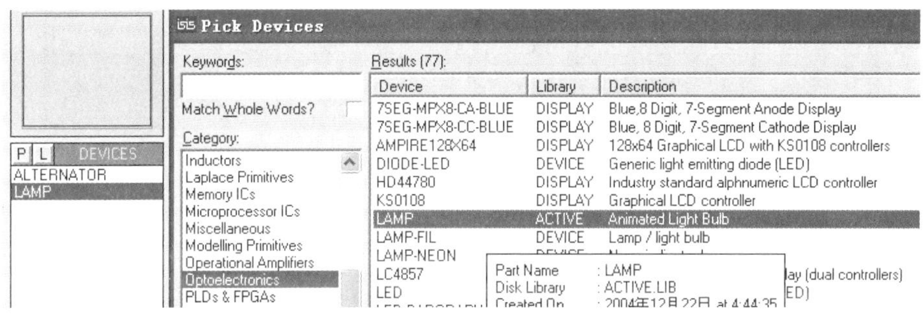

图 8-9　添加 LAMP

5）单击 Pick Devices 对话框的“OK”按钮，结束添加元器件。

6）在The Object Selector（元器件列表框）中单击ALTERNATOR，如图 8-10 所示。

7）接着，在位于主窗口左下角的角度调整工具条中设置在原理图窗口中 ALTERNATOR 的方向（这一步也可以在放置元器件后再设置）。第一个按钮是顺时针旋转 90°，第二个按钮是逆时针旋转 90°，第三个按钮是水平翻转，第四个按钮是垂直翻转，中间的按钮可输入 0，+/-90，+/-180，+/-270。角度调整如图 8-11 所示。

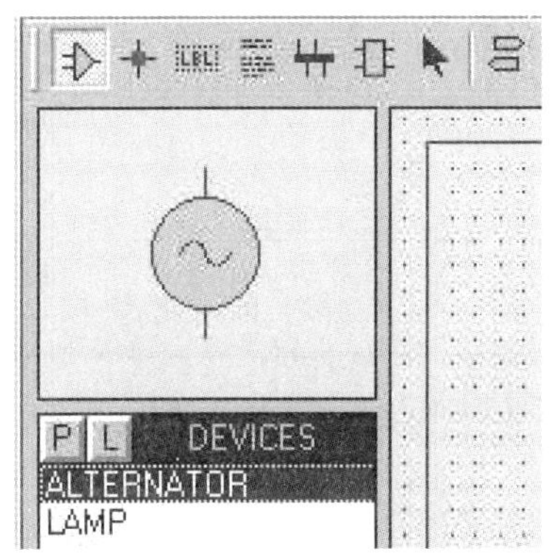

图 8-10　在 The Object Selector（元器件列表框）中单击 ALTERNATOR

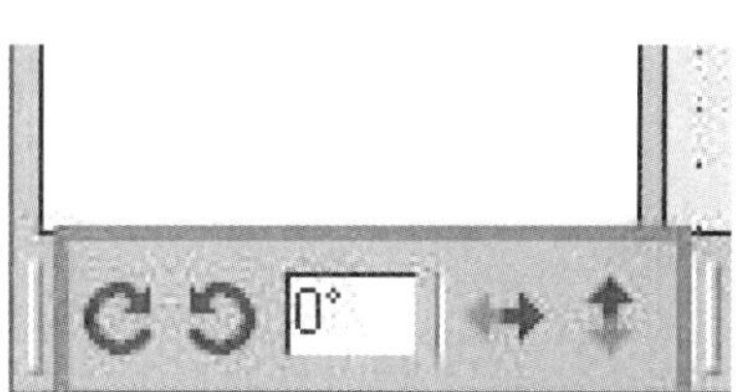

图 8-11　角度调整

8）放置ALTERNATOR到原理图窗口中，方法很简单，即在完成步骤7）后，在原理图窗口中单击鼠标左键即可，如图8-12所示。

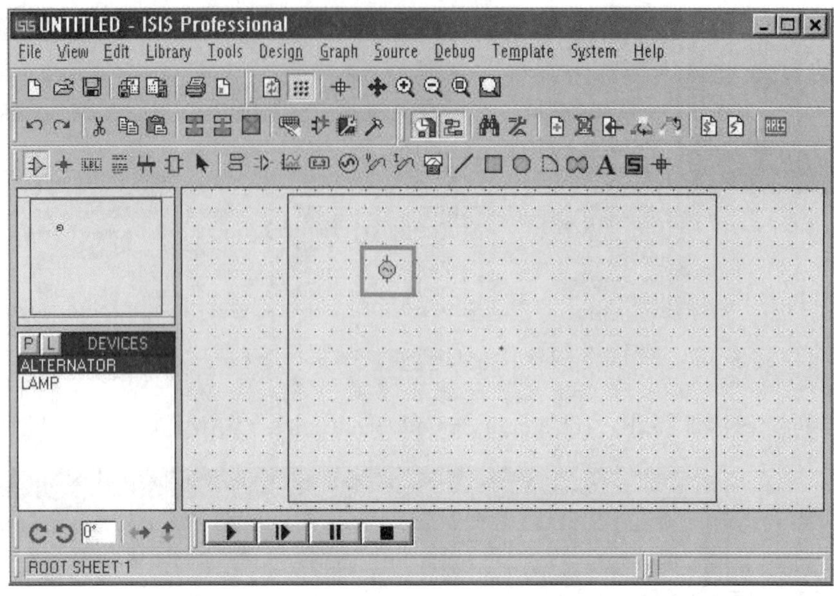

图8-12　放置ALTERNATOR

9）用同样的方法放置LAMP，如图8-13所示。

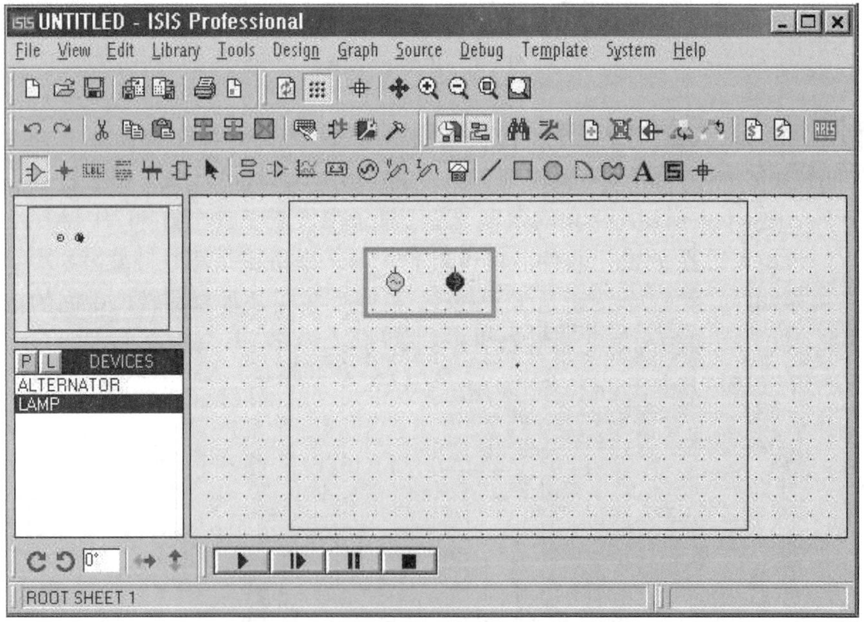

图8-13　放置LAMP

10）配置元器件参数。

① 在原理图窗口中先用鼠标右键单击、再用鼠标左键单击ALTERNATOR，出现“Edit

Component”对话框，如图 8-14 所示。按下面参数进行设置（第一、二个参数与仿真无关，只起到标识作用）。

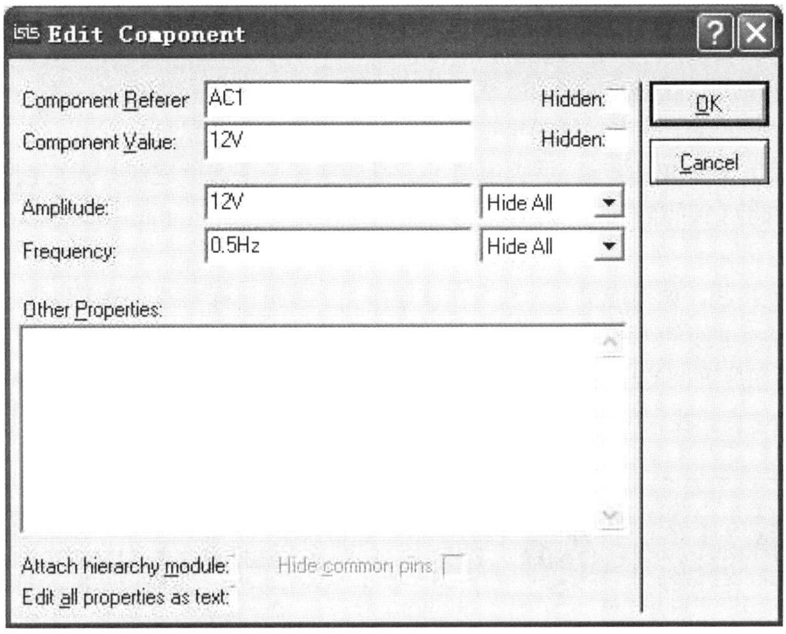

图 8-14 “Edit Component”对话框

② 单击“OK”按钮完成。

③ 同样方法设置LAMP的参数，如图 8-15 所示。

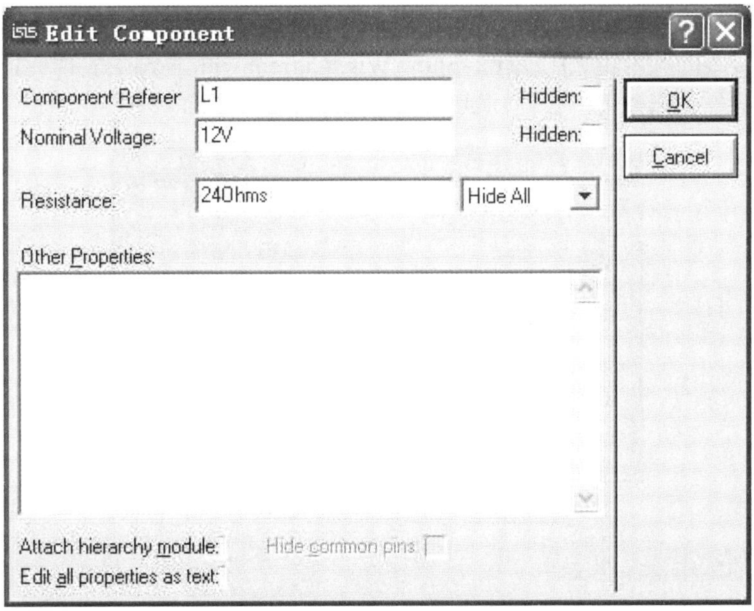

图 8-15 设置LAMP的参数

11）连接元器件。

① 重新调整元器件的角度。在步骤 7）时已经调整过了，但如果仍然不太符合要求，就可以重新调整，方法是，在原理图窗口中用鼠标右键单击该元器件，再进行角度调整，在工具条中设置。

② 把鼠标移到 ALTERNATOR 的一个引脚末端，这时鼠标变成×字型，单击左键一下并移动鼠标，会出现一条线，可以再在原理图的其他地方单击鼠标左键几下，以确定连接线的形状，最后在 LAMP 的一个引脚末端单击鼠标左键一下，就完成一条连接线。其实，只要在需要连接的两个元器件的引脚处分别单击鼠标左键一下，Proteus ISIS 就会自动完成这条连接线。

③ 修改连接线。如果连错了，那么在该连接线上双击鼠标右键，就可以把它删除掉。

如果要修改走线的形状，就可在连接线上单击鼠标右键再在某一个位置上按住左键拖动，满意后再在原理图的空的地方单击鼠标右键，最终电路仿真图如图 8-16 所示。

12）开始仿真。找到主窗口底部的仿真工具条，如图 8-17 所示，单击左边第一个按钮。

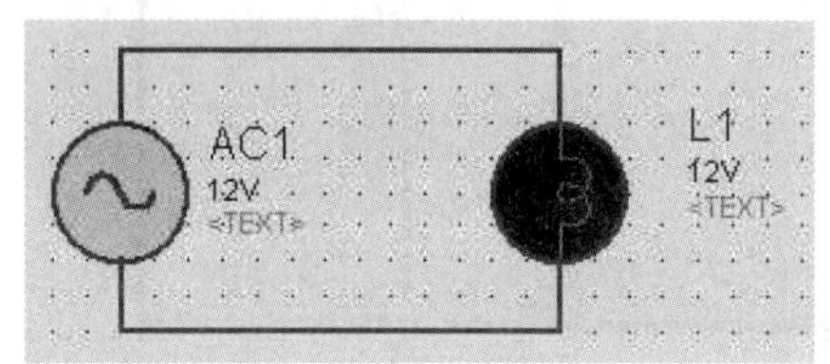

图 8-16　最终电路仿真图

图 8-17　仿真工具条

13）配置 Animation Options，其对话框如图 8-18 所示，这样会使仿真结果更加形象。具体方法是，进入System菜单，那里有一个Set Animation Options选项，单击它出现以下对话框，左边的一般不用修改，要改的是右边的Animation Options。Show Wire Voltage by Colour?即元器件间连接线的颜色随电压变化？Show Wire Current with Arrows？即元器件间的连接线上显示电流方向？具体效果怎么样，试一下就知道了。

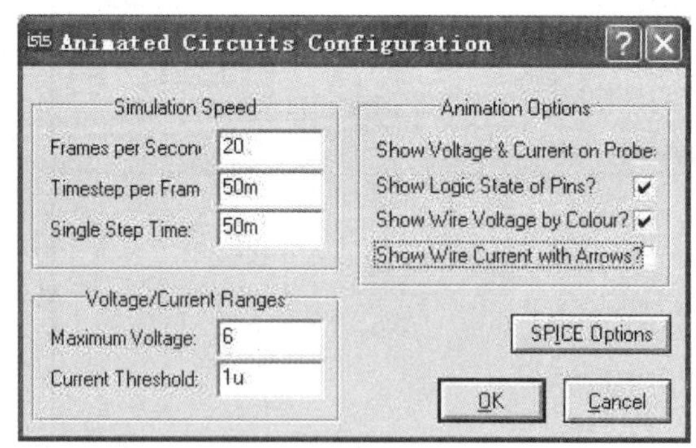

图 8-18　配置 Animation Options 对话框

14）最后的工作是保存文件。

2．实例 2：绘制示波器仿真电路

假如要绘制如图 8-19 所示的电路原理图，那么绘制步骤如下所述。

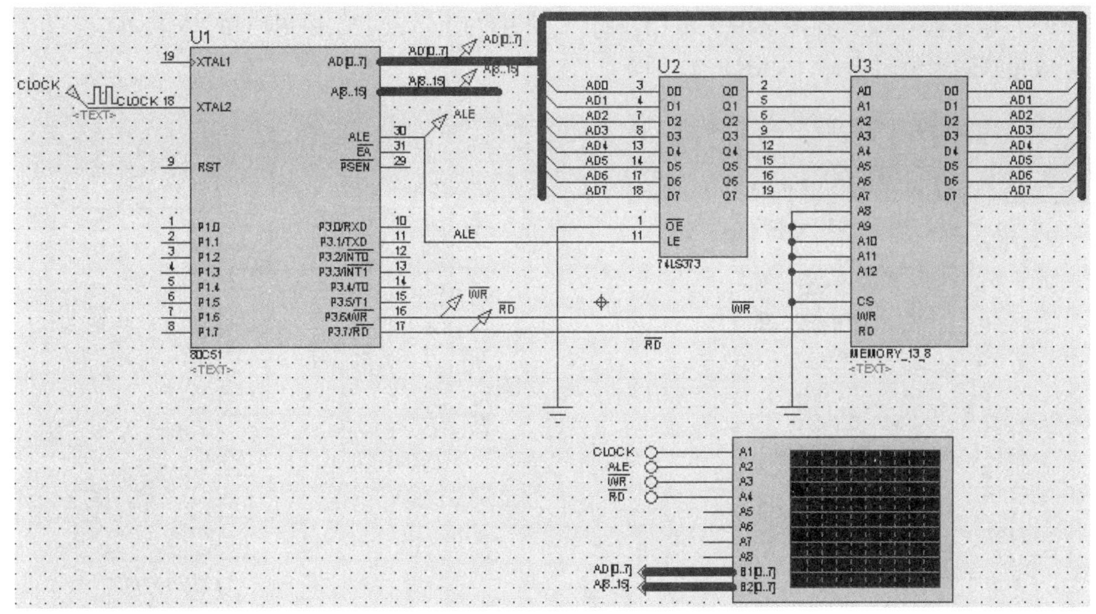

图 8-19　电路原理图

1）将所需元器件加入到对象选择器窗口。Picking Components into the Schematic

单击对象选择器按钮，如图所示。在弹出的“Pick Devices”页面中，使用搜索引擎，在“Keywords”栏中分别输入“74LS373”、“80C51.BUS”和“MEMORY_13_8”，在搜索结果“Results”栏中找到该对象，并将其添加到对象选择器窗口，如图 8-20 所示。

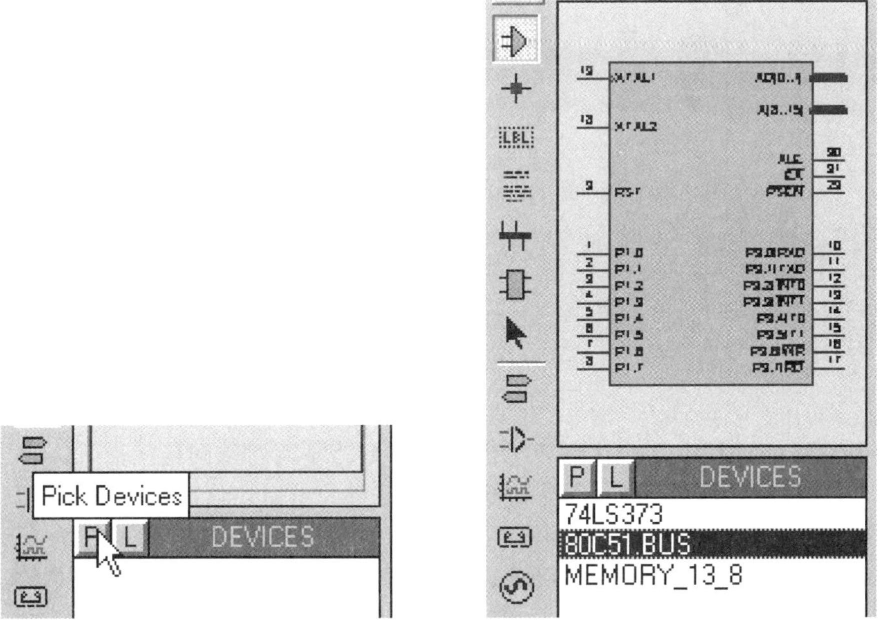

图 8-20　将所需元器件添加到对象选择器窗口

2）将元器件放置到图形编辑窗口。将“74LS373”、“80C51.BUS”和“MEMORY_13_8”放置到图形编辑窗口，如图 8-21 所示。

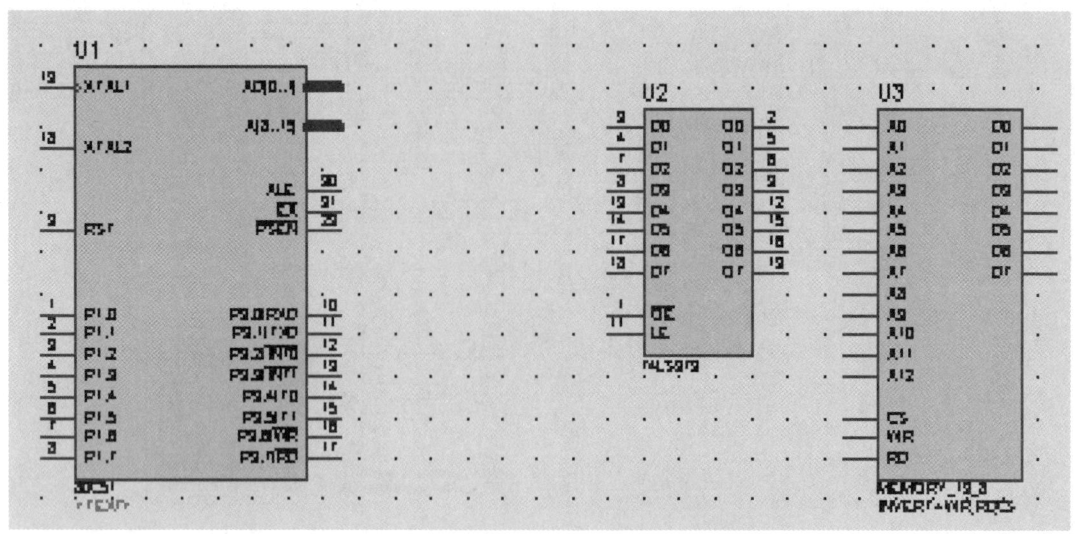

图 8-21 将元器件放置到图形编辑窗口

3）将总线放置到图形编辑窗口。单击绘图工具栏中的总线按钮，使之处于选中状态。将鼠标置于图形编辑窗口，绘制出如图 8-22 所示的总线。

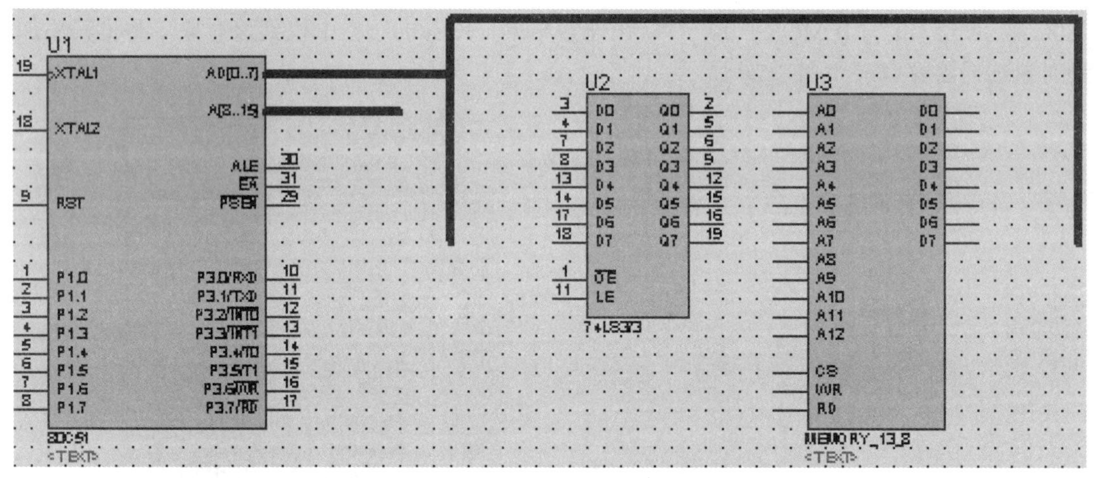

图 8-22 将总线放置到图形编辑窗口

在绘制总线的过程中，应注意：①当鼠标的指针靠近对象的连接点时，会出现一个“×”号，表明总线可以接至该点；②在绘制多段连续总线时，只需要在拐点处单击鼠标左键，其他步骤与绘制一段总线相同。

4）添加时钟信号发生器和接地引脚。单击绘图工具栏中的信号发生器按钮，在对象选择器窗口中，选中对象 DCLOCK，如图 8-23 所示。将其放置到图形编辑窗口。

单击绘图工具栏中的 Inter-sheet Terminal 按钮，在对象选择器窗口，选中对象

GROUND，如图 8-23 所示。将其放置到图形编辑窗口。

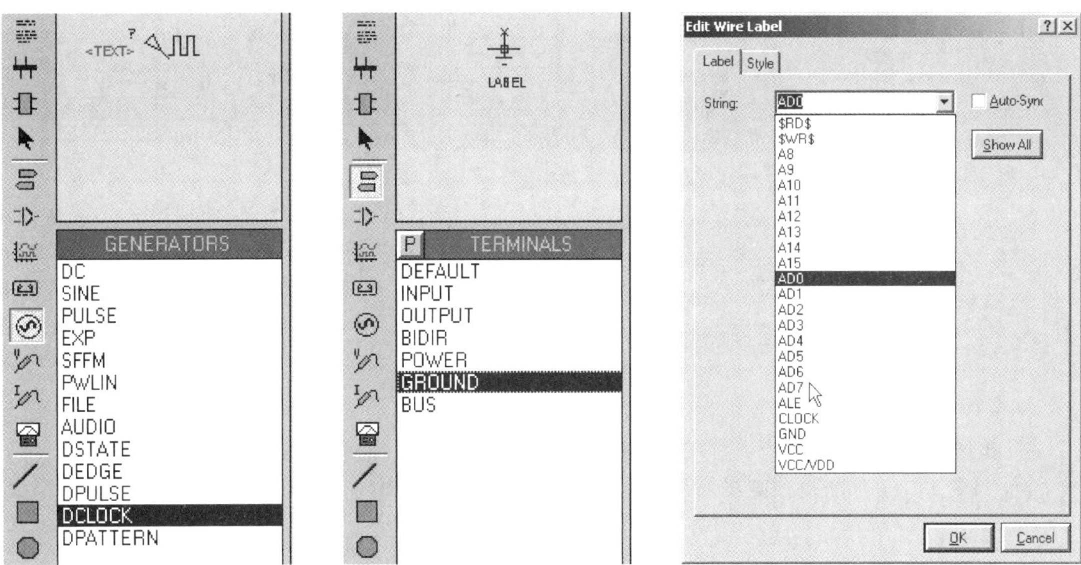

图 8-23　添加时钟信号发生器和接地引脚

5）完成元器件之间的连线 Wiring Up Components on the Schematic。在图形编辑窗口，完成各对象的连线，如图 8-24 所示。

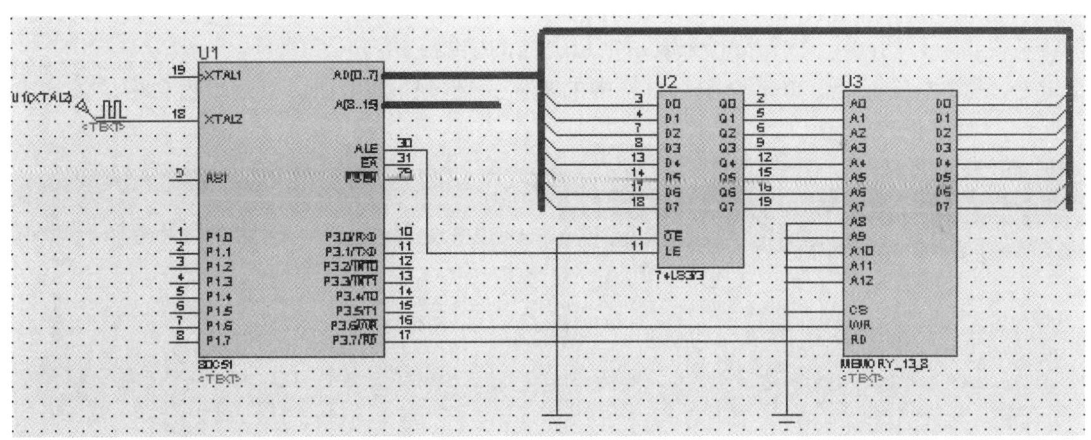

图 8-24　完成元器件之间的连线

在此过程中应注意两点：①在完成时钟信号发生器与单片机 XTAL2 引脚的连线后，系统自动将信号发生器名改为 U1(XTAL2)，取代以前使用的“?”；②当线路出现交叉点时，若出现实心小黑圆点，则表明导线接通，否则表明导线无接通关系。当然，也可以通过绘图工具栏中的连接点按钮，完成两交叉线的接通。

6）给导线或总线加标签。单击绘图工具栏中的导线标签按钮，在图形编辑窗口中，完成导线或总线的标注，如图 8-25 所示。

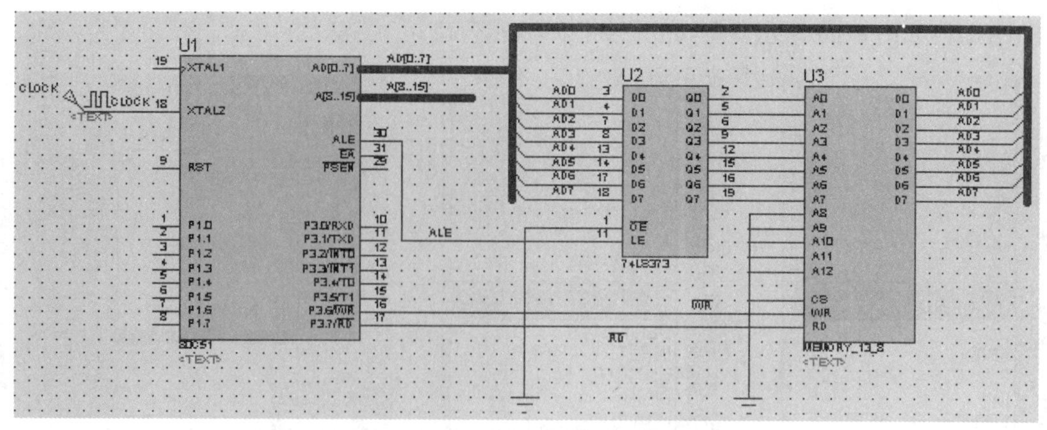

图 8-25　完成导线或总线的标注

在此过程中应注意两点：①在将时钟信号发生器与单片机的 XTAL2 引脚连线标注为 CLOCK 后，系统自动将信号发生器名改为 CLOCK，取代以前使用的“U1(XTAL2)”；②总线的命名可以与单片机的总线名相同，也可以不同。但方括号内的数字却赋予了特定的含义。例如总线命名为 AD[0…7]，意味着此总线可以分为 8 条彼此独立的，命名为 AD0、AD1、AD2、AD3、AD4、AD5、AD6、AD7 的导线，若该总线一旦标注完成，则系统自动在导线标签编辑页面“String”栏的下拉菜单中加入以上 8 组导线名，今后在标注与之相联的导线名时，如 AD0，要直接从导线标签编辑页面“String”栏的下拉菜单中选取，如图所示；③若标注名为 $\overline{WR}$，则直接在导线标签编辑页面的“String”栏中输入“WR”即可，也就是说，可以用两个“$”符号来表示字母上面的横线。

7）添加电压探针。单击绘图工具栏中的电压探针按钮，在图形编辑窗口中，添加电压探针，如图 8-26 所示。

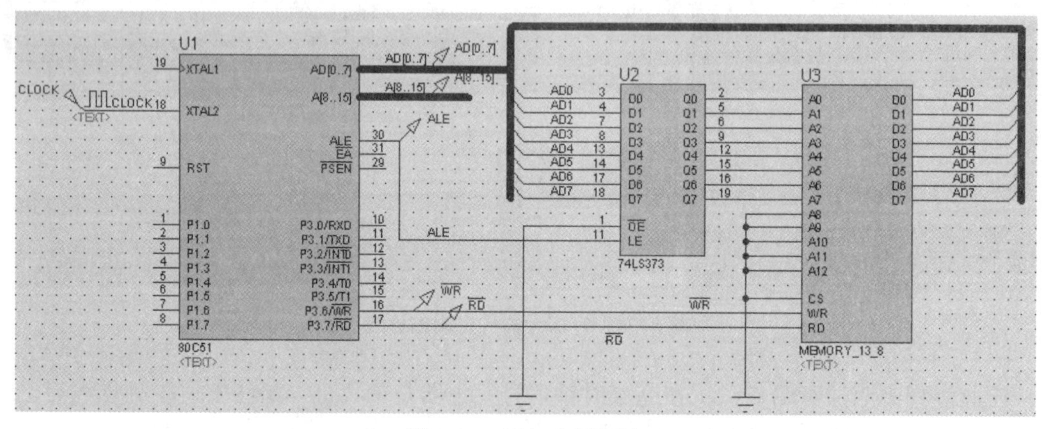

图 8-26　添加电压探针

在此过程中，电压探针名默认为“?”，在完成电压探针的连接点与导线或者总线连接后，电压探针名自动更改为已标注的导线名、总线名或者与该导线连接的设备引脚名。

8）设置元器件的属性。在图形编辑窗口内，将鼠标置于时钟信号发生器上，单击鼠标右键，选中该对象，单击鼠标左键，进入“Digital Clock Generator Properties”对话框，如图 8-27a 所示。在“Frequency[Hz]”栏中输入“12M”，单击“OK”按钮，结束设置。此操作意味着时钟信号发生器给单片机提供频率为 12 MHz 的时钟信号。

在图形编辑窗口内，将鼠标置于单片机上，单击鼠标右键，选中该对象，单击鼠标左键，进入“Edit Component”对话框，如图 8-27b 所示。在“Program File”中，通过打开按钮，添加程序执行文件。

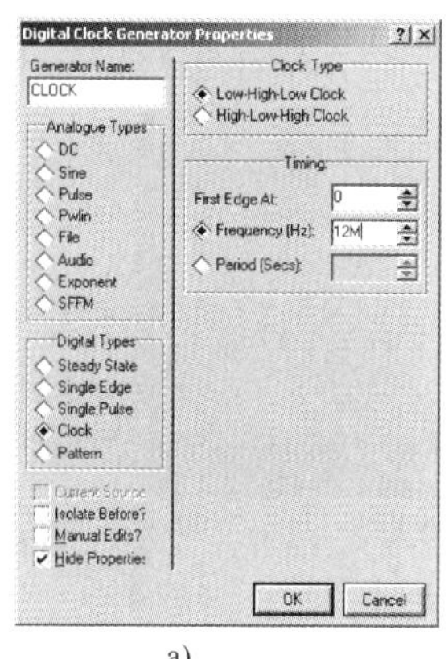

a)

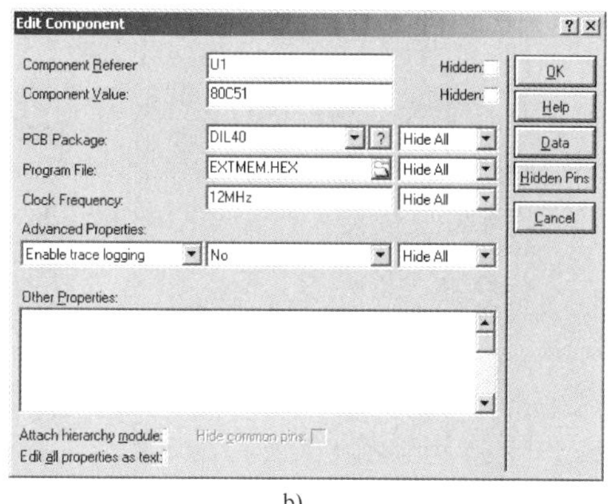

b)

图 8-27 “属性编辑”对话框

a) “Digital Clock Generator Properties”对话框 b) “Edit Component”对话框

9）添加虚拟逻辑分析仪。在绘制图形的过程中，当遇到复杂的图形时，通常一幅图很难准确的表达设计者的意图，往往需要多幅图来共同表达一个设计。Proteus ISIS 能够支持一个设计有多幅图的情况。前面所绘图形是装在第一幅图中，这一点可通过状态栏中的“Root sheet 1”中得知，下面将虚拟逻辑分析仪添加到第二幅图（“Root sheet 2”）中。

单击“Design”菜单，选中其下拉菜单“New Sheet”，如图 8-28 所示，或者单击标准工具栏中的新建一幅图按钮，此时，注意到状态栏中显示为“Root sheet 2”，这表明可以在第二幅图中绘制设计图了。此时，也注意到在“Design”菜单中，有许多针对不同图幅的操作，如不同图幅之间的切换，可以使用快捷键〈Page Down〉或〈Page Up〉等。

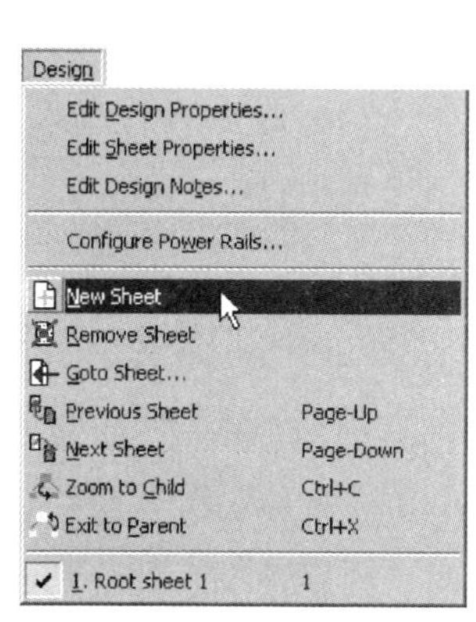

图 8-28 添加虚拟逻辑分析仪

单击绘图工具栏中的虚拟仪器按钮，在对象选择器窗口，选中对象 LOGIC ANALYSER，如图 8-28 所示，将其放置到图形编辑窗口中。

10）给逻辑分析仪添加信号终端。单击绘图工具栏中的 Inter-sheet Terminal 按钮，在对象选择器窗口中，选中对象 DEFAULT，如图 8-29a 所示，将其放置到图形编辑窗口中；在对象选择器窗口中，选中对象 BUS，如图 8-29b 所示，将其放置到图形编辑窗口中。

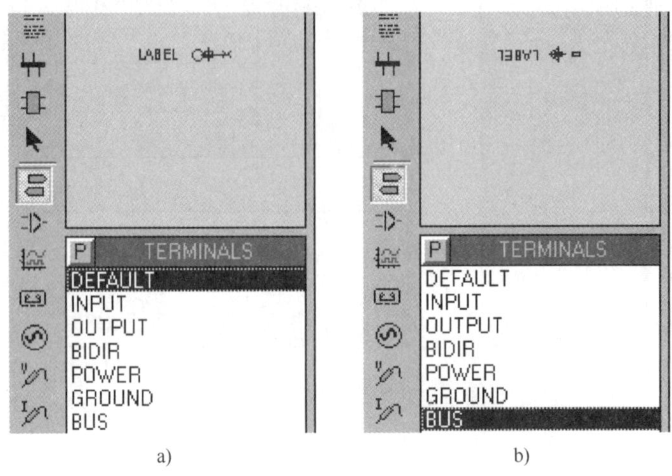

图 8-29　添加信号终端

a) 选中对象 DEFAULT　b) 选中对象 BUS

11）将信号终端与虚拟逻辑分析仪连线，并加标签。在图形编辑窗口中，完成信号终端与虚拟逻辑分析仪的连线。

单击绘图工具栏中的导线标签按钮，在图形编辑窗口中，完成导线或总线的标注，将标注名移动至合适位置。信号终端与虚拟逻辑分析仪的连线如图 8-30 所示。通过标注，顺利地完成了第一幅图与第二幅图的衔接。至此，便完成了整个电路图的绘制。

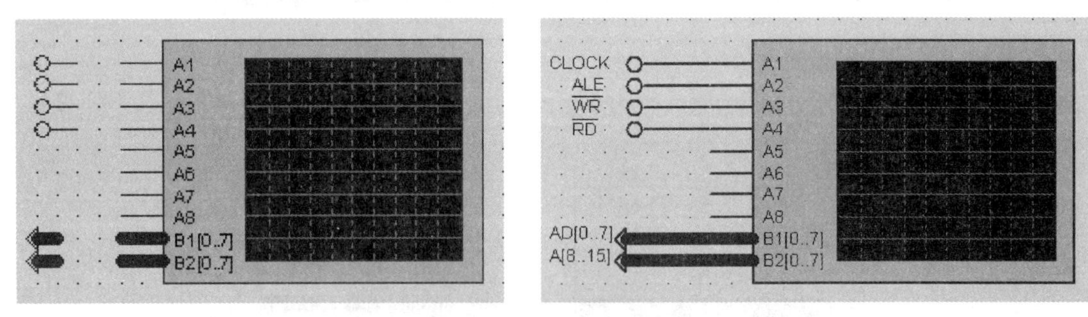

图 8-30　信号终端与虚拟逻辑分析仪的连线

12）调试运行。使用快捷键〈Page Down〉将图幅切换到“Root sheet 1”。单击仿真运行开始按钮，能清楚地观察到引脚的电频变化（红色代表高电频，蓝色代表低电频，灰色代表未接入信号，或者为三态）；电压探针的值在周期性的变化。单击仿真运行结束按钮，结束仿真。仿真电路图如图 8-31 所示。

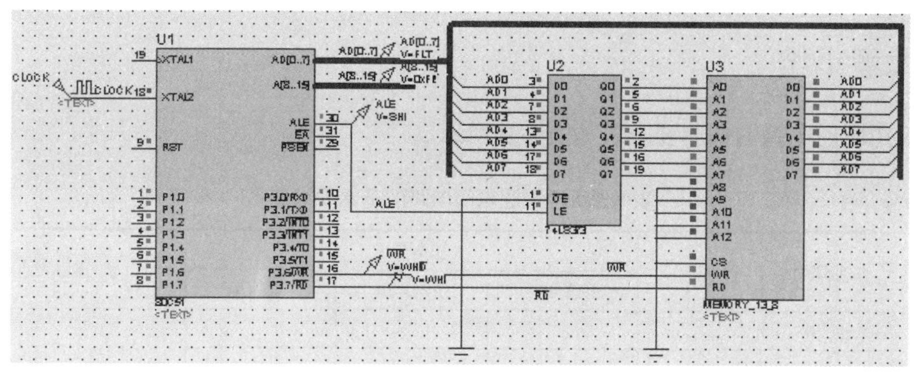

图 8-31　仿真电路图

使用快捷键〈Page Down〉，将图幅切换到“Root sheet 2”。单击仿真运行开始按钮，能清楚地观察到，虚拟逻辑分析仪 A1、A2、A3、A4 端代表的高低电频红色与蓝色交替闪烁，通常会同时弹出虚拟逻辑分析仪示波器，如图 8-32 所示。如未弹出虚拟逻辑分析仪示波器，则可单击仿真结束按钮，结束仿真。单击“Debug”菜单，选中并执行下拉菜单“Reset Popup Windows”，如图 8-32c 所示。在弹出的对话框中，选择“Yes”执行，如图 8-32b。再单击仿真运行开始按钮，便会弹出虚拟逻辑分析仪示波器，如图 8-32a 所示。单击逻辑分析仪的启动键，在逻辑分析仪上出现如图 8-32d 所示的波形图，这就是读写存储器的时序图。

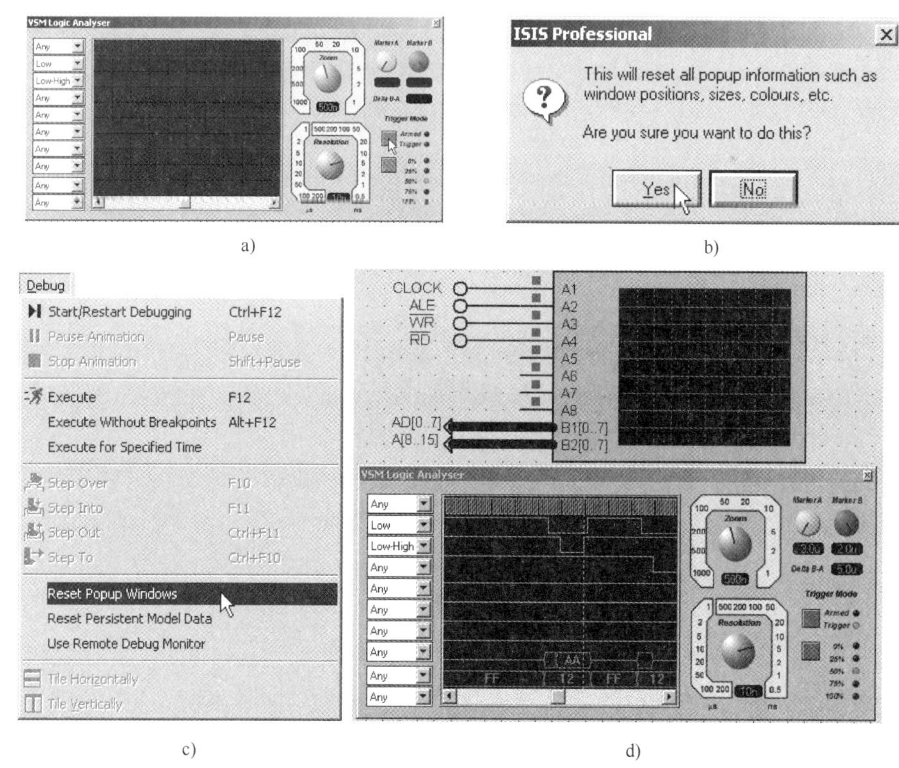

图 8-32　虚拟逻辑分析仪示波器及其波形图

a) 虚拟逻辑分析仪示波器　b) ISIS Profesional 对话框　c) Debug 对话框　d) 虚拟逻辑分析仪上的波形图

8.5 本章小结

学习逻辑门电路的基本要求表如表 8-2 所示。

表 8-2 学习逻辑门电路的基本要求表

主要知识点	基本要求			重点难点
	熟练掌握	正确理解	一般了解	
Proteus ISIS 简介			√	用 Proteus ISIS 编辑原理图
Proteus ISIS 编辑环境			√	
用 Proteus ISIS 编辑原理图	√	√		
Proteus ISIS 器件库	√			

8.6 习题

1．应用 Proteus ISIS 仿真软件，实现一个利用 74LS192 构成的同步十进制加法计数、译码、显示电路。

2．应用 Proteus ISIS 仿真软件，实现以 JK 触发器、74LS192 构成的同步十进制加法计数器。

第 9 章　实训与综合实训

提高动手能力，强化技能训练，是高职高专学校教学的特色之一，也是同学们提高就业竞争力、在短时间内独立胜任相关工作岗位的关键因素。

9.1　实训

9.1.1　实训 1　门电路逻辑功能测试

1．实训目的

1）熟悉数字实训系统的使用方法。

2）掌握各种门电路的逻辑符号，熟悉集成电路外引线排列图。

3）验证常用集成门电路的逻辑功能。

4）掌握各种逻辑变换。

2．实训原理

1）集成逻辑门电路是最基本的数字集成器件，将它们进行适当连接，可以构成任何复杂的组合逻辑电路和时序逻辑电路。在电子工程中，为了掌握电路的逻辑功能，了解芯片是否完好，常需对集成电路进行测试。其测试手段除可用集成电路测试仪测试外，还可以自接测试电路。测试门电路逻辑功能有以下两种方法。

① 静态测试法。给门电路输入端加固定的高、低电平，用万用表或发光二极管测出门电路的输出状态。

② 动态测试法。给门电路输入端加连续脉冲信号，用示波器观测输入、输出波形间的同步关系。

本试验选用 TTL 门电路中应用较为广泛的 74LS（低功耗肖特基）系列进行。TTL 电路具有工作速度快、种类多、不宜损坏等优点。对于双列直插式封装形式的电路，当识别其引脚时，应将其正面凹口朝左放置，左下角即为第 1 引脚，其他引脚逆时针依次排列。至于各引脚的逻辑功能，可查阅相关手册。TTL 电路所使用的电源电压 V_{CC} 为直流电压“+5V”。

2）任何逻辑函数均包含 3 种基本运算，即逻辑“与”、逻辑“或”、逻辑“非”，因此，用“与”门、“或”门、“非”门可以构成具有任意逻辑功能的电路。利用逻辑代数的基本规则，可将任意函数化简为“与非”表达式，并用实际中被大量应用的“与非”门来加以实现，这是很有实际意义的。图 9-1 所示的逻辑电路图说明用“与非”门来实现“与”、“或”、“非”这 3 种基本逻辑的方法。

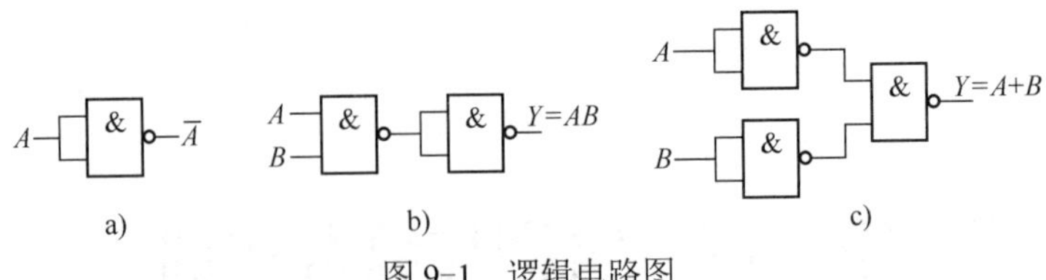

图 9-1　逻辑电路图

3. 实训仪器及器材

1）数字电路试验系统。

2）直流稳压电源。

3）双踪示波器。

4）万用表。

5）集成电路 74LS00、74LS04、74LS10、74LS32、74LS86 和 CMOS 等。

4. 实训内容

（1）验证 74LS00 的逻辑功能

74LS00 是四 2 输入与非门，图 9-2 所示为外形引脚排列图，图 9-2b 所示为与非门逻辑符号。将 74LS00 插入集成电路座中，加上电源电压：14 引脚（V_{CC}）接“+5V”，7 引脚（GND）接“地”（⊥）。按表 9-1 所示的要求，给其中一逻辑单元输入端加上信号 V_A，V_B，将输出端接 LED 显示。观察并记录试验结果，填入表 9-1 中。

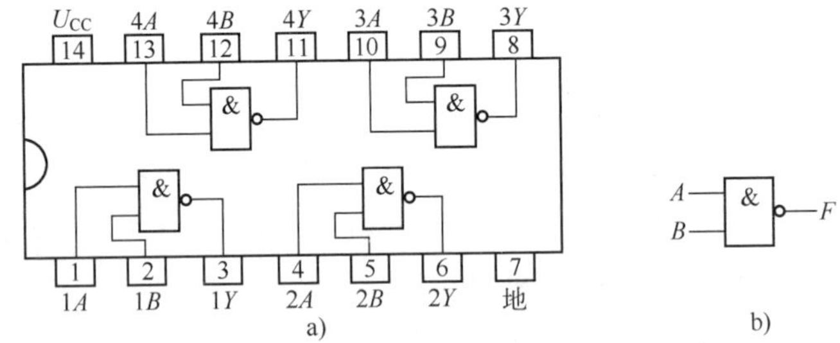

图 9-2　74LS00 外形引脚排列和与非门逻辑符号

a) 74LS00 外形引脚排列　b) 与非门逻辑符号

表 9-1　74LS00 功能测试表

输　入		输　出	
U_A	U_B	输　出	输出状态说明
0	1		
0	1		
1	0		
1	1		
0	悬空		
1	悬空		
悬空	0		
悬空	1		
悬空	悬空		

（2）组成“非”运算电路

（3）组成“与”运算电路

1）根据的逻辑表达式$Y=AB=\overline{\overline{AB}}$ 可知，“与”门可由两个“与非”门组成。

2）画出“与”运算测试电路的实训接线图。

3）从逻辑电平开关处任取两位，作为 A、B 信号输入（往上拨输出 1，往下拨输出 0），在电平显示处任选一个指示灯用来显示实训结果（灯亮为1，灯不亮为0），填入表 9-2。

表 9-2　实训表

A	B	Y

（4）组成“或”运算电路

1）根据摩根定律，“或”逻辑表达式$Y=A+B=\overline{\overline{A}\cdot\overline{B}}$，可由 3 个“与非门”组成“或”门。

2）画出“或”运算测试电路的实训接线图。

3）从逻辑电平开关处任取两位，作为 A、B 信号输入，在电平显示处任选一个指示灯用来显示实训结果，填入自制表格。

（5）组成“与或”运算逻辑电路

$$Y=AB+CD$$

（6）组成“异或”门（或同或门）

$$Y=A\oplus B=\overline{\overline{A}B\cdot A\overline{B}}$$

（7）组成“禁止”门

$$Y=\left(AB+CD\right)\overline{E}$$

（8）验证 74LS04 的逻辑功能

74LS04 为六反相器（非门）。图 9-3a 所示为其外形引脚排列，图 9-3b 所示为与非门逻辑符号。

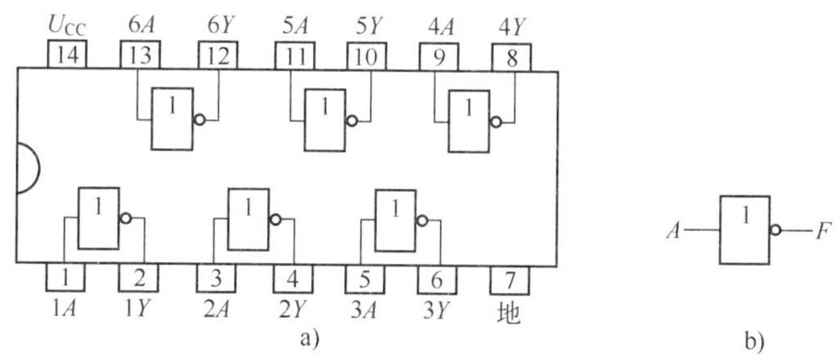

图 9-3　74LS04 外形引脚排列和与非门逻辑符号图

a) 74LS04 外形引脚排列　b) 与非门逻辑符号

将 74LS04 插入集成电路座中，加上电压：14 引脚（V_{CC}）接“+5V”，7 引脚（GND）接“地（⊥）”。

注意：不要将“电源”和“地”接反，否则集成块容易烧坏。

按实训表 9-3 的要求，给其中一逻辑单元输入端加上输入信号 VIN （逻辑电平 1 或 0），将输出端接 LED 显示：当输出高电平“1”时灯亮，当输出低电平“0”时灯灭。观察并记录试验结果，填入表 9-3 中。

表 9-3　74LS04 功能测试表

输　入	输　出	输出状态说明
0		
1		

（9）查找器件的逻辑符号和外引线功能图

通过集成电路手册，查找以下器件的逻辑符号和外引线功能图。这些器件是，74LS08（四 2 输入与门）、74LS10（三 3 输入与非门）、74LS32（四 2 输入或门）、74LS86（四 2 输入异或门）参考试验内容（1）和（2），进行功能验证。自己设计表格，将试验结果填入表中。

（10）查找 CMOS 型集成电路的型号、逻辑符号和外引线功能图

通过集成电路手册查找与以上器件逻辑功能相同的 CMOS 型集成电路的型号、逻辑符号和外引线功能图，进行功能验证。自己设计表格，将试验结果填入表中

5. 实训报告要求

1）根据实训结果，对集成电路逻辑功能进行说明。

2）根据实训结果，对 TTL 电路输入端“悬空”这一处理方式进行总结。

3）总结在使用数字电路试验系统过程中出现的问题及解决方法和步骤。

4）比较 TTL 型器件与 CMOS 型器件电源电压的不同，说明其区别。

9.1.2　实训 2　门电路主要参数测试

1. 实训目的

1）加深对 TTL 电路参数的理解。

2）掌握 TTL 电路参数的测试方法。

2. 实训原理

本实训以四 2 输入与非门电路 74LS00 为例进行参数测试。关于 74LS00 的说明，见实训 1。描述 74LS00 与非门电路的主要参数如下所述。

1）输出高、低电平 U_{OH}、U_{OL}。

2）输入信号噪声容限 U_{NH}、U_{NL}。

3）电压传输特性曲线。

4）关门电平 U_{OFF}、开门电平 U_{ON}。

5）输入短路电流 I_{IS}、输入漏电流 I_{IH}。

6）平均传输延迟时间 t_{pd}。

7）扇入、扇出系数。

注：以上参数的定义见本章有关章节叙述。

8）空载导通功耗 P_{ON}：电路未接负载且输出为低电平时的功耗。

9）空载截止功耗 P_{OFF}：电路未接负载且输出为高电平时的功耗。

3. 实训仪器及器材

1）数字电路实训系统。

2）74LS00、部分电阻和电位器。

3）直流稳压电源。

4）万用电表。

4. 实训内容

1）输出高电平 U_{OH} 和输出低电平 U_{OL} 的测试。其测试电路如图 9-4 所示。

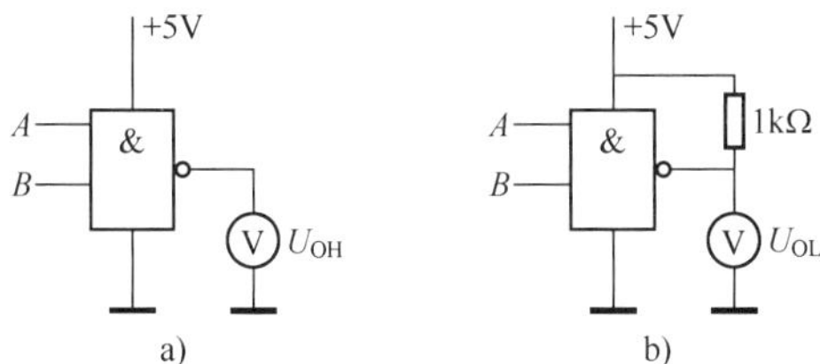

图 9-4　测试电路图 1

适当设置输入 A、B 的状态，使输出分别为高电平 U_{OH} 和低电平 U_{OL}，如图 9-4 所示，观察并记录 U_{OH}、U_{OL} 的值。

2）空载导通功耗 P_{ON} 和空载截止功耗 P_{OFF} 的测试。其测试电路如图 9-5 所示。

当输出为低电平时，根据万用电表的读数，求出此时电源电流 I_{ON} 的值，$P_{ON}=U_{CC}I_{ON}$；当输出为高电平时，根据万用电表的读数，求出此时电源电流 I_{OFF} 的值，$P_{OFF}=U_{CC}I_{OFF}$。

3）输入短路电流 I_{IS} 和输入漏电流 I_{IH} 的测试。其测试电路如图 9-6 所示。

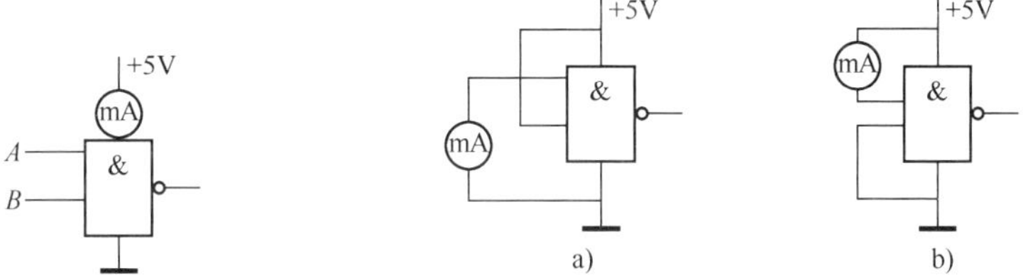

图 9-5　测试电路图 2

图 9-6　测试电路图 3

在测量输入漏电流时，该值较小，应认真观察测量结果，并准确记录。

4）电压传输特性曲线的测试。其测试电路如图 9-7 所示。

5）扇出系数的测试。其测试电路如图 9-8 所示。

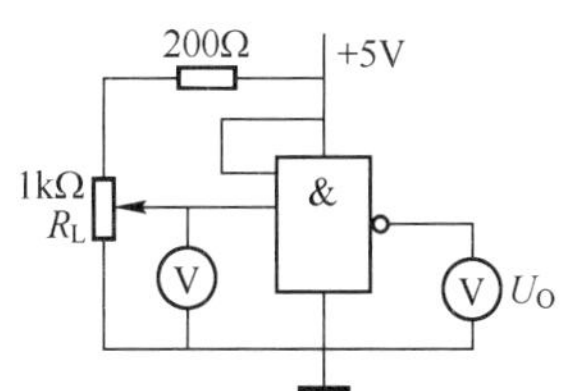

图 9-7　测试电路图 4

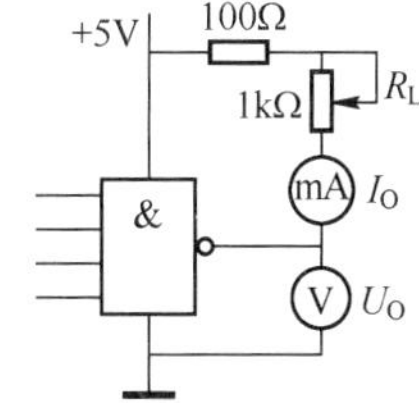

图 9-8　测试电路图 5

接通电源，调节电位器 RP，使电压表读数为 0.4V，读出此时电流表的读数 I_{O}，根据 $N_{\mathrm{O}}=\dfrac{I_{\mathrm{O}}}{I_{\mathrm{IS}}}$，确定扇出系数。

5．实训报告要求

1）根据实训结果，利用描点法绘制 74LS00 的电压传输特性曲线。

2）将获得的实训结果与理论值进行比较，分析误差存在的原因。

3）如果将实训电路换成 74HC00，那么在操作时应注意哪些问题？

9.1.3 实训 3 组合逻辑电路

1．实训目的

1）熟悉组合逻辑电路的特点。

2）掌握组合逻辑电路分析与设计的方法。

3）观察组合电路的竞争冒险现象，探讨其消除方法。

2．实训原理

组合逻辑电路是重要的数字逻辑电路之一。其电路特点是，任意时刻的输出仅仅取决于同一时刻电路的输入，而与电路原来所处的状态无关，这是组合逻辑电路与时序逻辑电路的显著区别之一。

用集成电路进行组合逻辑电路设计的一般步骤如下所述。

1）根据要求，确定输入变量（事件的起因）和输出变量（事件的结果），列出真值表。

2）得出最简逻辑表达式，并根据设计要求所指定的门电路或自选门电路，将最简逻辑表达式变换成与所指定或自选门电路相应的形式。

3）画出逻辑电路图。

4）用逻辑门连接成实际电路，调试并检验其逻辑功能；检查有无竞争冒险现象，若有，则应予消除。

例：1 位数值比较器的逻辑电路如图 9-9 所示(使用 74LS01、74LS04、74LS86 芯片)。

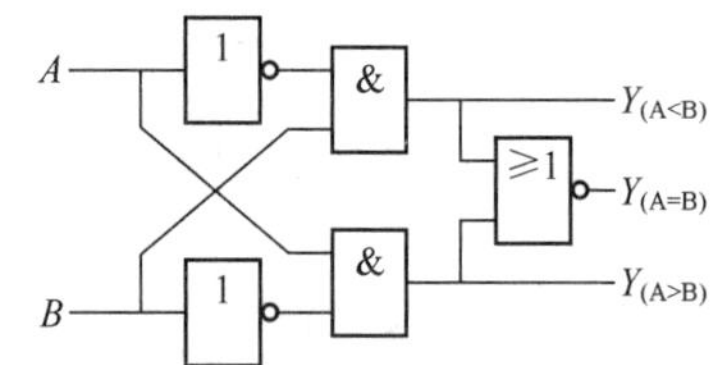

图 9-9　1 位数值比较器的逻辑电路图

3．实训仪器及器材

1）数字电路试验系统。

2）直流稳压电源。

3）万用表。

4）集成电路 74LS00、74LS10、74LS20、74LS86 等。

4. 实训内容

1）设计一个 *ABC* 3 人表决电路。该表决器的表决原则是，少数服从多数。要求用于非门实现（或自定）。3 人表决参考逻辑电路如图 9-10 所示。

2）设计一个 3 变量相异电路（如图 9-11 所示），用与非门实现。

$$F=\bar{A}C+B\bar{C}+A\bar{B}=\overline{\overline{\bar{A}C+B\bar{C}+A\bar{B}}}=\overline{\overline{\bar{A}C}\cdot\overline{B\bar{C}}\cdot\overline{A\bar{B}}}$$

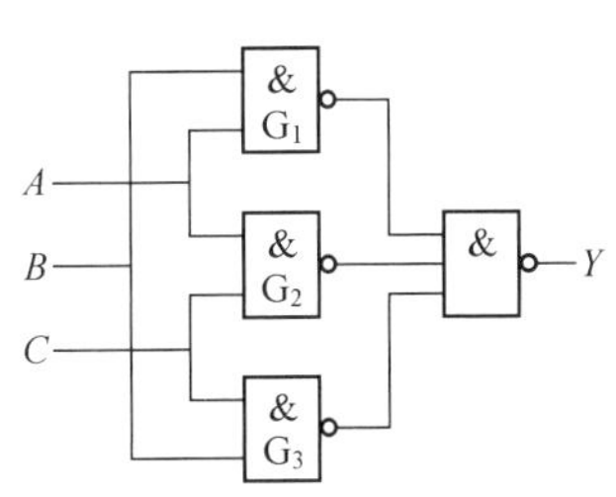

图 9-10　3 人表决参考逻辑电路图

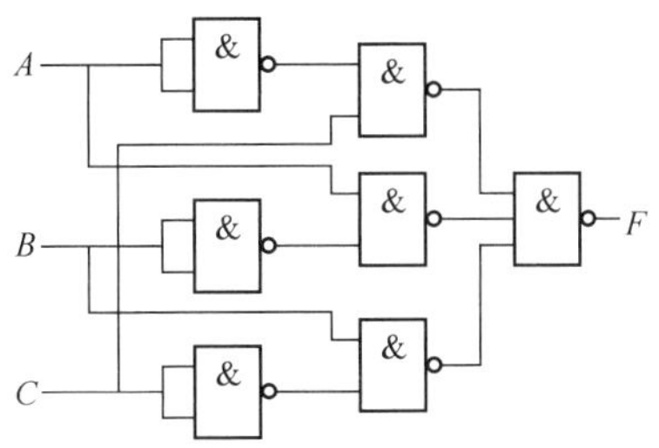

图 9-11　3 变量相异电路图

3）设计一个 4 位奇偶校验电路。检验 4 个信号中含 1 的个数是奇数，还是偶数。要求用或门实现（或自定）。

4）设计一个一位全加器，分别用或非门和异或门实现。

5）设计一个电灯控制电路。要求用 3 个开关控制一个电灯，改变任何一个开关的状态，都能控制电灯由亮变灭或由灭变亮。电路器件自定。

消除竞争冒险现象的方法通常有接入滤波电容、引入选通脉冲和修改逻辑设计等。

5. 实训报告要求

1）写出设计过程，画出实训电路图，并记录测试所得的数据。

2）总结组合逻辑电路的设计方法。

9.1.4　实训 4　译码显示电路

1. 实训目的

1）熟悉译码器的逻辑功能及典型应用。

2）了解译码显示电路的构成原理。

3）掌握 BCD—7 段译码/驱动器的使用方法。

2. 实训原理

译码是将给定的代码翻译成相应输出信号或另一种形式代码的过程。能够完成译码工作的器件称为译码器。常见译码电路包括二进制译码器、二—十进制译码器、显示译码器等。

74HC4511 是一种驱动共阴极的译码驱动器件，其逻辑符号与外引线功能图见集成电路手册。

LC5011 是一种共阴极的 LED 显示器件，其引脚排列如图 9-12 所示。图中 *DP* 端表示小数点显示端。

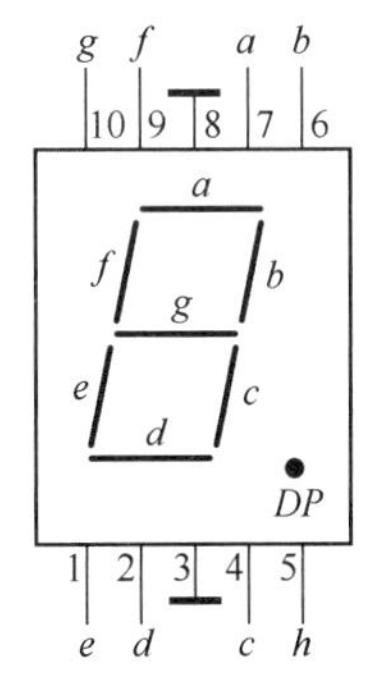

图 9-12　LC5011 引脚排列图

3. 实训仪器及器材

1）数字电路实训系统。

2）74LS138、74HC4511、LC5011 和部分电阻。

3）直流稳压电源。

4）万用电表。

4. 实训内容

1）74LS138 逻辑功能测试。根据本章介绍的相关知识，按照表 9-4 的要求进行测试。

表 9-4　实训 4 表 1

输入						输出							
G_1	$\bar{G}_{2A}$	$\bar{G}_{2B}$	A_2	A_1	A_0	$\overline{Y_7}$	$\overline{Y_6}$	$\overline{Y_5}$	$\overline{Y_4}$	$\overline{Y_3}$	$\overline{Y_2}$	$\overline{Y_1}$	$\overline{Y_0}$
0	×	×	×	×	×								
×	1	×	×	×	×								
×	×	1	×	×	×								
1	0	0	0	0	0								
1	0	0	0	0	1								
1	0	0	0	1	0								
1	0	0	0	1	1								
1	0	0	1	0	0								
1	0	0	1	0	1								
1	0	0	1	1	0								
1	0	0	1	1	1								

2）利用本书第 3.2.3 节介绍的译码器功能扩展方法，用 74LS138 完成 4—16 线译码功能。

3）将 74HC4511 与 LC5011 仔细对应相连，加上电源。将 74HC4511 测试灯输入端 $\overline{LT}$ 接低电平，改变其他输入信号状态，观察记录数码管的显示情况，填入表 9-5 中。

表 9-5　实训 4 表 2

$\overline{LT}$	$\overline{BI}$	$\overline{LE}$	A_3	A_2	A_1	A_0	a	b	c	d	e	f	g	显示
0	×	×	×	×	×	×								

将 74HC4511 测试灯输入端 $\overline{LT}$ 接高电平，灭灯输入端 $\overline{BI}$ 接低电平，改变其他输入信号状态，观察并记录数码管的显示情况，填入表 9-6 中。

表 9-6　实训 4 表 3

$\overline{LT}$	$\overline{BI}$	$\overline{LE}$	A_3	A_2	A_1	A_0	a	b	c	d	e	f	g	显示
1	0	×	×	×	×	×								

将 74HC4511 测试灯输入端 $\overline{LT}$ 接高电平，灭灯输入端 $\overline{BI}$ 接高电平，锁存允许控制端 $\overline{LE}$ 接低电平，改变输入信号 A_3、A_2、A_1、A_0 的状态，记录数码管的显示情况，填入表 9-7 中。

表 9-7　实训 4 表 4

$\overline{LT}$	$\overline{BI}$	$\overline{LE}$	A_3	A_2	A_1	A_0	a	b	c	d	e	f	g	显示
1	1	0	0	0	0	0								
1	1	0	0	0	0	1								
1	1	0	0	0	1	0								
1	1	0	0	0	1	1								
1	1	0	0	1	0	0								
1	1	0	0	1	0	1								
1	1	0	0	1	1	0								
1	1	0	0	1	1	1								
1	1	0	1	0	0	0								
1	1	0	1	0	0	1								
1	1	0	1	0	1	0								
1	1	0	1	0	1	1								
1	1	0	1	1	0	0								
1	1	0	1	1	0	1								
1	1	0	1	1	1	0								
1	1	0	1	1	1	1								

5．实训报告要求

1）总结实训结果。

2）试用 3—8 线译码器完成 5—32 线译码功能。

9.1.5　实训 5　数据选择器

1．实训目的

1）熟悉数据选择器的工作原理，掌握其逻辑功能。

2）熟悉数据选择器的典型应用。

2．实训原理

数据选择器是一种多输入、单输出的组合逻辑电路，根据地址输入端信号的不同，选择需要的信号输出。74LS153 是双 4 选 1 数据选择器，该电路逻辑表达式为

$$Y=(\overline{A}_1\overline{A}_0D_0+\overline{A}_1A_0D_1+A_1\overline{A}_0D_2+A_1A_0D_3)\overline{ST}$$

数据选择器的主要应用如下所述。

1）多路信号共用一路通道传输。

2）并行码输入变成串行码输出。

3）实现逻辑函数。

4）组成数码比较电路。利用数据选择器可以对一位二进制数进行比较。设进行比较的两个数分别为 A 和 B，将它们分别接至数据选择器的地址输入端，按照图 9-13 所示的方式连接，当 $A>B$ 时，1Y 输出为 1；当 $A<B$ 时，2Y 输出为 1；当 $A=B$ 时，输出均为 0。

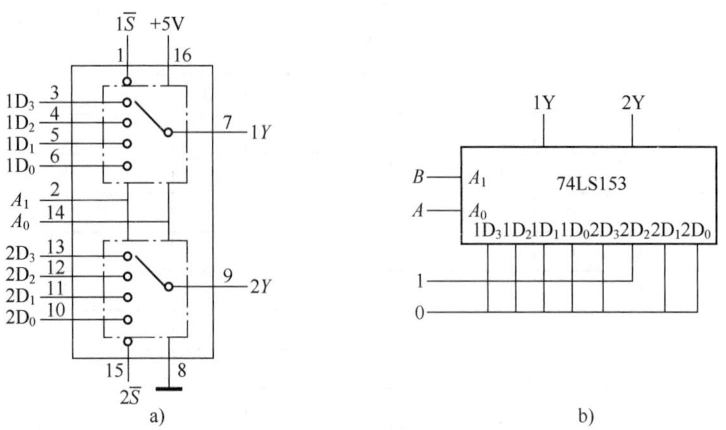

图 9-13　74LS153 引脚图和数码比较电路连线图

a) 74LS153 的引脚图　b) 数码比较电路连线图

3．实训仪器及器材

1）数字电路实训系统。

2）74LS153、74LS00。

3）直流稳压电源。

4）万用电表。

4．实训内容

1）验证 74LS153 的逻辑功能，填入表 9-8 中。

表 9-8　实训 5 表

输入							输出
$\overline{ST}$	A_1	A_0	D_3	D_2	D_1	D_0	Y
1	×	×	×	×	×	×	
0	0	0	×	×	×	0	
0	0	0	×	×	×	1	
0	0	1	×	×	0	×	
0	0	1	×	×	1	×	
0	1	0	×	0	×	×	
0	1	0	×	1	×	×	
0	1	1	0	×	×	×	
0	1	1	1	×	×	×	

2）利用 74LS153 完成 8 选 1 的逻辑功能。

3）利用 74LS153 完成全加器的逻辑功能。

4）利用 74LS153 及外围电路，实现逻辑函数的功能，即

$$F = ABC + \overline{A}\overline{B} + \overline{A}C$$

5）验证数据选择器的数值比较功能。

5．实训报告要求

1）画出实训内容 2)、3)、4）的实训电路。

2）试用 74LS153 构成 16 选 1 电路。

9.1.6 实训 6　触发器逻辑功能测试

1. 实训目的

1）熟悉常用触发器的逻辑功能及测试方法。

2）了解触发器逻辑功能的转换。

3）掌握触发器的基本应用。

2. 实训原理

触发器是构成数字逻辑单元的基本电路之一，是构成时序逻辑电路的重要组成部分。掌握触发器的工作过程和功能描述方法，是学习时序逻辑电路的基础。

触发器是具有存储功能的二进制器件，本章主要学习了基本 RS 触发器、各种钟控触发器，了解了边沿触发器。在掌握各种触发器功能的基础上，应熟悉触发器的功能描述方法。

3. 实训仪器与器材

1）数字电路实训系统。

2）部分 74LS 系列集成电路（74LS00、74LS74、74LS112）。

3）双踪示波器。

4）直流稳压电源。

5）万用电表。

4. 实训内容

（1）基本 RS 触发器逻辑功能测试

与非门构成的基本 RS 触发器如图 9-14 所示。当对 $\overline{R}_D$、$\overline{S}_D$ 加不同逻辑电平时，记录输出 Q、$\overline{Q}$ 端相应的状态，并把结果记入表 9-9 中。在观察 $\overline{R}_D\ \overline{S}_D$=11→00→11 的不定状态时，应将 $\overline{R}_D$、$\overline{S}_D$ 接在同一逻辑开关上，以保证 $\overline{R}_D$、$\overline{S}_D$ 同时变化。

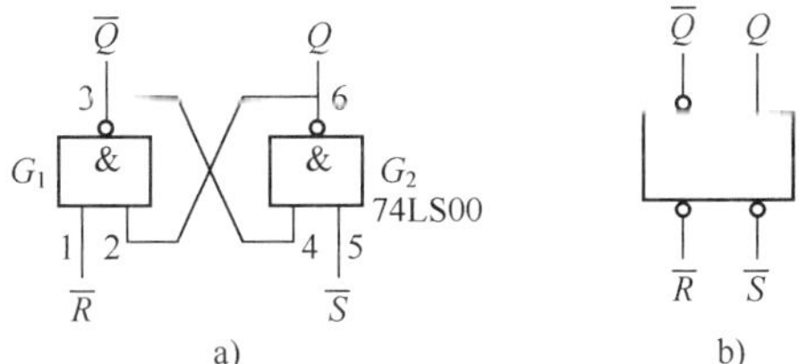

图 9-14　由与非门组成的基本触发器

a) 逻辑图　b) 逻辑符号

表 9-9　基本 RS 触发器功能测试表

输入		输出		说　明
$\overline{R}_D$	$\overline{S}_D$	Q^n	Q^{n+1}	
0	0	0		
0	0	1		
0	1	0		
0	1	1		
1	0	0		
1	0	1		
1	1	0		
1	1	1		

对于不同的由与非门组成的基本 RS 触发器，门电路的电气特性各异，$\overline{R}_D\ \overline{S}_D$=11→00→11 的实训结果各不相同，而对同一具体触发器来说，反复做几次所得结果应是相同的。

（2）JK 触发器逻辑功能测试

通过集成电路手册，查找 JK 触发器 74LS112 的逻辑符号与外引线功能图。任选其中一个触发器，进行逻辑功能测试。

1）异步置位端 $\overline{S}_D$ 和异步复位端 $\overline{R}_D$ 的功能测试。J、K、CP 为任意状态，当对 $\overline{R}_D$、$\overline{S}_D$ 加不同的逻辑电平时，记录输出 Q、$\overline{Q}$ 端相应的状态，并把结果记入表 9-10 中。在 $\overline{R}_D$ 或 $\overline{S}_D$ 作用期间，任意改变 J、K、CP 端的状态，观察输出端 Q、$\overline{Q}$ 的状态是否变化。

表 9-10　JK 触发器置位、复位功能测试表

输　入		输　出	
$\overline{R}_D$	$\overline{S}_D$	Q	$\overline{Q}$
1	0		
1	1		
0	1		
1	1		
0	0		
1	1		

2）JK 触发器逻辑功能测试。

① 用 $\overline{S}_D$，$\overline{R}_D$ 的置位、复位功能，使现态 Q^n 为 0 或 1。

② 使 $\overline{S}_D\ \overline{R}_D$=11，根据给定的 J、K 值，在 CP 脉冲信号作用下，观察输出端 Q^{n+1} 状态的变化，并把结果记入表 9-11 中。

表 9-11　JK 触发器功能测试表

输　入		时钟脉冲	输　出	
J	K	CP	Q^{n+1}	
			$Q^n=0$	$Q^n=1$
0	0	↓		
0	1	↓		
1	0	↓		
1	1	↓		

3）JK 触发器的应用。按图 9-15 所示电路连接，在 CP 端输入 f = 1kHz 连续方波脉冲信号，在示波器上在观察输出端 Q_2 和 Q_1 的变化，说明此电路能够完成的逻辑功能。

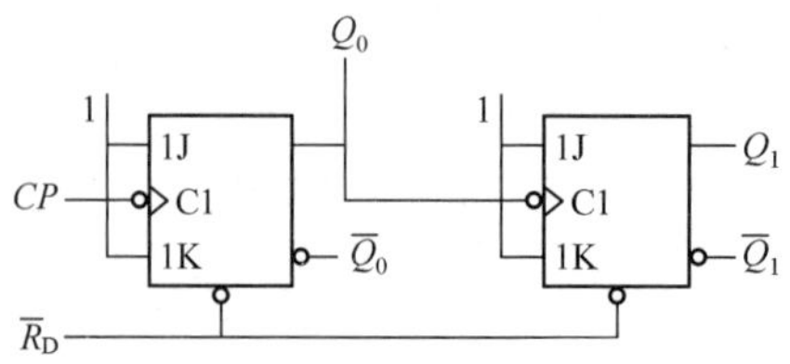

图 9-15　JK 触发器应用电路图

4）用 JK 触发器构成 T 触发器和 T′触发器。

（3）D 触发器逻辑功能测试

通过集成电路手册，查找 D 触发器 74LS74 的逻辑符号与外引线功能图。任选其中一个 D 触发器，进行逻辑功能测试。

1）异步置位端 $\overline{S}_D$ 和异步复位端 $\overline{R}_D$ 的功能测试。D、CP 为任意状态，测试 D 触发器置位端 $\overline{S}_D$ 和复位端 $\overline{R}_D$ 的功能，测试方法及步骤同 JK 触发器。

2）D 触发器功能测试。测试方法及步骤同 JK 触发器，将测试结果填入表 9-12 中。

表 9-12　D 触发器功能测试表

输入	时钟脉冲	输出	
D	CP	Q^{n+1}	
		$Q^n=0$	$Q^n=1$
0	↑		
1	↑		

3）D 触发器应用。按图 9-16 所示电路连接，在 CP 端输入 f=1kHz 连续方波脉冲信号，在示波器上在观察输出端 Q 的变化，说明此电路能够完成的逻辑功能。

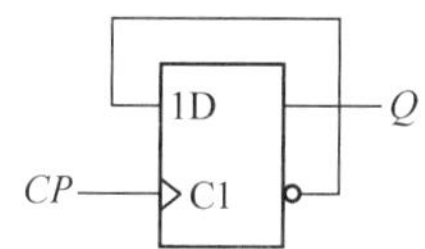

图 9-16　D 触发器应用电路图

4）用 D 触发器构成 T 触发器和 T′ 触发器。

5. 实训报告要求

1）比较基本 RS 触发器、JK 触发器、D 触发器的逻辑功能和触发方式，说明有何不同。

2）如何用 JK 触发器和 D 触发器构成 T 触发器和 T′ 触发器？画出电路图。

3）试分析图 9-15 和图 9-16 所示电路的工作原理。

9.1.7　实训 7　寄存器

1. 实训目的

1）熟悉移位寄存器的工作原理。

2）掌握集成移位寄存器的逻辑功能及应用。

2. 实训原理

在数字系统中，能够暂时存放数据的部件称为寄存器。具有使寄存的数码逐位左移或右移功能的寄存器称为移位寄存器。一般此类电路具有串入串出、串入并出、并入并出、并入串出等功能。

通过集成电路手册，查找 74LS74、74LS194（4 位双向通用移位寄存器）的逻辑符号与外引线功能图。

3．实训仪器与器材

1）数字电路实训系统。

2）部分 74LS 系列集成电路（74LS74、74LS194）。

3）双踪示波器。

4）直流稳压电源。

5）万用电表。

4．实训内容

（1）利用 D 触发器构成移位寄存器

按图 9-17 所示电路连接。CP 端为输入单脉冲，在串行输入端 D 顺序加上 1011，观察输出 $Q_0Q_1Q_2Q_3$ 的状态，填入表 9-13 中，画出 $Q_0Q_1Q_2Q_3$ 的波形。

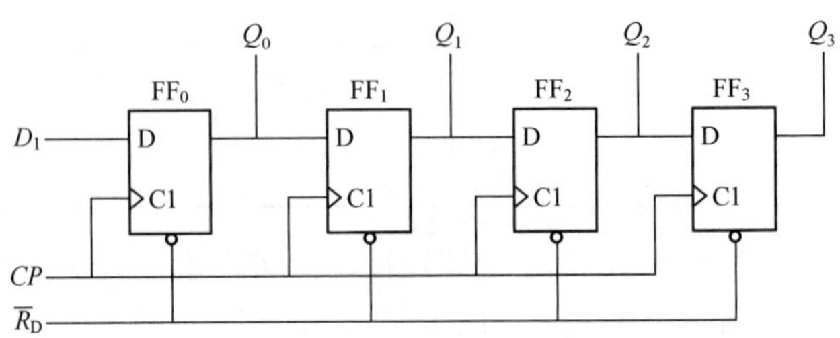

图 9-17　由 D 触发器构成的移位寄存器

表 9-13　移位寄存器状态表

移位脉冲	输入数据	Q_0	Q_1	Q_2	Q_3
0					
1	1				
2	0				
3	1				
4	1				

（2）验证双向移位寄存器 74LS194 逻辑功能

按表 9-14 所示验证 74LS194 的逻辑功能，将结果填入表中。

表 9-14　74LS194 功能测试表

输入										输出				说明
$\overline{CR}$	M_1	M_0	CP	D_{SL}	D_{SR}	D_0	D_1	D_2	D_3	Q_0	Q_1	Q_2	Q_3	
0	×	×	×	×	×	×	×	×	×					
1	×	×	0	×	×	×	×	×	×					
1	1	1	↑	×	×	d_0	d_1	d_2	d_3					
1	0	1	↑	×	1	×	×	×	×					
1	0	1	↑	×	0	×	×	×	×					
1	1	0	↑	1	×	×	×	×	×					
1	1	0	↑	0	×	×	×	×	×					
1	0	0	×	×	×	×	×	×	×					

（3）用 74LS194 构成顺序脉冲发生器

在一些数字系统中，有时需要系统按事先规定的顺序进行操作。要求系统的控制电路能够给出一组在时间上有先后顺序的脉冲信号，并利用它形成所需要的控制信号。顺序脉冲发生器就是用来产生顺序脉冲的电路。

按图 9-18 所示连接。

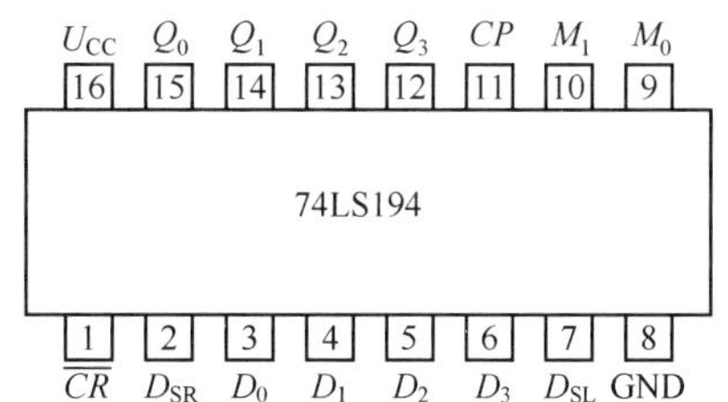

图 9-18　用 74LS194 构成顺序脉冲发生器

1）若令 M_1M_0=11、$\overline{CR}$=1、$D_0D_1D_2D_3$ = 0001，输入一个单脉冲，则 $Q_0Q_1Q_2Q_3$=$D_0D_1D_2D_3$=0001。

2）若令 M_1M_0=10，输入连续脉冲，电路开始左移操作。记录 $Q_0Q_1Q_2Q_3$ 的状态，并画出波形。

5．实训报告要求

1）分析图 9-18 所示电路的工作原理。

2）移位寄存器的输入、输出方式分别有几种？

9.1.8　实训 8　计数器

1．实训目的

1）熟悉计数器的工作原理。

2）掌握同步十进制计数器 74LS160 的功能。

3）掌握 74LS160 构成 N 进制计数器的方法。

2．实训原理

统计输入脉冲个数的过程叫做计数。能够完成计数工作的电路称为计数器。

通过集成电路手册，查找 74LS112（下降沿触发的双 JK 触发器）和 74LS160（集成十进制同步加法计数器）的逻辑符号与外引线功能图。

3．实训仪器与器材

1）数字电路实训系统。

2）74LS160、集成二—十进制译码器和数码管。

3）双踪示波器。

4）直流稳压电源。

5）万用电表。

4．实训内容

（1）用 JK 触发器构成异步二进制加法计数器

按图 9-19 所示连接线路。在 CP 端加上单脉冲，记录 $Q_0Q_1Q_2Q_3$ 的状态，记入表 9-15

中，画出波形。

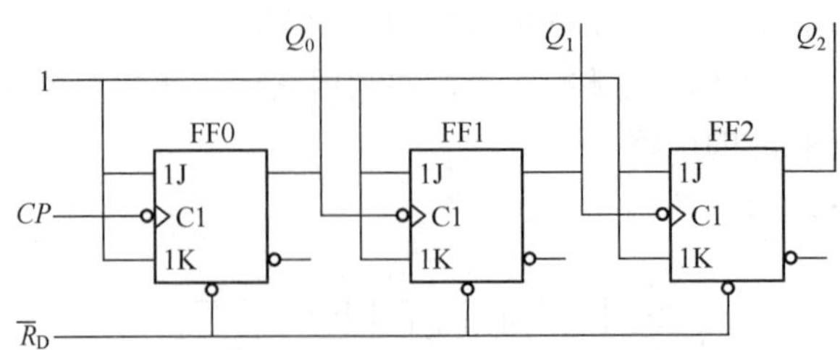

图 9-19　用 JK 触发器构成异步二进制加法计数器

表 9-15　计数器状态转换表

CP	Q_0	Q_1	Q_2	Q_2
0				
1				
2				
3				
4				
5				
6				
7				
8				
9				
10				
11				
12				
13				
14				
15				

（2）验证 74LS160 的逻辑功能

按表 9-16 所示验证 74LS160 的逻辑功能，并填表。

表 9-16　74LS160 功能测试表

输　入									输　出			
$\overline{CR}$	$\overline{LD}$	CT_P	CT_T	CP	D_3	D_2	D_1	D_0	Q_3	Q_2	Q_1	Q_0
0	×	×	×	×	×	×	×	×				
1	0	×	×	↑	d_3	d_2	d_1	d_0				
1	1	1	1	↑	×	×	×	×				
1	1	0	×	×	×	×	×	×				
1	1	×	0	×	×	×	×	×				

（3）用 74LS160 构成六进制计数器

自行设计电路，记录输出 $Q_0Q_1Q_2Q_3$ 的状态，并画出波形图。

（4）用 74LS160 构成二十四进制计数器

自行设计电路，观察输出端的状态，并用译码显示器显示结果。

5. 实训报告要求

1）用 JK 触发器构成异步二进制减法计数器，画出电路图和时序图，分析工作原理。

2）用两片 74LS161 构成二十四进制计数器，画出电路图。

9.1.9 实训 9　555 定时器及其应用

1. 实训目的

1）进一步熟悉 555 定时器的工作原理。

2）进一步熟悉 555 定时器的典型应用。

3）掌握定时元器件对输出信号周期及脉宽的影响。

2. 实训原理

555 定时器是一种应用广泛的中规模集成电路，具体内容如本书第 6 章所述。利用 555 定时器及其外围增加的阻容元件，可以方便的构成各种脉冲信号产生及变换电路。555 定时器电路在工业控制、电子乐器等许多方面有广泛的应用。

555 定时器包括双极型和 CMOS 型两种。

3. 实训仪器及器材

1）数字电路实训系统。

2）555 定时器、部分电阻和电容。

3）双踪示波器。

4）直流稳压电源。

5）万用电表。

4. 实训内容

1）根据图 9-20 所示连接线路，测试 555 定时器电路功能，填入表 9-17 中。

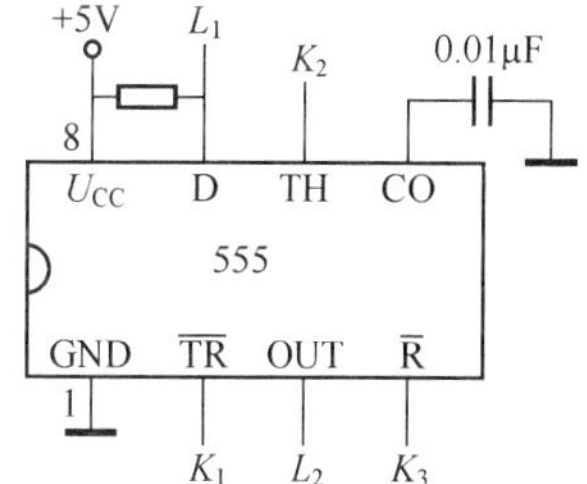

图 9-20　555 定时器电路图

图中，K_1、K_2、K_3 均为 3 位逻辑开关；L_1、L_2 是两位 LED。

表 9-17　555 定时器功能测试表

输入			输出	
TH	$\overline{TR}$	$\overline{R}$	D	*OUT*
×	×	0		
0	0	1		
0	1	1		
1	0	1		
1	1	1		

2）利用本书第 6 章中介绍的用 555 定时器构成多谐振荡器的方法连接电路，利用示波

器观察波形。其中，R_1=1kΩ，R_2=4.7kΩ，C=0.1μF。

3）重复第 2）步骤，R_1=R_2=33kΩ，C=0.01μF。

4）将多谐振荡器电路换成图 9-21 所示的电路，重复以上步骤。

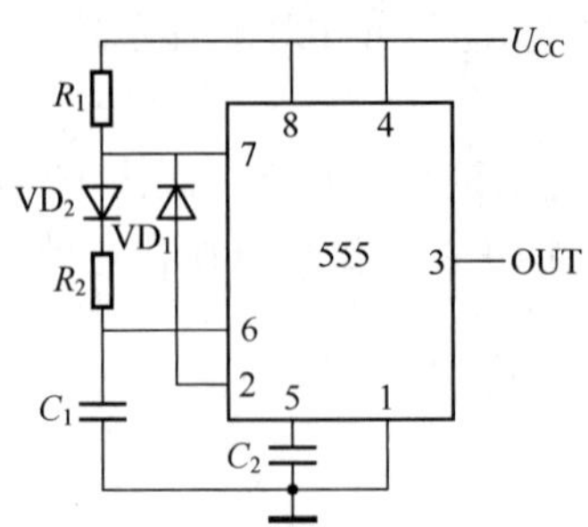

图 9-21　实训 9 电路图

5）利用 555 定时器构成单稳态触发器，输入电压信号 u_I 与数字实训系统中单次 CP 脉冲信号相连，输出接 LED。改变电路中阻值大小，观察 LED 点亮时间。

5. 实训报告要求

1）记录得到的波形，从示波器上读出波形的幅度、周期和脉宽，并从理论上加以验证。试分析存在的误差原因。

2）对实训内容 2）和 3）所获得的波形，试分析它们的区别。

9.2　综合实训

9.2.1　综合实训 1　交通灯控制电路

设计要求：设计一个十字路口红黄绿三色交通灯的自动控制电路。已知：

1）a 为南北方向绿灯接通。

2）b 为东西方向绿灯接通。

3）c 为南北方向红灯接通。

4）d 为东西方向红灯接通。

5）e 为南北方向黄灯接通。

6）f 为东西方向黄灯接通。

A：a、d 交叉并行。

B：e、d 交叉并行。

C：b、c 交叉并行。

D：f、c 交叉并行。

工作顺序为 $A \to B \to C \to D \to A$。

三色交通灯的工作时间如下所述。

绿灯（25s）→黄灯（5s）→红灯（30s）

设计符合要求的电路，并进行组装调试，写出设计报告。

9.2.2 综合实训 2 竞赛抢答器

自定器件设计一个简易 4 人抢答器，其功能如下所述。

1）每位参赛者控制一个抢答按钮，按动按钮发出抢答信号。

2）在竞赛开始后，先按动按钮者抢答成功，对应发光二极管指示，并使对方的按钮不起作用。

3）竞赛主持人另有一个复位按钮，用于将电路复位。

要求：设计并画出实训图进行验证。

9.2.3 综合实训 3 数字频率计

（1）设计要求

数字频率计是用数字显示被测信号频率的一种仪器，其原理框图如图 9-22 所示。

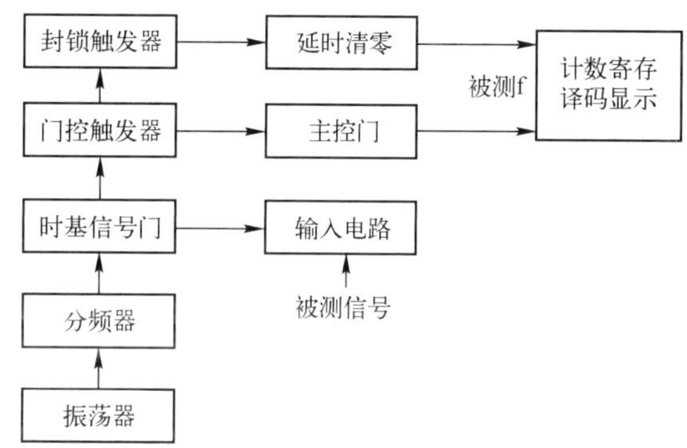

图 9-22 数字频率计原理框图

1）时基信号门。由振荡器和多级分频器构成，产生 T=1s 或 6s 的时基信号。

2）行频器。通过门电路对时基信号几逆行能够二分频，得到宽度为 1s 或 6s 的闸门信号；取样后封锁主控门和时基信号的输入门，使显示数字停留一段时间，以方便观察。

3）计数寄存译码显示。将通过主控门的被测信号输入计数器、寄存器、译码器和显示电路，并由显示器显示取样时间接收的脉冲数，即被测频率。

4）延时清零。取样结束后，计数器中的数经寄存器送入译码显示电路，数据需显示一段时间（由延时电路决定），最终清零、接收新数据。

5）主控门。控制被测信号通过。在取样时间内，主控门打开；在清零、显示时间内，主控门关闭。

6）输入电路。将接收的信号整形为脉冲信号。

（2）具体要求

1）频率范围：10～9999Hz。

2）输入信号电压：50mV～5V。

3）输入波形种类：正弦波、方波。

设计符合要求的电路，计算相关参数，选择元器件，并进行组装调试，写出设计报告。

9.2.4　综合实训 4　数字钟电路

（1）设计要求。

数字钟电路原理框图如图 9-23 所示。

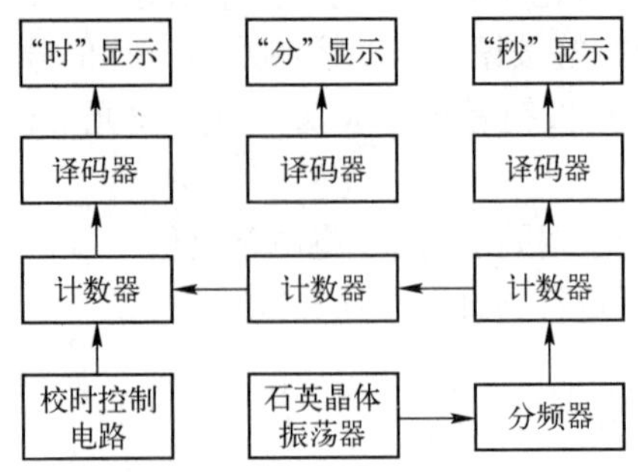

图 9-23　数字钟电路原理框图

1）计数部分。由振荡器、分频器、计数器、译码显示器组成。由石英晶体振荡器的产生标准信号经分频器产生 T=1s 的方波被送入计数器，并将累计结果以时、分和秒的形式显示。

2）校正控制电路。对出现的时间误差进行时间校准。

3）整点报时。模仿电台整点报时效果，将利用分频器输出的 500Hz、1000Hz 的信号加至音响电路中。

（2）具体要求

1）具有时（00～23）、分（00～59）、秒（00～59）的显示功能。

2）具有校准功能。

3）具有整点报时功能。

设计符合要求的电路，计算相关参数，选择元器件，并进行组装调试，写出设计报告。

9.2.5　综合实训 5　汽车尾灯控制电路

汽车尾灯每侧有 3 盏灯，作为行驶方向的指示标志。具体设计要求如下所述。

1）汽车正常往前行驶时，6 盏灯全灭。

2）右转弯时，右边 3 盏灯中亮一盏，依次往右边闪亮，左边 3 盏全暗。

3）左转弯时，左边 3 盏灯中亮一盏，依次往左边闪亮，右边 3 盏全暗。

4）紧急刹车时，6 盏尾灯全亮。用 6 个发光二极管模拟 6 盏尾灯，用 3 个开关分别控制右转弯、左转弯和紧急刹车这 3 种状态。可用移位寄存器完成。

附 录

附录 A 半导体集成电路型号的命名方法（GB3430—89）

GB3430—89《半导体集成电路型号命名方法》国家标准规定了我国半导体集成电路品种和系列的命名由 5 部分组成。各组成部分的符号和含义见表 A-1。

表 A-1 GB3430—89《半导体集成电路型号命名方法》组成及含义

第 0 部分		第 1 部分		第 2 部分	第 3 部分		第 4 部分	
用字母表示器件符合国家标准		用字母表示器件的类型		用阿拉伯数字和字符表示器件系列和品种代号	用字母表示器件的工作温度范围（℃）		用字母表示器件的封装	
符号	意义	符号	意义		符号	意义	符号	意义
C	符合国家标准	T	TTL 电路		C	0～70	H	黑瓷扁平
		H	HTL 电路		G	-25～70	D	多层陶瓷
		E	ECL 电路		L	-25～85	J	黑瓷双列直插
		C	CMOS 电路		E	-40～85	P	塑料双列直插
		M	存储器电路		R	-55～85	S	塑料单列直插
		μ	微型机电路		M	-55～125	K	金属菱形
		F	线性放大电路				T	金属圆形
		W	稳压器电路				B	塑料扁平
		B	非线性电路				C	陶瓷芯片载体
		J	接口电路				E	塑料芯片载体
		SS	敏感电路				G	网格阵列
		SW	钟表电路				F	多层陶瓷扁平
		SC	通信专用电路					
		D	音响电视电路					
		AD	A/D 转换器电路					
		DA	D/A 转换器电路					

【例 1】 C　T　54/74　LS　153　C　J

①　②　③　④　⑤　⑥　⑦

① C：中国。

② T：TTL 集成电路。

③ 54/74：国际通用 54/74 系列。

④ LS：低功耗肖特基系列。

⑤ 153：双 4 选 1 数据选择器品种代号。

⑥ C：0～70℃。

⑦ J：黑瓷双列直插封装。

【例 2】 C　C　4015

①　②　③

① C：中国。

② C：CMOS 电路。

③ 4015：4000 系列双 4 位移位寄存器。

【例 3】 C　H　2001　E　D

① ② ③ ④ ⑤

① C：中国。

② H：HTL 电路。

③ 2001：2 输入四与非门。

④ E：-40～85℃

⑤ D：多层陶瓷双列直插封装。

附录 B　介绍 54/74 数字集成电路

根据集成电路一片芯片上集成度的高低，可将集成电路分为小规模集成电路、中规模集成电路、大规模集成电路。和超大规模集成电路。

下面对 54/74 系列数字集成电路进行简单介绍。

54/74 系列是已经标准化、商品化的数字电路器件系列产品。54 系列为军用系列（工作温度-55～125℃），74 系列为民用系列（工作温度 0～70℃）。日常广泛使用的是 74 系列。该系列包括以下几类产品。

1）标准系列电路。符号为 74XX，品种齐全，为中速产品。

2）高速系列电路。符号为 74HXX。

3）肖特基系列电路。符号为 74SXX，电路内部广泛使用肖特基二极管、晶体管。

4）低功耗系列电路。符号为 74LXX。

5）低功耗肖特基系列电路。符号为 74LSXX。该系列产品是目前 TTL 数字集成电路中主要的应用产品系列，品种齐全，是广大用户在选择 TTL 器件时的首选。

6）先进肖特基系列电路。符号为 74ASXX。

7）先进低功耗肖特基系列电路。符号为 74ALSXX。

54/74 系列集成电路的命名规则见附录 A。

TTL 系列电路在沿着两个方向不断发展：一个方向是低功耗，另一个方向是超高速。

表 B-1 是 TTL 集成电路国标与国际通用系列产品的对照表。其中，国标指国家标准，部标指部颁标准。表 B-2 列出了常用的数字集成电路。

表 B-1　TTL 电路国标与国际通用系列产品的对照表

国标	CT1000 系列	CT2000 系列	CT3000 系列	CT4000 系列
国际通用系列	SN54/74 系列	SN54/74H 系列	SN54/74S 系列	SN54/74LS 系列
特点	标准结构平均功耗 10mW 最高工作频率 35MHz	高速结构平均功耗 22mW 最高工作频率 50MHz	肖特基结构平均功耗 19mW 最高工作频率 125MHz	低功耗肖特基结构 平均功耗 2mW 最高工作频率 45MHz
部标	T1000 系列、中速	T1000 系列、中速	T1000 系列高速	T1000 系列高速

表 B-2　常用数字集成电路一览表

类　型	功　能	型号举例
与非门	四 2 输入与非门	74LS00，74HC00
	四 2 输入与非门（OC/OD）	74LS03，74HC03
	四 2 输入与非门（带施密特触发）	74LS132，74HC132
	三 3 输入与非门	74LS10，74HC10
	三 3 输入与非门（OC）	74LS12，74ALS12
	双 4 输入与非门	74LS20，74HC20
	双 4 输入与非门（OC）	74LS22，74ALS22
	8 输入与非门	74LS30，74HC30
或非门	四 2 输入或非门	74LS02，74HC02
	双 5 输入或非门	74S260
	双 4 输入或非门（带选通端）	7425
非门	六反相器	74LS04，74HC04
	六反相器（OC/OD）	74LS05，74HC05
与门	四 2 输入与门	74LS08，74HC08
	四 2 输入与门（OC/OD）	74LS09，74HC09
	三 3 输入与门	74LS11，74HC11
	三 3 输入与门（OC）	74LS15，74ALS15
	双 4 输入与门	74LS21，74HC21
或门	四 2 输入或门	74LS32，74HC32
与或非门	双 2 路 2—2 输入与或非门	74LS51，74HC51
	4 路 2—3—3—2 输入与或非门	74LS54
	2 路 4—4 输入与或非门	74LS55
异或门	四 2 输入异或门	74LS86，74HC86
	四 2 输入异或门（OC）	74LS136，74ALS136
缓冲器	六反相缓冲/驱动器（OC）	7406
	六缓冲/驱动器（OC/OD）	7407，74HC07
	四 2 输入或非缓冲器	74LS28，74ALS28
	四 2 输入或非缓冲器（OC）	74LS33，74ALS33
	四 2 输入与非缓冲器	74LS37，74ALS37
	双 2 与非缓冲器（OC）	74LS38，74ALS38
	双 4 输入与非缓冲器	74LS40，74ALS40
驱动器	四总线缓冲器（三态输出、低电平有效）	74LS125，74HC125
	四总线缓冲器（三态输出、高电平有效）	74LS126，74HC126
	六总线缓冲器/驱动器（三态、反相）	74LS366，74HC366
	六总线缓冲器/驱动器（三态、同相）	74LS367，74HC367
	八缓冲器/线驱动器/线接收器（三态、反相、两组控制）	74LS240，74HC240
	八缓冲器/线驱动器/线接收器（三态、两组控制）	74LS244，74HC244
	八双向总线发送器/接收器（三态）	74LS245，74HC245

（续）

类　型	功　能	型号举例
编码器	8—3 线优先编码器	74LS148，74HC148
	10—4 线优先编码器（BCD 输出）	74LS147，74HC147
	8—3 线优先编码器（三态输出）	74LS348
	8—8 线优先编码器	74HC149
译码器	4—10 线译码器（BCD 输入）	74LS42，74HC42
	4—10 线译码器（余 3 码输入）	7443，74L43
	4—10 线译码器（余 3 格雷码输入）	7444，74L44
	4—16 线译码器/多路转换器	74LS154，74HC154
	双 2—4 线译码器/多路分配器	74LS139，74HC139
	双 2—4 线译码器/多路分配器（三态输出）	74ALS539
	BCD—十进制译码器/驱动器	74LS145
	4 线—七段译码器/高压驱动器（BCD 输入，OC）	74LS247
	4 线—七段译码器/高压驱动器（BCD 输入，开路输出）	74LS47
	4 线—七段译码器/高压驱动器（BCD 输入，上拉电阻）	74LS48，74LS248
	3—8 线译码器/多路分配器（带地址锁存）	74LS137，74ALS137
	3—8 线译码器/多路分配器	74LS138，74HC138
数据选择器	16 选 1 数据选择器/多路转换器（反码输出）	74AS150
	8 选 1 数据选择器/多路转换器（原、反码输出）	74LS151，74HC151
	8 选 1 数据选择器/多路转换器（反码输出）	74LS152，74HC152
	双 4 选 1 数据选择器/多路转换器	74LS153，74HC153
	双 2 选 1 数据选择器/多路转换器（原码输出）	74LS157，74HC157
	双 2 选 1 数据选择器/多路转换器（反码输出）	74LS158，74HC158
	8 选 1 数据选择器/多路转换器（三态，原、反码输出）	74LA251，74HC251
代码转换器	BCD—二进制代码转换器	74184
	二进制—BCD 代码转换器/译码器	74185
运算器	4 位二进制超前进位全加器	74LS283，74HC283
触发器	双上升沿 D 触发器（带预置、清除）	74LS74、74HC74
	四 D 触发器（带清除）	74LS171
	四上升沿 D 触发器（互补输出、公共清除）	74LS175，74HC175
	八 D 触发器	74LS273，74HC273
	双 JK 触发器（带预置、清除）	74LS76，74HC76
	与门输入上升沿 JK 触发器（带预置、清除）	7470
	四 JK 触发器	74276
施密特触发器	双施密特触发器	4583
	六施密特触发器	4584
	九施密特触发器	9014
计数器	十进制计数器	74LS90
	4 位二进制同步计数器（异步清除）	74LS161，74HC161
	4 位十进制同步计数器（同步清除）	74LS162，74HC162

（续）

类　型	功　能	型号举例
计数器	4 位二进制同步计数器（同步清除）	74LS163，74HC163
	4 位二进制同步加/减计数器	74LS190，74HC190
	4 位十进制同步加/减计数器（双时钟、带清除）	74LS192，74HC192
寄存器	4 位通用移位寄存器（并入、并出、双向）	74LS194，74HC194
	8 位移位寄存器（串入、串出）	74LS91
	5 位移位寄存器（并入、并出）	74LS96
	16 位移位寄存器（串入、串/并出、三态）	74LS673，74HC673
	8 位移位寄存器（锁存输入、并行三态输入/输出）	74LS598，74HC598
	4D 寄存器（三态输出）	4076
	4 位双向移位寄存器（三态输出）	40104，74HC40104
锁存器	8D 型锁存器（三态输出、公共控制）	74LS373，74HC373
	4 位双稳态锁存器	74LS75，74HC75
	四 $\overline{R}-\overline{S}$ 锁存器	74LS279，74HC279
多谐振荡器	可重触发单稳多谐振荡器（清除）	74LS122
	双重触发单稳多谐振荡器（清除）	74LS123
	双单稳多谐振荡器（施密特触发）	74LS221，74HC221

部分习题参考答案

第 1 章　部分习题参考答案

1.

（1）$365_D=3\times10^2+6\times10^1+5\times10^0$

（2）$12.456_D=1\times10^1+2\times10^0+4\times10^{-1}+5\times10^{-2}+6\times10^{-3}$

（3）$1011011_B=1\times2^6+0\times2^5+1\times2^4+1\times2^3+0\times2^2+0\times2^1+1\times2^0$

（4）$10010.011_B=1\times2^4+0\times2^3+0\times2^2+1\times2^1+0\times2^0+0\times2^{-1}+1\times2^{-2}+1\times2^{-3}$

（5）$26_O=2\times8^1+6\times8^0$

（6）$78.45_O=7\times8^1+8\times8^0+4\times8^{-1}+5\times8^{-2}$

（7）$3B1_H=3\times16^2+B\times16^1+1\times16^0$

$= 3\times16^2+B\times16^1+1\times16^0$

（8）$5B.A3_H=5\times16^1+B\times16^0+A\times16^{-1}+3\times16^{-2}$

$=5\times16^1+11\times16^0+10\times16^{-1}+3\times16^{-2}$

2.

（1）$63.1_O=(51.125)_D$

（2）$56.32_D\approx(111000.0101)_B$

（3）$101111.01_B=(2F.4)_H$

（4）$71.45_O=(39.94)_H$

3.

（1）$82_D=1000\ 0010_{8421BCD}$

（2）$247.19_D=0010\ 0100\ 0111.0001\ 1001_{8421BCD}$

（3）$469_D=0100\ 0110\ 1001_{8421BCD}$

（4）$842_D=1000\ 0100\ 0010_{8421BCD}$

（5）$1010111111_{8421BCD}=2BF_D$

（6）$1000110.111101_{8421BCD}=46.F4_D$

（7）$1000111.01_{8421BCD}=47.4_D$

（8）$1101110001101.110010111_{8421BCD}=1B8D.59_D$

4.

$$F_1=\overline{A\overline{B}+\overline{D}}+(AC+BD)E,F_1^{'}=(A+\overline{B\overline{D}})[(A+C)(B+D)+E]$$

$$F_2=AB+AD+CD\overline{\overline{A}B},F_2^{'}=(A+B)(A+D)(C+D+\overline{\overline{A}+B})$$

$F_3=(A+B+C)\overline{A}\overline{B}\overline{C}, F_3^{'}=ABC+\overline{A}+\overline{B}+\overline{C}$

$F_4=\overline{\overline{\overline{\overline{A+B}+C}+D}+E}, F_4^{'}=\overline{\overline{\overline{\overline{AB}C}D}E}$

5.

$F_1=\overline{A\oplus D\overline{\overline{B}+C}}, \overline{F_1}=\overline{(\overline{A}+D)(A+\overline{D})+\overline{B\overline{\overline{C}}}}$

$F_2=(A\oplus B)C+(B\oplus\overline{C})D, \overline{F_2}=[(\overline{A}+B)(A+\overline{B})+\overline{C}][(\overline{B}+\overline{C})(B+C)+\overline{D}]$

$F_3=AB+(\overline{A}+B)(C+D+E), \overline{F_3}=(\overline{A}+\overline{B})(A\overline{B}+\overline{C}\overline{D}\overline{E})$

$F_4=\overline{\overline{\overline{\overline{AB}C}D}E}, \overline{F_4}=\overline{\overline{\overline{\overline{\overline{A}+\overline{B}}+\overline{C}}+\overline{D}}+\overline{E}}$

7.

答：不一定成立。

8.

$F=A+A\overline{B}=AB+A\overline{B}=\sum m(2,3)$

$F=AB+AC+BC=\overline{A}BC+A\overline{B}C+AB\overline{C}+ABC=\sum m(3,5,6,7)$

$F=A+B+CD=\overline{A}\overline{B}CD+\overline{A}B\overline{C}\overline{D}+\overline{A}B\overline{C}D+\overline{A}BC\overline{D}+\overline{A}BCD+A\overline{B}\overline{C}\overline{D}+A\overline{B}\overline{C}D+A\overline{B}C\overline{D}$

$\quad+A\overline{B}CD+AB\overline{C}\overline{D}+AB\overline{C}D+ABC\overline{D}+ABCD=\sum m(3,4,5,6,7,8,9,10,11,12,13,14,15)$

$F=A\overline{B}\overline{C}D+BCD+A\overline{D}=\overline{A}BCD+A\overline{B}\overline{C}\overline{D}+A\overline{B}\overline{C}D+A\overline{B}C\overline{D}+AB\overline{C}\overline{D}+ABC\overline{D}+ABCD$

$\quad=\sum m(7,8,9,10,12,14,15)$

$F=AB+\overline{\overline{B}\,\overline{C}(\overline{C}+\overline{D})}=\overline{A}\overline{B}CD+\overline{A}BC\overline{D}+\overline{A}BCD+A\overline{B}CD+AB\overline{C}\overline{D}+AB\overline{C}D+ABC\overline{D}$

$\quad+ABCD=\sum m(3,6,7,11,12,13,14,15)$

$F=(A+C)(B+D)(B+\overline{C})=\overline{A}BC\overline{D}+\overline{A}BCD+A\overline{B}\overline{C}D+AB\overline{C}\overline{D}+AB\overline{C}D+ABC\overline{D}+ABCD$

$\quad=\sum m(6,7,9,12,13,14,15)$

9.

$F=\overline{A}\overline{B}+AC+\overline{B}C=\overline{A}\overline{B}+AC$

$F=A\overline{B}\overline{C}+\overline{A}B\overline{C}+AB\overline{C}=\overline{A}+C$

$F=ABC+\overline{A}B+\overline{B}C=A\overline{C}+\overline{B}\overline{C}$

$F=ABC+ABD+\overline{C}\overline{D}+A\overline{B}C+\overline{A}C\overline{D}+A\overline{C}D=\overline{A}\overline{C}+\overline{B}C+\overline{C}\overline{D}$

$F=(AB+\overline{A}\overline{C}\overline{D}+\overline{B}CD)\overline{BC+\overline{C}D}+\overline{A}BCD=\overline{A}CD+\overline{B}CD+AB\overline{C}D$

$F=\sum m(0,1,2,4,6,8,9,12,13,14,15)=\overline{C}\overline{D}+AB+\overline{A}\overline{D}+\overline{B}\overline{C}$

10.

$F=ABC+\overline{A}B+\overline{B}C=\overline{A}B+C$

$F=\overline{A}\overline{B}+A\overline{B}C+ABC=AC+\overline{A}\overline{B}$

$F=\overline{A}\overline{B}C+AD+B\overline{D}+C\overline{D}+A\overline{C}+\overline{A}\overline{D}=A+\overline{D}+\overline{B}C$

$F=\overline{A}\overline{B}\overline{D}+A\overline{B}C+B\overline{C}D+\overline{A}CD+ABCD+\overline{B}\overline{C}\overline{D}=BD+\overline{B}\overline{D}+\overline{B}C$

$$F=(A+B+\overline{C})(A+B)(A+\overline{C})(B+\overline{C})=B\overline{C}+AB+A\overline{C}(\text{或}(A+B)(B+\overline{C})(A+\overline{C}))$$

$$F=(\overline{A}+\overline{B})(\overline{A}+\overline{C}+D)(B+C+\overline{D})(\overline{B}+\overline{C}+D)(C+D)=(B+\overline{C})(A+B)(A+\overline{C})$$

$$F=\sum m(0,2,4,5,6)=A\overline{B}+\overline{C}$$

$$F=\sum m(0,1,2,3,4,5,8,10,11,12)=A\overline{C}+\overline{A}C+BD$$

$$F=\prod M(1,2,3,7,10,11,14)=\overline{C}\,\overline{D}+B\overline{C}+A\overline{C}+\overline{A}B\overline{D}+ABD$$

$$F=AB\overline{C}+\overline{A}BD=A+BD$$

$$F=\sum m(2,3,4,6,8)=A\overline{D}+B\overline{D}+\overline{B}C$$

$$F=\sum m(1,2,4,12,14)=\overline{A}\,\overline{C}D+B\overline{D}+C\overline{D}(\text{或}\overline{B}\,\overline{C}D+B\overline{D}+C\overline{D})$$

第 2 章　部分习题参考答案

3.

（1）U_O=0.7V

（2）U_O=5.7V

（3）U_B=5V，U_O=5.7V

（4）U_B=4.65V，U_O=5.35V

4.

F_3、F_6、F_8 错误

5.

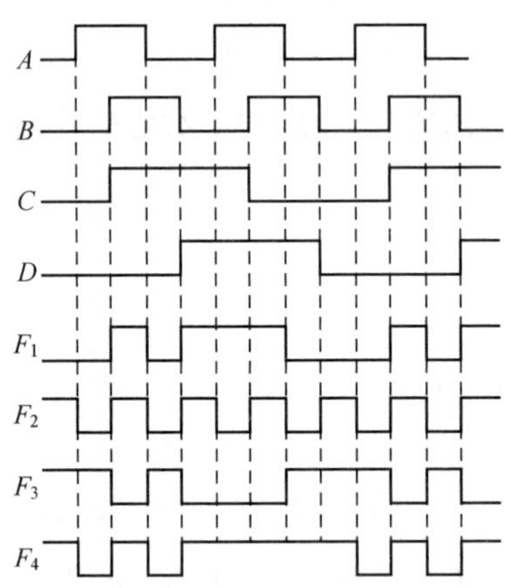

8.

（2）、（3）、（5）、（6）

第 3 章　部分习题参考答案

1. $F=\overline{A}B+A\overline{B}C+\overline{A}C$

2.

C_1	C_2	$F=f(A,B)$
0	0	AB
0	1	$\overline{AB}$
1	0	$\overline{A+B}$
1	1	$A+B$

3.

$S_0 = A_0 \oplus B_0$

$C_0 = A_0 B_0$

$S_1 = A_1 \oplus B_1 \oplus C_0$

$C_1 = A_1 B_1 + (A_1 \oplus B_1) C_0$

分析可知，S_0，C_0 是一个半加器的输出，S_1，C_1 是一个全加器的输出。因此，图 3-47 所示电路是两个两位二进制数 A_1A_0 与 B_1B_0 做加法的运算电路。

4.

$F_1 = A \oplus B \oplus C$；$F_2 = AB + (A \oplus B)C$

这是一个同或电路。当变量取值相同时，F=1；反之 F=0。

5.

（1）$Y = \overline{\overline{\overline{\overline{B}\cdot\overline{AC}}\cdot\overline{\overline{B}\,\overline{D}\cdot\overline{BC}}}\cdot\overline{D\overline{BC}}}$

（2）Y 的最简与或表达式为 $Y = AC + BC + D$。

（3）简化后的电路如右图所示。

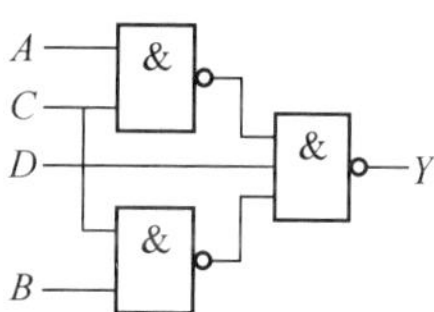

6.

当 XYZ 的取值为 000,001,100,101,110,111 时，函数 F_1=F_2。

7.

（1）$F = \overline{\overline{A}_1 B_1 + \overline{A}_1 \overline{A}_0 B_0 + \overline{A}_0 B_1 B_0}$

（2）$F = \overline{\overline{\overline{A_1}(B_1 \oplus B_0)} \cdot \overline{A_1(A_1 \oplus B_1 \oplus B_0)}}$

（3）画出电路如下图所示。

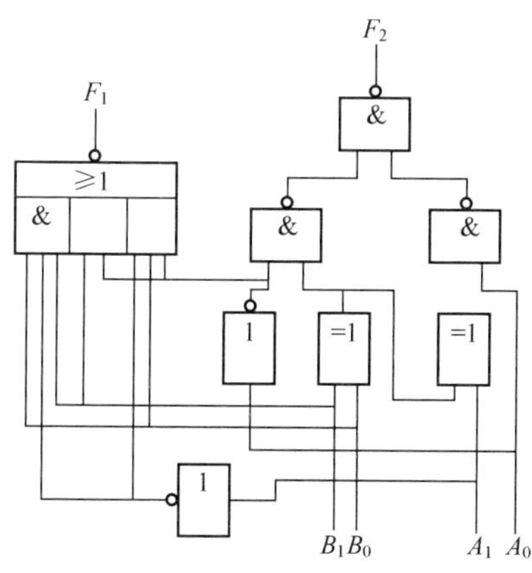

8.

电路如下图所示。

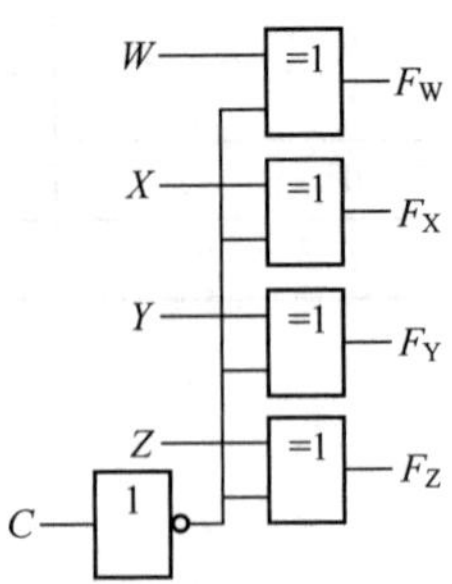

9.

列真值表，得出

$$Y=\overline{\overline{A\overline{ABC}}\cdot\overline{B\overline{ABC}}\cdot\overline{C\overline{ABC}}}$$

电路如下图所示。

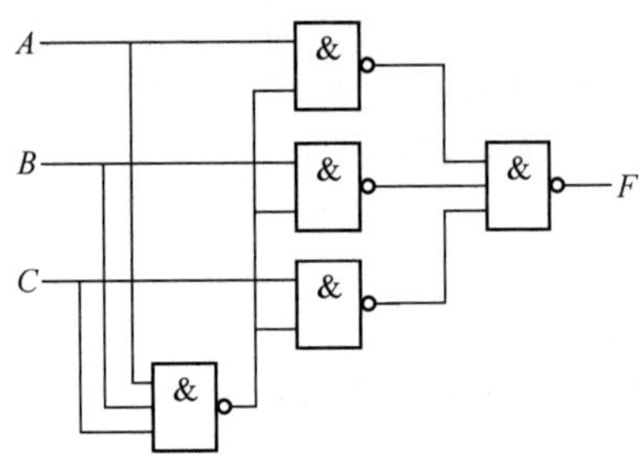

10.

设 3 个输出变量为 F_1，F_2，F_3，分别为

$$F_1=ABC$$

$$F_2=\overline{A}BC+A\overline{B}C+AB\overline{C}$$

$$F_3=\overline{A}\,\overline{B}+\overline{A}\,\overline{C}+\overline{B}\,\overline{C}$$

根据函数画出的逻辑电路如下图所示。

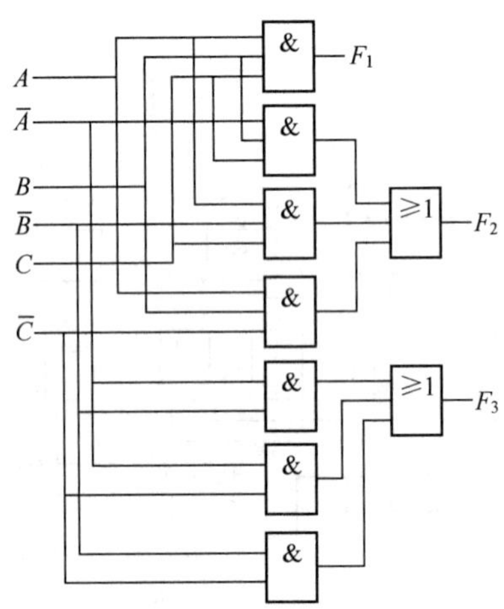

11. 用与非门实现的逻辑电路如下图所示。

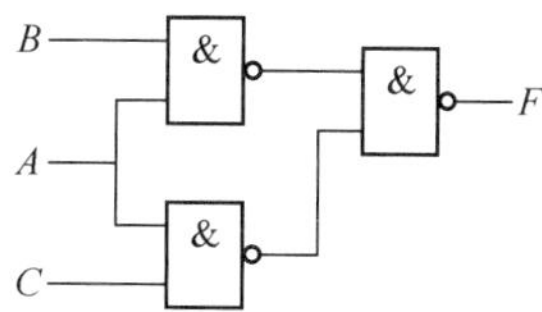

12.

$F_1 = AF_2 = \overline{A}BF_3 = \overline{A}\overline{B}C$

13.

（1）当函数 F_1：A=0,C=D=1,B 变化时，可能会出现冒险现象；当 B=D=0，C=1，A 变化时，可能会出现冒险现象。增加冗余项 $\overline{A}CD$ 和 $\overline{B}C\overline{D}$，即可消除冒险。

（2）当函数 F_2：A=B=D=0，C 变化时，可能会出现冒险现象；当 A=C=1，B=0，D 变化时，可能会出现冒险现象。增加冗余项 $\overline{A}\overline{B}\overline{D}$，$\overline{B}\overline{C}D$ 和 $A\overline{B}C$，即可消除冒险。

14.

$F = \Sigma m(0,2,5,6,7)$

15.

$F = \overline{A}\overline{B}CD + \overline{A}B\overline{C}D + \overline{A}BC\overline{D} + A\overline{B}\overline{C}D + A\overline{B}C\overline{D} + AB\overline{C}\overline{D} + ABCD$

第 4 章　部分习题参考答案

4.

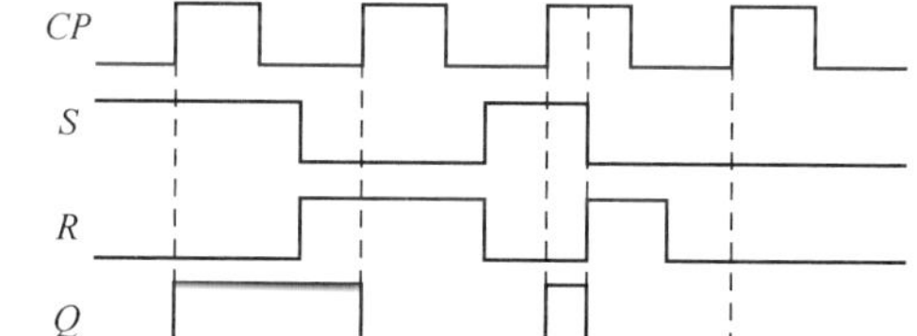

6.

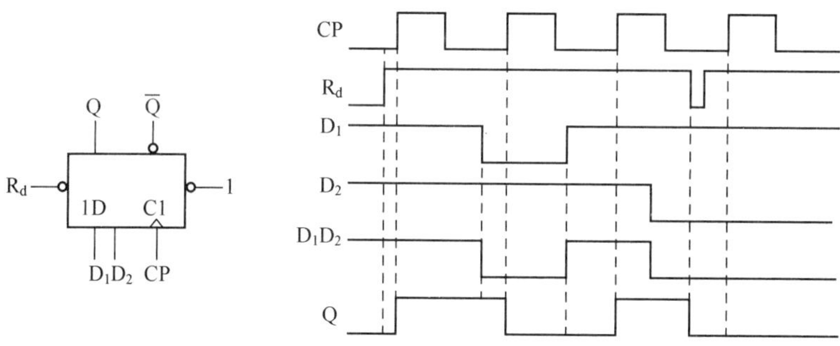

7.

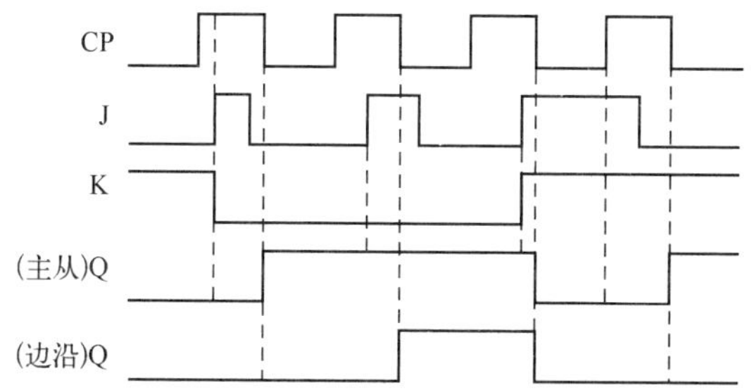

第 5 章　部分习题参考答案

4.

驱动方程：$J_1 = K_1 = \bar{Q}_3$，

$J_2 = K_2 = Q_1$，

$J_3 = Q_1Q_2$，$K_3 = Q_3$，

输出方程：$Y = Q_3$

状态方程：$Q_1^{n+1} = \bar{Q}_3^n\bar{Q}_1^n + Q_3^nQ_1^n = \overline{Q_3^n \oplus Q_1^n}$；

$Q_2^{n+1} = Q_1^n\bar{Q}_2^n + \bar{Q}_1^nQ_2^n = Q_2^n \oplus Q_1^n$；

$Q_3^{n+1} = \bar{Q}_3^nQ_2^nQ_1^n$；

由状态方程可得状态转换表，如表 5-1 所示，由状态转换表可得状态转换图，如图 5-1 所示，电路可以自启动。

表 5-1　状态转换表

$Q_3^nQ_2^nQ_1^n$	$Q_3^{n+1}Q_2^{n+1}Q_1^{n+1}Y$	$Q_3^nQ_2^nQ_1^n$	$Q_3^{n+1}Q_2^{n+1}Q_1^{n+1}Y$
0 0 0	0 0 1 0	1 0 0	0 0 0 1
0 0 1	0 1 0 0	1 0 1	0 1 1 1
0 1 0	0 1 1 0	1 1 0	0 1 0 1
0 1 1	1 0 0 0	1 1 1	0 0 1 1

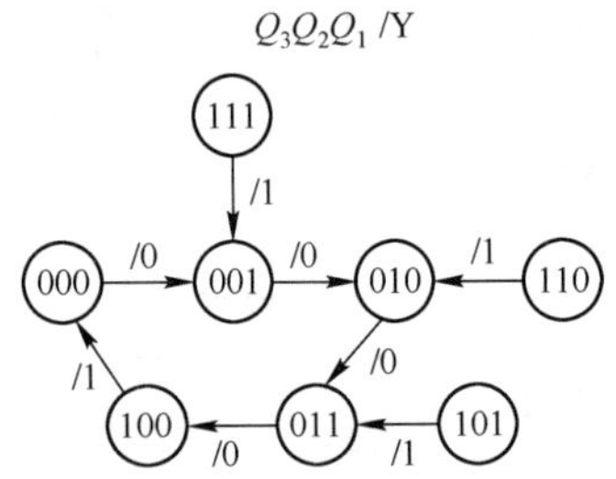

图 5-1　状态转换图

电路的逻辑功能：是一个五进制计数器，计数顺序是从 0 到 4 循环。

5.

驱动方程：$D_1 = A\bar{Q}_2$，　　$D_2 = \overline{A\overline{\bar{Q}_1\bar{Q}_2}}$

状态方程：$Q_1^{n+1} = A\bar{Q}_2^n$，　$Q_2^{n+1} = A\overline{\bar{Q}_1^n\bar{Q}_2^n} = A(Q_2^n + Q_1^n)$

输出方程：$Y = A\bar{Q}_1Q_2$

由状态方程可得状态转换表，如表 5-2 所示；由状态转换表可得状态转换图，如图 5-2 所示。

表 5-2　状态转换表

$AQ_2^nQ_1^n$	$Q_2^{n+1}Q_1^{n+1}Y$
0 0 0	0 1 0
0 0 1	1 0 0
0 1 0	1 1 0
0 1 1	0 0 1
1 0 0	1 1 1
1 1 1	1 0 0
1 1 0	0 1 0
1 0 1	0 0 0

电路的逻辑功能是：判断 A 是否连续输入 4 个和 4 个以上“1”信号，是则 Y=1，否则 Y=0。

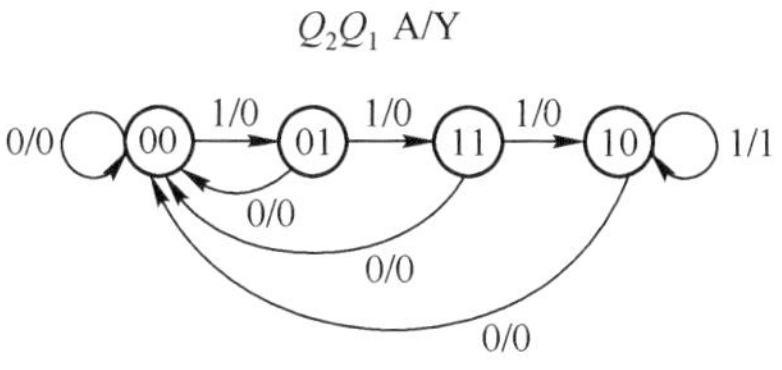

图 5-2　状态转换图

6.

$J_1 = \overline{Q_2Q_3}$，K_1=1；　J_2=Q_1，$K_2 = \overline{\bar{Q}_1\bar{Q}_3}$；　J_3=Q_1Q_1，K_3=Q_2

$Q_1^{n+1} = \overline{Q_2Q_3}\cdot\bar{Q}_1$；　$Q_2^{n+1} = Q_1\bar{Q}_2 + \bar{Q}_1\bar{Q}_3Q_2$；　$Q_3^{n+1} = Q_1Q_2\bar{Q}_3 + \bar{Q}_2Q_3$

$Y = Q_2Q_3$

电路的状态转换图如图 5-3 所示，电路能够自启动。

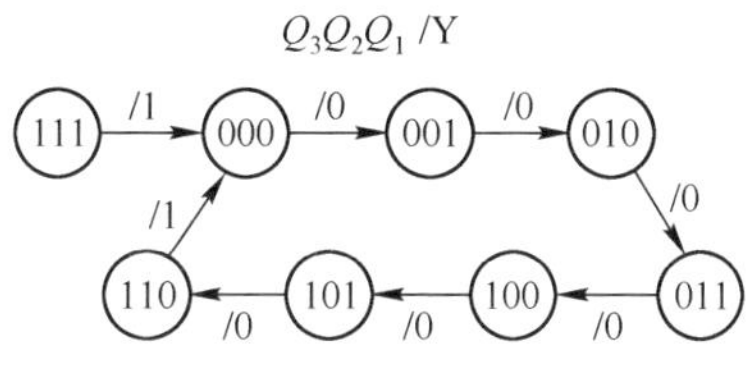

图 5-3　状态转换图

7.

J_1=K_1=1，代入到特性方程 $Q_1^{n+1} = J_1\bar{Q}_1^n + \bar{K}_1Q_1^n$，得：$Q_1^{n+1} = \bar{Q}_1^n$；

J_2=K_2=A+Q_1，代入到特性方程 $Q_2^{n+1} = J_2\bar{Q}_2^n + \bar{K}_2Q_2^n$，得：$Q_2^{n+1} = A \oplus Q_1^n \oplus Q_2^n$；

$Y = \overline{\overline{\bar{A}\bar{Q}_1\bar{Q}_2}\ \overline{AQ_1Q_2}} = \bar{A}\bar{Q}_2\bar{Q}_1 + AQ_2Q_1$

由状态方程可得其状态转换表，如表 5-4 所示，状态转换图如图 5-4 所示。

表 5-4　状态转换表

$AQ_2^nQ_1^n$	$Q_2^{n+1}Q_1^{n+1}Y$
0 0 0	0 1 1
0 0 1	1 0 0
0 1 0	1 1 0
0 1 1	0 0 0
1 0 0	1 1 0
1 1 1	1 0 1
1 1 0	0 1 0
1 0 1	0 0 0

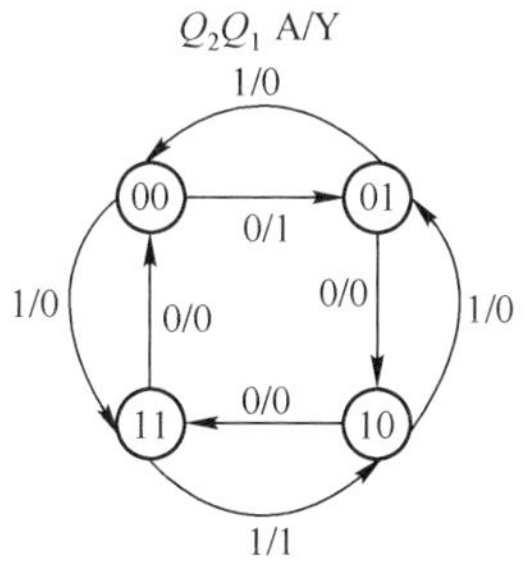

图 5-4　状态转换图

其功能为：当 A=0 时，电路作 2 位二进制加计数；当 A=1 时，电路作 2 位二进制减计数。

8.

驱动方程：

$J_0=K_0=1$，　　　　$J_1=\overline{Q}_0\overline{\overline{Q}_2\overline{Q}_3}$，$K_1=\overline{Q}_0$，

$J_2=\overline{Q}_0^nQ_3^n$，$K_2=\overline{Q}_0\overline{Q}_1$，$J_3=\overline{Q}_0\overline{Q}_1\overline{Q}_2$，$K_3=\overline{Q}_0$

代入特性方程得状态方程：

$$Q_0^{n+1}=J_0\overline{Q}_0^n+\overline{K}_0Q_0^n=\overline{Q}_0^n$$

$$Q_1^{n+1}=J_1\overline{Q}_1^n+\overline{K}_1Q_1^n=Q_2^n\overline{Q}_1^n\overline{Q}_0^n+Q_3^n\overline{Q}_1^n\overline{Q}_1^n+Q_1^nQ_0^n$$

$$Q_2^{n+1}=J_2\overline{Q}_2^n+\overline{K}_2Q_2^n=Q_3^n\overline{Q}_2^n\overline{Q}_0^n+Q_2^nQ_1^n+Q_2^nQ_0^n$$

$$Q_3^{n+1}=J_3\overline{Q}_3^n+\overline{K}_3Q_3^n=\overline{Q}_3^n\overline{Q}_2^n\overline{Q}_1^n\overline{Q}_0^n+Q_3^nQ_0^n$$

输出方程：　　$Y=\overline{Q}_3\overline{Q}_2\overline{Q}_1\overline{Q}_0$

状态转换表如表 5-5 所示。

表 5-5　状态转换表

$Q_3^nQ_2^nQ_1^nQ_0^n$	$Q_3^{n+1}Q_2^{n+1}Q_1^{n+1}Q_0^{n+1}Y$	$Q_3^nQ_2^nQ_1^nQ_0^n$	$Q_3^{n+1}Q_2^{n+1}Q_1^{n+1}Q_0^{n+1}Y$
0 0 0 0	1 0 0 1 1	0 0 1 0	0 0 0 1 0
1 0 0 1	1 0 0 0 0	0 0 0 1	0 0 0 0 0
1 0 0 0	0 1 1 1 0	1 0 1 0	0 1 0 1 0
0 1 1 1	0 1 1 0 0	1 0 1 1	1 0 1 0 0
0 1 1 0	0 1 0 1 0	1 1 0 0	0 0 1 1 0
0 1 0 1	0 1 0 0 0	1 1 0 1	1 1 0 0 0
0 1 0 0	0 0 1 1 0	1 1 1 0	0 1 0 1 0
0 0 1 1	0 0 1 0 0	1 1 1 1	1 1 1 0 0

状态转换图如图 5-5 所示。

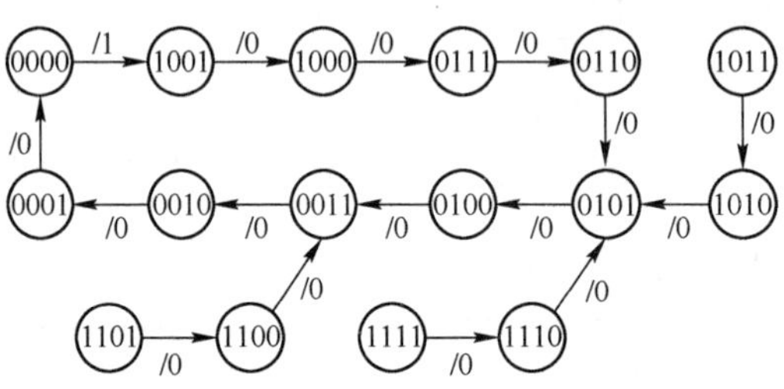

图 5-5　状态转换图

由以上分析知，图 5-5 所示电路为同步十进制减法计数器，能够自启动。

9.

图 5-6 电路为七进制计数器。计数顺序是 3～9 循环。

10.

这是一个十进制计数器。计数顺序是 0～9 循环。

11.

第（1）片 74160 接成十进制计数器，第（2）片 74160 接成了三进制计数器。第（1）片到第（2）片之间为十进制，两片中串联组成 71～90 的二十进制计数器。

第 6 章　部分习题参考答案

3.

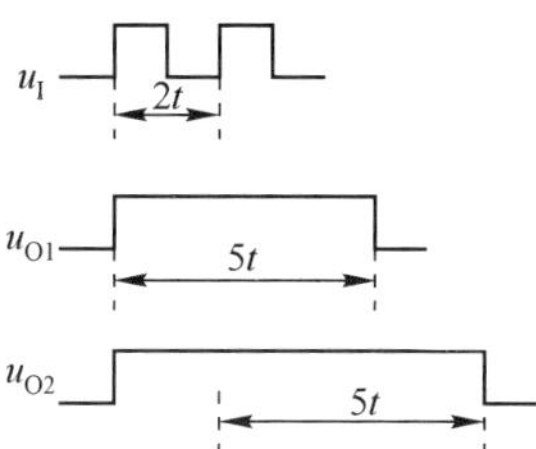

4.

$t_w = RC\ln 3 = 68\mu s$

若CO端接4V电压，则$t_w = RC\ln 5 = 100\mu s$

5. U_{CO}=3.5V；反相输出。

6. 当$U_{CC} = 12V$、$u_{CO} = 0$ 时：$U_{T+} = \frac{2}{3}U_{CC} = 8V$，$U_{T-} = \frac{1}{3}U_{CC} = 4V, \Delta U = 4V$

当$U_{CC} = 9V$、$u_{CO} = 5V$ 时：$U_{T+} = U_{CO} = 5V$，$U_{T-} = \frac{1}{2}U_{CO} = 2.5V$，$\Delta U = 2.5V$

7.

（1）当 U_{CC}=5V 时，$U_{T+}=\frac{10}{3}$ V，$U_{T-}=\frac{5}{3}$ V，$\triangle U=\frac{5}{3}$ V；当 U_{CO}=4V 时，U_{T+}=4V，U_{T-}=2V，$\triangle U$=2V。

（3）输出波形的振荡频率分别为 0.671kHz 和 0.5kHz。

8.

$$T = t_1 + t_2 = 0.7(R_1 + R_2)C + 0.7R_2C$$

$$f = \frac{1}{T} = 9.43kHz$$

9.

晶体是一种器件，晶振是一种电路。石英晶体多谐振荡器的振荡频率取决于石英晶体本身的固有谐振频率，与外接 RC 元件无关。

第 7 章　部分习题参考答案

2. 影响 D/A 转换器精度的主要因素有分辨率和转换误差。分辨率和转换精度没有直接的关系，而是转换误差产生的原因导致转换精度的改变：①由于基准电压 U_R 波动；②由于运算放大零点漂移；③电子开关非理想化；④电阻阻值的不一致性。

3. 基本形式如右图所示。

工作原理如下：当 S 接通时，uit 对 C 充电，为采样过程，因为 u_{it} 的内阻很小，所以时间常数很小，起跟踪作用；当 S 断开时，C 上的电压保持不变，为保持过程，因为数 A/D 芯片的输入电阻很大，所以 C 的放电时间常数很大，起保持作用。

4．主要原因有环境温度、电流电压、变动范围等因素。

5．由于该数/模转换器是 10 位数/模转换器，根据数/模转换器分辨率的定义，最小输出电压 u_{omin} 与最大输出电压 u_{omax} 的比值为

$$\frac{u_{omin}}{u_{omax}}=\frac{1}{2^{10}-1}=\frac{1}{1023}\approx 0.001$$

由于 $u_{omax}=50\text{ V}$，所以此 10 位二进制数的最低位所代表的电压值为

$$u_{omin}\approx 0.001\times 50\text{V}=0.05\text{V}$$

6．

如图 7-16 所示，电路是 4 位 T 形电阻网络数/模转换器。当 $R_f=3R$ 时，其输出电压 u_o 为

$$u_o=-\frac{U_R}{2^4}(d_3\cdot 2^3+d_2\cdot 2^2+d_1\cdot 2^1+d_0\cdot 2^0)$$

显然，当 d_3、d_2、d_1、d_0 全为 1 时输出电压 u_o 最大，为

$$u_{omax}=-\frac{5}{2^4}(2^3+2^2+2^1+2^0)\text{V}=-4.6875\text{V}$$

7．当 $d_7\sim d_0=11111111$ 时有

$$u_o=-\frac{5}{2^8}(1\times 2^7+1\times 2^6+1\times 2^5+1\times 2^4+1\times 2^3+1\times 2^2+1\times 2^1+1\times 2^0)\text{V}=-4.98\text{V}$$

当 $d_7\sim d_0=11000000$ 时有

$$u_o=-\frac{5}{2^8}(1\times 2^7+1\times 2^6)\text{V}=-3.75\text{V}$$

当 $d_7\sim d_0=00000001$ 时有

$$u_o=-\frac{5}{2^8}\times 1\times 2^0\text{ V}=-0.0195\text{V}$$

8．

$$u_o=-\frac{U_R}{2^8}(1\times 2^7+1\times 2^6+1\times 2^5+1\times 2^4+1\times 2^3+1\times 2^2+1\times 2^1+1\times 2^0)\text{V}\approx -U_R=5\text{V}$$

所以参考电压 $U_R=-5\text{ V}$。

当 $d_7\sim d_0=11000000$ 时有

$$u_o=-\frac{-5}{2^8}(1\times 2^7+1\times 2^6)\text{V}=3.75\text{V}$$

当 $d_7\sim d_0=00000001$ 时有

$$u_o=-\frac{-5}{2^8}\times 1\times 2^0\text{ V}=0.0195\text{V}$$

9．

由图 7-17 可知，当输入的某位数字量为高电平 1 时，相应的模拟电子开关接通右边触点，电流流入外接的运算放大器；当输入的某位数字量为低电平 0 时，相应的模拟电子开关接通左边触点，电流流入地。根据运算放大器的虚地概念，可以求出流入运算放大器的总电流为

$$
\begin{aligned}
I_{\mathrm{f}} &= I_3 d_3 + I_2 d_2 + I_1 d_1 + I_0 d_0 \\
&= \frac{U_{\mathrm{R}}}{R} d_3 + \frac{U_{\mathrm{R}}}{2R} d_2 + \frac{U_{\mathrm{R}}}{4R} d_1 + \frac{U_{\mathrm{R}}}{8R} d_0 \\
&= \frac{U_{\mathrm{R}}}{2^3 R}(d_3 \cdot 2^3 + d_2 \cdot 2^2 + d_1 \cdot 2^1 + d_0 \cdot 2^0)
\end{aligned}
$$

运算放大器的输出电压为

$$
u_{\mathrm{o}} = -R_{\mathrm{f}} I_{\mathrm{f}} = -\frac{R_{\mathrm{f}} U_{\mathrm{R}}}{2^3 R}(d_3 \cdot 2^3 + d_2 \cdot 2^2 + d_1 \cdot 2^1 + d_0 \cdot 2^0)
$$

当 $d_3 d_2 d_1 d_0 = 0110$ 时有

$$
u_{\mathrm{o}} = -\frac{5 \times 10}{2^3 \times 10}(0 \times 2^3 + 1 \times 2^2 + 1 \times 2^1 + 0 \times 2^0)\mathrm{V} = -3.75\mathrm{V}
$$

10.

数模转换器的输出电压 u_{o} 为

$$
u_{\mathrm{o}} = -\frac{U_{\mathrm{R}}}{2^4}(d_3 \cdot 2^3 + d_2 \cdot 2^2 + d_1 \cdot 2^1 + d_0 \cdot 2^0)
$$

式中，$d_3 = Q_3$，$d_2 = Q_2$，$d_1 = Q_1$，$U_{\mathrm{R}} = -5\,\mathrm{V}$。随着计数脉冲 C 的变化，输出电压 u_{o} 的值如 7-10 题表所示。由 7-10 题表可知，输出电压 u_{o} 的最大值为 4.6875V，输出电压 u_{o} 随计数脉冲 C 变化的波形如下表所示。

第 10 题的表

C	d_3	d_2	d_1	d_0	u_{o}/V
0	0	0	0	0	0
1	0	0	0	1	0.3125
2	0	0	1	0	0.625
3	0	0	1	1	0.9375
4	0	1	0	0	1.25
5	0	1	0	1	1.5625
6	0	1	1	0	1.875
7	0	1	1	1	2.1875
8	1	0	0	0	2.5
9	1	0	0	1	2.8125
10	1	0	1	0	3.125
11	1	0	1	1	3.4375
12	1	1	0	0	3.75
13	1	1	0	1	4.0625
14	1	1	1	0	4.375
15	1	1	1	1	4.6875
16	0	0	0	0	0

第 8 章　习题参考答案

1.

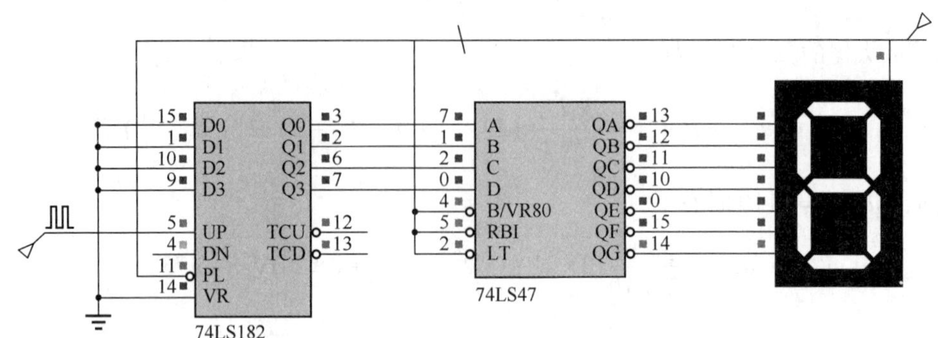

2.

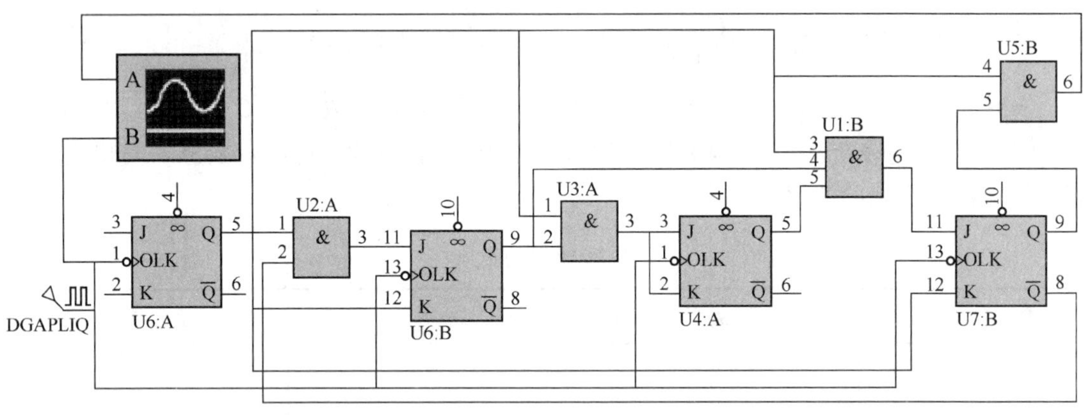

参 考 文 献

[1] 阎石．数字电子技术基础[M]．4 版．北京：高等教育出版社，1997.
[2] 电子工程手册编委会．TTL、CMOS 电路简明速查手册[M]．北京：电子工业出版社，1992.
[3] 刘勇，杜德昌．数字电路[M]．北京：电子工业出版社，2003.
[4] 毕满清．电子技术实验与课程设计[M]．北京：机械工业出版社，2000.
[5] 高吉祥．数字电子技术学习辅导及习题详解[M]．北京：电子工业出版社，2005.
[6] 李国洪，沈明山．可编程器件 EDA 技术与实践[M]．北京：机械工业出版社，2004.
[7] 谢声斌．数字电路与逻辑设计教程[M]．北京：清华大学出版社，2004.
[8] 邓元庆，等．数字设计基础与应用[M]．北京：清华大学出版社，2005.
[9] 张申科，崔葛瑾．数字电子技术基础[M]．北京：电子工业出版社，2005.
[10] 汤山俊夫．数字电路设计与制作[M]．北京：科学出版社，2005.
[11] 陈永甫．数字电路基础及快速识图[M]．北京：人民邮电出版社，2006.

精品教材推荐

电子工艺与技能实训教程

书号：ISBN 978-7-111-34459-9

定价：33.00 元　作者：夏西泉　刘良华

推荐简言：

本书以理论够用为度、注重培养学生的实践基本技能为目的，具有指导性、可实施性和可操作性的特点。内容丰富、取材新颖、图文并茂、直观易懂，具有很强的实用性。

综合布线技术

书号：ISBN 978-7-111-32332-7

定价：26.00 元　作者：王用伦 陈学平

推荐简言：

本书面向学生，便于自学。习题丰富，内容、例题、习题与工程实际结合，性价比高，有实用价值。

集成电路芯片制造实用技术

书号：ISBN 978-7-111-34458-2

定价：31.00 元　作者：卢静

推荐简言：

本书的内容覆盖面较宽，浅显易懂；减少理论部分，突出实用性和可操作性，内容上涵盖了部分工艺设备的操作入门知识，为学生步入工作岗位奠定了基础，而且重点放在基本技术和工艺的讲解上。

通信终端设备原理与维修 第2版

书号：ISBN 978-7-111-34098-0

定价：27.00 元　作者：陈良

推荐简言：

本书是在 2006 年第 1 版《通信终端设备原理与维修》基础上，结合当今技术发展进行的改编版本，旨在为高职高专电子信息、通信工程专业学生提供现代通信终端设备原理与维修的专门教材。

SMT 基础与工艺

书号：ISBN 978-7-111-35230-3

定价：31.00 元　作者：何丽梅

推荐简言：

本书具有很高的实用参考价值，适用面较广，特别强调了生产现场的技能性指导，印刷、贴片、焊接、检测等 SMT 关键工艺制程与关键设备使用维护方面的内容尤为突出。为便于理解与掌握，书中配有大量的插图及照片。

MATLAB 应用技术

书号：ISBN 978-7-111-36131-2

定价：22.00 元　作者：于润伟

推荐简言：

本书系统地介绍了 MATLAB 的工作环境和操作要点，书末附有部分习题答案。编排风格上注重精讲多练，配备丰富的例题和习题，突出 MATLAB 的应用，为更好地理解专业理论奠定基础，也便于读者学习及领会 MATLAB 的应用技巧。